2017年教育部人文社科青年基金项目“传统榫卯结构研究及其在产品模块化接口设计中的应用实践”（17YJC760075）资助出版

CHUANTONG SUNMAO YU XIANDAI SHEJI

传统榫卯与现代设计

孙 强◎著

安徽师范大学出版社
ANHUI NORMAL UNIVERSITY PRESS
·芜湖·

图书在版编目(CIP)数据

传统榫卯与现代设计 / 孙强著. — 芜湖 : 安徽师范大学出版社, 2022.8(2024.1重印)

ISBN 978-7-5676-5625-3

Ⅰ. ①传… Ⅱ. ①孙… Ⅲ. ①木结构—结构设计—应用—产品设计—研究 Ⅳ. ①TB472

中国版本图书馆CIP数据核字(2022)第126706号

传统榫卯与现代设计　　孙　强◎著

责任编辑: 胡志恒
责任校对: 胡志立
装帧设计: 张　玲
责任印制: 桑国磊
出版发行: 安徽师范大学出版社
安徽省芜湖市北京东路1号安徽师范大学赭山校区
网　　址: http://www.ahnupress.com/
发 行 部: 0553-3883578　5910327　5910310(传真)
印　　刷: 苏州市古得堡数码印刷有限公司
版　　次: 2022年8月第1版
印　　次: 2024年1月第3次印刷
规　　格: 700 mm×1000 mm　1/16
印　　张: 16.75
字　　数: 250千字
书　　号: ISBN 978-7-5676-5625-3
定　　价: 58.00元

前　言

榫卯是中国传统木作中特有的设计语言，它的魅力不仅体现在传统建筑和家具的结构之中，更体现在这些独特结构的设计思维与创新逻辑中。榫卯就像一座蕴含宝藏的雄伟山峰，外表的雄伟和壮观不能掩盖内涵的丰富。它给人们所带来的启示也不是拘泥于对几种精巧构件连接样式与构造的直接效仿，而是告诉我们，当我们面对一种器物的设计需求时，如何充分调动材料的干湿、纹理、形态、涨缩等各方面特性达成最优化的设计目的？又怎样在充分利用材料、满足基本使用功能的同时，实现器物的便利拆装，从而最大限度地节省空间，减少材料的消耗？又是如何实现木器的构造与审美、实用与趣味的相互统一？这些设计智慧深藏于中国榫卯的设计思维背后，对现代设计有着不可估量的作用。

本书是2017年教育部人文社科青年基金项目“传统榫卯结构研究及其在产品模块化接口设计中的应用实践”（17YJC760075）的最终成果。本书主要通过五个方面对传统榫卯及其现代设计进行探讨：第一章是榫卯概述，主要探讨了榫卯的概念，研究方法以及研究综述；第二章是家具榫卯，主要介绍了家具榫卯的特征及一般做法；第三章是建筑榫卯，主要介绍了建筑榫卯的特征及一般做法；第四章是榫卯文化，主要介绍了围绕榫卯形成的中国传统文化；第五章是榫卯的现代应用，主要列举了我本人及我辅导的学生的设计实例。

本书对木工爱好者、产品设计专业与室内设计的学生、产品设计师以及室内设计师有一定的参考价值。对传统工艺的收藏者、生产厂家和商家也有一定的借鉴和参考作用。

最后，我在这里要感谢本课题组的同志们，他们为本书的写作和出版做出了很大的努力。从原始资料的收集到资料的分析，以及本书的内容策划与章节安排，他们都做了大量的工作。另外，还必须感谢蚌埠学院艺术设计学院产品设计系和环境艺术设计系的老师和学生们，他们为本书的出版提供了大量的实践案例，这些案例有些是老师辅导学生的各级各类参赛作品，有些是在老师辅导下的毕业设计，还有些则是在本课题的研究中专门为榫卯的现代应用而做的设计实践尝试。其中部分学生如今已走向工作岗位，希望他们能够在榫卯研究中继续探索，为日后本书的修订打下更好的基础。

限于我的经验、学识和创新能力，书中错、谬、浅、漏在所难免，敬请专家和读者赐教！

2021年8月9日

目　录

第一章　榫卯概述……………………………………………………001

第一节　榫卯的概念——基于学理与实践的混合研究方法　…001

一、榫卯名称的多样性与概念边界　……………………………002

二、研究方法　……………………………………………………009

三、榫卯的特征与发展历程　……………………………………011

第二节　榫卯研究综述——从生存实践到科学与艺术　………024

一、榫卯研究的多学科交叉　……………………………………024

二、中国古代对榫卯的研究　……………………………………025

三、现代对榫卯的研究　…………………………………………029

第三节　木作行业及制作程序　……………………………………041

一、榫卯与木作行业　……………………………………………041

二、榫卯的构件制作与技术思维　………………………………045

第四节　榫卯制作工具　……………………………………………049

一、榫卯与木作工具　……………………………………………049

二、榫卯制作工具种类　…………………………………………054

三、现代榫卯工具的发展　………………………………………061

第二章　家具榫卯……………………………………………………065

第一节　家具榫卯概述　……………………………………………065

一、家具榫卯实体结构的出现和榫卯意识初步建立　…………066

二、家具榫卯的发展时期　………………………………………067

三、家具榫卯的成熟时期　………………………………………073

四、关于家具榫卯发展的分析　…………………………………075

第二节　家具与榫卯的发展关系 ……082
一、家具与榫卯互相促进发展 ……082
二、家具榫卯的特点 ……085
三、建筑榫卯与家具榫卯的比较 ……087
第三节　木装修中的榫卯 ……094
一、木装修的榫卯类型 ……094
二、木装修的榫卯发展及特点 ……095
三、典型木装修构件中的榫卯分析 ……098
第四节　小木作榫卯的具体分类 ……101
一、线性接合 ……103
二、平板接合 ……105
三、三维接合 ……108
四、典型的家具榫卯制作与安装举例 ……109

第三章　建筑榫卯 ……118

第一节　建筑榫卯概述 ……118
一、建筑榫卯的特点 ……118
二、建筑榫卯的基本材料及总体要求 ……120
三、建筑中最常见的几种榫卯构件 ……122
第二节　建筑榫卯的分类使用异同 ……133
一、不同分类的建筑与榫卯 ……133
二、榫卯连接体现中国建筑的设计思维 ……136
三、建筑榫卯的典型接合类型 ……137
第三节　建筑主要构件中的榫卯及制作 ……142
一、建筑主要构件中的榫卯 ……142
二、建筑榫卯的一般制作程序 ……154
第四节　斗拱的榫卯 ……163
一、斗拱与榫卯的关系 ……163
二、斗拱中的榫卯 ……165

第四章　榫卯文化……170

第一节　榫卯的文化溢出……170

一、榫卯从技术到文化的进化与升级……170

二、榫卯的营造景观……172

第二节　榫卯的文化特征与文化隐喻……179

一、榫卯中的“天道”……179

二、榫卯的文化隐喻……184

第五章　榫卯的现代应用……190

第一节　现代榫卯、产品模块化接口及其制作工具……190

一、产品的模块化接口与榫卯……190

二、榫卯模块化接口的设计特点……192

三、现代榫卯的主要制作工具……194

四、现代常用的榫卯构件的形态种类与拆装要点……201

第二节　榫卯的特点及现代优化原则……205

一、榫卯的技术特征……205

二、榫卯的功能特征……207

三、榫卯连接技术的现代优化方向及其优化原则……208

四、榫卯的具体使用方式……209

五、榫卯的旧法新用……211

第三节　榫卯的设计原则……216

一、榫卯视觉层面的设计原则……217

二、榫卯的文化性设计原则……221

三、榫卯技术性层面的设计原则……222

四、榫卯的设计案例简析……224

第四节　榫卯应用的设计方法……227

一、榫卯设计方法……227

二、榫卯有代表性的设计内容……229

三、设计实例……232

第一章　榫卯概述

第一节　榫卯的概念
——基于学理与实践的混合研究方法

榫卯作为一种木工匠作的技艺实践，它的概念是模糊且多样的。榫卯的形态非常丰富，仅对这些结构进行梳理就是一个非常庞大的课题。导致榫卯形态多样的原因很复杂：首先，从工艺实践上看，一方面，由于古代手工艺大多口传心授，地域文化差别也很大，传承时工匠们不断优化，导致榫卯的形态和名称越来越多；另一方面，榫卯总体上指木构件的连接方式，连接节点有大有小，各连接部位复杂程度也有很大差异，既有构件本身即是一种连接节点的情况，也有构件与连接节点相分离的情况，譬如穿带榫既是一种榫也是一种构件，霸王拳结构也是如此，这是由榫卯组成的整体结构，但大部分销榫就不属于整体的构件，它只是一种其他构件的辅助性节点。而从家具整体看，霸王拳本身无论从功能还是从形式上，也都可以看作一个复杂的榫卯。其次，从工艺典籍的记载中来看，榫卯一词并不总是指木质的、有连接功能的实体结构，有时也指一种工艺、一种接合状态，甚至一种工艺思维。同时，在很多情况下，一些明明被公认为榫卯的构件，文字记载却不说是榫卯。无论是《考工记》《营造法式》这样的官书，还是民间流传的民谚，虽然指的就是榫卯，但记述时常常称之为“凿”“槽口”“卯”（名词），或“嵌”“穿心”“交首”（动词）。

那么榫卯的概念如何定义？榫卯究竟指一种结构形态，还是一种工艺技术？如果指结构形态，按照中国传统木构器物的结构形态来看，它严格遵循复制组合的方式，即最小的构件组合与最大的建筑构成之间的组合原理是相同的。也就是说，最小的榫卯构件是榫卯，建筑整体也是一个相当复杂、具有使用功能的榫卯。按照这个逻辑，那么中国的木构器物和榫卯就几乎是同义词。如果指工艺技术，那么就不应仅限于传统的木器，玉器、金属器也常常使用相同材质的嵌插形态进行构件的组合，现代生产中使用这种工艺的例子也不胜枚举。无论从传统工艺研究与保护还是从现代设计传承的角度来看，概念的厘清是必须做的工作，因此有必要就榫卯定义的边界予以确定。

一、榫卯名称的多样性与概念边界

（一）当前普遍存在的对榫卯的认知误区

如果说有哪种传统概念长期被人们模糊地认知，进而产生许多偏见与误解，榫卯这个概念一定是其中的典型。随着历史的发展，榫卯在实践中被广泛使用。不同的时期，不同的地域文化，甚至不同的工匠对榫卯都有自己的名称和解释。榫卯，很多人称之为“榫卯结构”，也有人叫作“榫卯接合”，一些木匠专注于木器的接合技术，因而说是“榫卯技术”，现代设计师和现代艺术家常强调传统“榫卯文化”“榫卯逻辑”或“榫卯思维”。从这些称谓中，我们可以看到大家从不同层面对榫卯进行定义。称“榫卯结构”者将其看作一种独特的木构件实体，称“榫卯接合”者把它看作一种中国工艺制作方式，称“榫卯技术”者则将其作为传统制作方法和木工规范，强调“榫卯文化”“榫卯逻辑”和“榫卯思维”则是从传统文化遗存的角度去看待这一工艺事象。以上称谓都发现了这种工艺传统的某种特性，它有别于国外的很多工艺制作，但它们在细节处的指向又不是很统一，似乎都有一些明显的不足之处；一方面，榫卯虽然包含大量的、独特的实体结构，但事实上仅把它当实体结构来看待的机会非常少，即便专门强调所谓榫卯结构的学者也无可避免地大量使用十字暗槽接合、弧形接合等表达制作方式的动词来定义榫卯，更何况，一些构件的榫卯接合中根本不存在所谓结构性的榫卯实体，但建筑构件与构件之间照样实现了榫卯连接，这在本书第三章中会详细说明。那么这里的榫卯又是指什么呢？另外与此相反的是，国外很多应用了穿插接合的设计结构和榫卯在结构形态上并无区别，但我们却不能把它归为榫卯，因为它们在设计时并没有携带中华民族特有的榫卯思维基因，最典型的莫过于插头和插座，把插头作为直榫、插座作为卯口来看待显然是荒唐可笑的，但形态上，二者又的确并无本质区别。更何况榫卯之所以在中国广为传承，与它的制作方式、文化观念的积淀密不可分，仅强调实体结构而忽视技术、文化与思维特征的定义方式显然是不明智的。另一方面，榫卯的文化观念、营造思维以它的接合方式、独特形态、技术特征为基础，因此，现代设计中如果仅片面强调其文化性而忽略它的构成方式与实体形态，本质上是对榫卯的解构和祛魅，这显然也不是传承榫卯的正确路径。从对现有资料整理和分析来看，榫卯似乎是一个非常模糊、复杂且有中国特色的概念群的总称。当前大部分研究成果都没有事先对榫卯概念进行清晰的厘定，导致对它的概念认知要么特别局限，譬如一些成果认为榫卯即透榫、半榫、燕尾榫等几种最基本类型，这种现象在榫卯实践领域尤为明显，许多产品设计（尤其是家具设计）在声称自己使用榫卯结构时，仅狭隘地指的是燕尾榫一种；要么，榫卯概念又常常在一些研究成果中被过分扩大，譬如当前普遍认为各种鲁班锁、连方等物件也属于榫卯，经调查，几乎所有互联网上销售鲁班锁的卖家均把“榫卯”作为其货品名称的关键词，一些学术论文也直接把鲁班锁、连方与榫卯混为一谈。鲁班锁和连方类物体是榫卯结构的连接体，这是事实，但它们在古代是一种传统的智力玩具，也是锻炼木作工匠技艺的一种基础性练习“作业”，也就是说它是一个具有完整功能的物件，而榫卯指的是结构、方式、技术和设计思维，它只是构成物件的关键点或连接节点，并非具有使用功能的完整实体。假如榫卯可以是具有功能性的实体，鲁班锁、连方属于榫卯的话，那么基于同样的道理，中国用榫卯连接的建筑、家具、农具和其他器具都可以称为榫卯，这显然无限扩大了榫卯的概念边界。对其概念的模糊性认知是导致如今榫卯名称在实践领域被限定化和滥用化的主要原因。在学术研究领域，学者们相对更加注重概念的准确性，这种误读情况略好一些，但是在榫卯概念没有被厘清的前提下，学术写作中对“榫卯”一词的运用也显得十分尴尬。一般在自然科学的学术成果中，学者们大多采取回避这一概念的态度，虽然论文中经常出现“燕尾榫”“螳螂头”“榫槽”“槽口”“方形槽口”“圆形槽口”“楔形槽口”等具体的榫头和卯口的形态概念，或者即便提及“榫卯”一词，也只是将它作为研究内容的语境背景来使用，不将它作为自己的具体研究内容。例如肖维民等在《修缮前后汉平阳府君阙燕尾榫地震力学响应分析》[①]，不仅把榫卯的具体形式“燕尾榫”作为自己的研究内容，而且为了对这一结构概念的准确限定，还详细交代了文中所述燕尾榫的铁和木材料、若干种接合类型和基本数据。专利“一种趣味型多功能插座”[②]中，作者为避免使用过于泛化的“榫卯”而产生技术上的模糊，特意用“圆柱形插杆与插孔”等来描述具体的榫卯构件形态。仔细浏览相关文献就会发现，研究者大多只针对具体可把握的榫卯类型进行研究，尤其在自然科学论文中将榫卯这种综合性概念作为自己研究对象的例子不多。一方面由于论文篇幅所限，对研究对象有进行聚焦的需求，另一方面也和榫卯概念太过笼统、具有较强的模糊性不无关系。在社科研究中，榫卯作为一种传统概念，使用起来就相对随意一些，但学者们仿佛在引用一种公理性的概念，往往很少给它一个确定的定义。另外研究成果中对这一概念的具体内容也大多语焉

---

①肖维民，刘伟超，苏奇，等．修缮前后汉平阳府君阙燕尾榫地震力学响应分析[J]．地震工程与工程振动，2020(4)：53-56

②孙强，等．一种趣味型多功能插座CN201820609196.8[P].2018.11.16

不详，榫卯包含什么？不包含什么？这一问题似乎被默认为一个大家心中有数、无需赘述的话题。以上两种回避和模糊概念的做法显然不符合科学研究的严谨态度，这对研究究竟如何切入也是非常不利的。

（二）作为多维概念的榫卯

榫卯概念之所以一直都比较模糊，其实不完全因为现代学界的忽视，榫卯在自身的发展过程中也同样很尴尬。如果对古代主要的营造典籍进行梳理，就会发现一种奇怪的现象，宋代的《营造法式》作为中国建筑营造的第一部官书，对建筑的结构、尺度、做法都有详细的规定，唯独没有系统介绍榫卯。如果说李诫没有对榫卯给予足够的重视显然也不公平，他在书中花费大量篇幅介绍的各种构件的做法中都有榫卯参与，尤其详细介绍了斗拱这一特殊构件，而斗拱的制作类似于具有支撑和装饰双重功能的组合，与鲁班锁或者连方类似，是完全由榫卯进行巧妙的构造连接而形成的一个整体，他甚至将斗拱的构件尺度作为整个建筑的尺度标准，即“材份”，而这一切与榫卯都有着密切的关系。再向前追溯至喻皓的《木经》、元代薛景石的小木作典籍《梓人遗制》，乃至春秋时期的《周礼·考工记》，作者在详细描述木作工艺的同时虽不可避免地多处涉及榫卯，却总是直接把它作为一个现成的概念来使用，从来没有进一步说明榫卯究竟是什么，更没有进行系统的罗列。这是什么原因呢？如果仔细阅读这些和榫卯有关的文本就会发现，在古人看来，榫卯概念实际上有两大类：一类是榫卯实体，它是一系列具有相同特征连接节点的总称，在它之下有许多具体的实体结构内容，有销钉、走马销、穿带、插肩榫、燕尾榫、螳螂头等，这些负责连接任务的构件都有自己的名称，名称中有些带有“榫”或“卯”的字眼，相当一部分则不带，而榫卯是这些负责连接任务构件的总称。另一类是指一种传统的连接做法，例如攒边打槽装板、丁字接合、弧形接合、交叉接合等，这些常出现在对榫卯的描述中，古代典籍和现代文献中都可以轻易找到。如萧统编《文选》卷四十九《史论上·晋纪总论》

中“如室斯构而去其凿契”①，从语法上看，这些都是动词或动名词，与诸如“燕尾榫”“馒头榫”等构件名词有一定区别，但也被榫卯囊括其中。这实际上提供了一套以榫卯结构为基础的营造思维模式，核心是阴阳相合的传统理论，工匠可以在此模式中不断发挥，制作出自己特色的连接构件。

图1-1　传统桌角的榫卯构造（资料来源：乔子龙《匠说构造》）

图1-1中可见，榫卯的许多接合构件名称并没有带“榫”或“卯”字眼，它们形态功能虽有区别，其中阴阳接合的构造思维有着内在的共同点。因此作为工艺类型的榫卯研究，材料获取如果像一般的传统文化研究那样仅从文本中寻找“榫”或“卯”、“凿”或“枘”，则根本无法窥其全貌，更不用说有效地现代传承。一些其他没带这些字眼的构件名称，甚至一个建构程序中的做法也同样蕴含着榫卯，只有把握其精髓，并循其脉络适当扩大研究视野，才能真正体会中华匠作的博大精深。

事实上，正因为榫卯具有实体结构和思维模式两种内涵，它的变化几乎是无穷无尽的，因此试图仅从形态层面把它穷尽罗列出来是没有意义的。也因为它具有思维模式的特征，它可以轻易进入文化观念领域，成为一种在工艺中可以作为营造方法、在社会中可以当作象征处世策略的思想观念，“圜凿而方枘兮，吾固知其钼铻而难入。”②凿枘即榫卯。榫卯是多

①（梁）萧统．文选［M］．上海：上海古籍出版社，1998:415.

②汤炳正，李大明，李诚，等．楚辞今注［M］．上海：上海古籍出版社，2019：221.

种实体构件的集合，又是一个多维的、综合性概念。正是这个原因，它在古代营造典籍中始终是一个既经常使用又没有被明确解释和系统罗列的概念，如果按照典籍中榫卯思维的线索进行搜寻，则可以发现它的内涵系统地贯穿于传统营造工艺之中。在这里需要提醒的是，当依循着古人的榫卯思维考察木工典籍时，会发现关于榫卯的记载被分为三种不同的方式：一是文本明确提到榫卯的内容，包括带有××榫、××卯、凿、枘等关键词的叙述。这方面的内容并不是很多，且内容比较零散，这也是给人以古代典籍对榫卯记载不够系统的最初印象的主要原因。二是虽然没直接提到榫卯的关键词，但依然属于榫卯的内容，例如结构方面的穿带、各种销类构件、楔钉、槽口、滑槽，技术方面的攒边打槽、××交接、××接合等，这些内容要丰富得多，虽没有提及榫卯，但它们与其他榫卯密不可分，是榫卯制作不可或缺的一部分。况且无论从传统的工艺做法来看还是从现代的榫卯研究来看，大家也都长期认为它们属于榫卯。三是文本中体现的榫卯思想。尽管没有进行过多的技术细节的描述，但是阴阳结合的思想常常流露在物件制作的过程中，让人们能够理解榫卯思维在其中占据重要的位置，例如穿插枋、抱头梁、叉柱造以及许多间架的构建方式等，即便没有提及榫卯二字，也可看到这些穿插构建特征与榫卯有着密切的联系，这类内容也十分丰富。当然，榫卯的内容再大也必须有一个边界，从大多数现存文献来看，榫卯固然多样，但毕竟还只是一种构件和建构方式，任何现存典籍都没有支撑榫卯自身就是一种可供使用的器物这一说法。因此组合成一个具有使用功能的整体器物，例如家具和建筑，即便完全由榫卯组成，它作为一个使用功能实体依然不属于榫卯概念的范畴。榫卯概念的厘清有助于弥合古人榫卯的概念和现代人对榫卯的想象之间巨大的裂缝，这一裂缝或多或少地阻碍了它真实面貌的揭示，导致后人对它的进一步传承也就失之偏颇。

榫卯的意义在古代涵盖极广，既是指一种阴阳嵌插的工艺技术，又指构件之间做特定连接的结构，随着它的功能所带来的意象进入文化领域，它还可以象征人与社会的关系或处理事物的态度，譬如“不量凿而正枘兮，固前修以菹醢。”[①]当榫卯作为构件时，单榫是一个或两个构件穿插形式形成的结构，复榫即三个及三个以上构件穿插形成的结构。它既是一个独立的个体，又是多个单榫组合的群体。一些组合的榫卯构件虽由单榫构成，但结构功能更加多样化，这在研究中是不可忽视的。但是当它具有了特定的使用功能，它就是一种有功能的器物而不再是榫卯，否则过分扩大了榫卯的研究领域，就与现存古籍中都把榫卯作为构件或构建思维的描述相抵触。因此在本研究中，我们将榫卯的结构定义为由凹凸形态作为插接方式的构件组合，且还没有形成完整使用的功能的构件。虽然这样定义并不够严谨，但大致符合古人在谈到榫卯时的基本精神，也将榫卯结构与家具建筑之类的功能器物区别开来，便于在有限的领域内展开深入研究。

作为工艺技术的榫卯同样不可忽视，如果用列斐伏尔的广义空间理论来看待榫卯实践，榫卯实践空间既包括实体，也包括围绕工匠实践知识技能的融合，榫卯技术或榫卯知识的生产与榫卯结构是一体的。作为一种工艺技术，榫卯就不仅仅涉及木器的构件连接，同样的连接工艺还应用在古代玉器和金属器的构件之中，现代学界显然已经意识到这一点，大量的学者在对榫卯研究中都在关注木材料的同时兼顾了其他材料的使用。然而在现代产品制造中，也常使用相同材质的材料通过凹凸形态进行连接的技术，但其中却并没有传统的阴阳穿插观念，最典型的像插头与插座的接合之类，如果仅从其半榫的形态和同质材料方面来定义榫卯则很难将其排除在外，但事实上它显然与传统榫卯毫无关系。因此需要从营造观念上予以划分，在工艺技术层面榫卯的概念，主要强调利用传统同质异形和阴阳观念，以满足传统构件连接目的的技术。

以上定义的概念边界不够完善，但在廓清榫卯工艺特征、梳理榫卯匠工典籍以及限定研究对象方面做了一定的努力，这在榫卯相对系统的研究尝试中是必须的。同时为了在社会文化层面对榫卯的营造理念、审美观念

①汤炳正，李大明，李诚，等.楚辞今注[M].上海：上海古籍出版社，2019：18.

进行考察，在以上榫卯范围的基础上还增加了榫卯的意象文化范畴，即以榫卯技术结构、工序等特征的文化迁移而呈现的审美典型，本书的研究主要在这些概念中展开。

二、研究方法

本书的写作目的在于对古今榫卯的记载和研究文献进行归纳整理，认识榫卯的历史发展现状和研究现状，探究榫卯的概念、内涵与工艺特征，并尝试追溯其工艺思想的源头，在此基础上探讨榫卯在现代产品设计中的应用。任何古代工艺文化的研究均需要一定的基础，就榫卯研究来说，需要对中国古代社会工艺发展有一定深度且具体的把握，同时还应对中国传统木作技艺特点、营造工具和环境、供求关系、文化观念等因素有一定的了解。此外，对不同时代、地域、气候、风俗影响下建筑和家具营造风格也应该有一定的了解，只有这样才可能把握榫卯产生、发展及演化的内外深层原因，也才有可能充分将这种传统工艺应用在现代机械化生产中。

针对以上对研究基础的要求，本书的研究方法主要采用了归纳法和对比法，归纳法主要是用于对传统榫卯以往研究成果的归纳，详细考察古今相关文献在家具、建筑上的具体描述，同时也归纳榫卯在不同器物、不同历史时期、地域风俗下的形态特征。对历史上不同时期木作工艺的发展进行回顾，考察不同历史阶段的生活方式、自然环境、文化、经济对木作中的榫卯发展的影响，力图从时间纵轴上把握榫卯的工艺特点。对建筑、家具及其他木器进行汇总比较，发现不同木器中榫卯技艺的异同，对不同器形中榫卯的相互借鉴和影响作重点讨论，逐渐横向聚焦榫卯的本质特征。从以上三个方面整体把握榫卯技艺的本质和应用的发展方向，然后对现代工艺中使用的榫卯形态进行归纳。对比法主要指用于不同时期榫卯的对比、中外榫卯工艺的对比、不同地域习俗对榫卯发展的影响的研究上，也对现代与传统榫卯应用的相通处进行区别和比较。通过对传统古建筑、家具遗存以及现代相关建筑、工艺、家具展览的实地调研，将其与文献资料反复对比，发现榫卯在工艺实践中的一些现实特征，并对这些特征从经济需求、工艺发展现状、生活及审美习惯等方面寻找具体原因，力求对榫卯的应用和发展形成一个比较实际的结论。

另外，古代榫卯研究的一大难点是考古证据的缺失，这种缺失由多方面的原因造成，首先榫卯是木构器物中的连接点，而木构器物在历史上不容易保存，战乱破坏加上自然损坏使得中国存留下来的木器数量很少；其次是榫卯结构处于木构器物中的隐蔽处，少量的历史木构遗存具有非凡的价值，不可能进行拆解以研究其中的榫卯结构，因此对古代榫卯结构的观察只能在已经破坏了的木构器物及其修复期间才能够实现；最后是古代文献记载木构器物的营造过程相对较少，由于重道轻器观念的影响，工匠的实践过程很少被记录下来，因此从文献典籍中进行分析也比较困难。鉴于以上原因，关于古代榫卯结构的研究成果一直相对薄弱，榫卯的考古证据相对不足。在本书中，对榫卯研究材料的整理主要依靠三个渠道进行：一是对营造技艺传承的合理推导。中国传统工艺传承以心授为主，很少留下文字材料。但是，古代技艺的传承对师徒双方来说都是一件大事，传承态度十分严谨，双方往往立有严格的契约，少有误导或讹传之处，因此将各时期木构器物进行对比，并辅以各地木作劳动的谚语分析，就可能发现其中榫卯结构的技艺发展脉络。二是对以往研究成果的整理归纳。以往由于榫卯结构原始材料稀少，少有学者对其形态特征、技艺传承、实践环境、功能意义进行多维度的综合性整理，成果显得零散，本书对以往研究成果进行整理归纳，试图在一定程度上勾勒榫卯发展的原貌。三是通过器物外形理解内在的榫卯。一方面中国传统造物本身有一种模件特征，即由数个构件反复组合来满足一定的功能性，大的器物外形往往是其内部构件的同质结合的结果，因而具有很强的相关性。另一方面，内部构件的组合方式决定外部的造型，这从中国古建筑的结构中就能有一定的显现，由此反过来外部的造型特征常常也暗示了一定的榫卯结构组合特征。

在榫卯现代产品设计中的应用研究方面，榫卯技艺以及榫卯工艺思想对现代设计影响深远，几乎触及现代设计的方方面面。因此在对榫卯的现代应用进行研究时，有必要从多个交叉领域进行探究，并按照技术型传承、文化型传承、综合性传承对各领域的设计案例进行梳理，并从角度进行讨论，以求综合各领域对榫卯的现代传承有一个较为完整的把握。将榫卯应用于产品设计是一个综合性的课题，可以通过不同的标准分为很多方面。从产品设计的分类来看，可以分为机械产品的榫卯应用、家电产品的榫卯应用、家具产品的榫卯应用、数码产品的榫卯应用等。从榫卯的应用层面来看，有榫卯技艺的应用、榫卯结构的应用、榫卯设计的应用等。在进行探索实践时，本书尽可能采用课题组团队完成和其他设计师完成的具有代表性的产品设计作为案例，并对产品中使用到的榫卯技艺、榫卯结构与榫卯思维进行详细描述。

三、榫卯的特征与发展历程

榫卯是中国传统建筑和家具等以木器为主的构件连接的主要结构和方式，在传统营造技术与文化中自成体系，在长期的发展中获得了大众的文化认同。榫卯的独特之处在于它完全依靠木材料本身的独特形状完成构件之间的连接，不用钉胶捆绑等异质的材料。榫卯的基本连接形态是凹形与凸形的结合，凸出与凹进去的部分分别被称作榫和卯。在榫头和卯口相插的内在部分叫作榫舌，从卯眼中透出的部分叫作榫头，在榫舌与卯口沿处突出的部位叫作榫肩。榫卯在新石器时代就已开始使用。榫卯在中国古代历代文献中有不同的称呼：早在春秋战国时期，榫卯称为“枘凿”，《楚辞・离骚》“不量凿而正枘兮，固前修以菹醢”①，《楚辞・九辩》“圜凿而

①汤炳正，李大明，李诚，等．楚辞今注［M］．上海：上海古籍出版社，2019：18.

方枘兮，吾固知其鉏铻而难入”[①]，《庄子·天下》“凿不围枘”[②]。南朝称“凿契”，梁代萧统编《文选》卷四十九《史论上·晋纪总论》中说“如室斯构而去其凿契，如水斯积而决其堤防，如火斯畜而离其薪燎也”。[③]隋唐之时为“筍”，唐代司马贞《史记索隐》卷十九《孟子荀卿列传第十四》曰“方枘是筍也”[④]。用“榫”之名始见于宋代，而《营造法式》中不见“榫”字，以“出卯”形容，宋代李诫著《营造法式》卷四《大木作制度》中说“若丁头栱，其长三十三分，出卯长五分”[⑤]。清代则以“筍头卯眼”代称，梁同书《直语补证·筍卯》载“凡剡木相入，以盈入虚谓之筍；以虚受盈谓之卯。故俗有筍头卯眼之语”。[⑥]

在汉代，榫卯大多运用在建筑和棺椁上，这时的榫卯种类已有20多种。“榫卯”在古代被称为“枘凿”，很多古籍都有提及，常用以比喻彼此相合。例如《周祈·名义考》引《程子语录》云：“枘凿者，榫卯也。榫卯圆则圆，榫卯方则方。”[⑦]《柏斋集》曰：“兵备政令皆与之相关，此四人之性行未必皆同，方圆枘凿，一有龃龉，非惟动相掣肘，事不可行而谤议往往由之以起。”[⑧]《池北偶谈》卷十曰：“直如水火枘凿之不相入。而君子小人之用心，亦可见矣。”[⑨]南明沈光文诗曰：“最是贫来韬迹宜，强争枘凿竟忘痴。”[⑩]《庄子》曰：“吾未知圣知之不为桁杨椄槢也，仁义之不为桎梏凿枘也！”[⑪]《楚辞·哀时命》曰：“右衽拂于不周兮，六合不足

①汤炳正，李大明，李诚，等.楚辞今注[M].上海：上海古籍出版社，2019：221.
②陈鼓应.庄子今注今译[M].北京：中华书局，1993：895-896.
③(梁)萧统.文选[M].上海：上海古籍出版社，1998：415.
④司马贞.史记索隐[M].西安：陕西师范大学出版总社，2018：295.
⑤李诫.营造法式[M].重庆：重庆出版社，2018：75-78.
⑥参见：汉语大字典：第三卷[Z].武汉：湖北辞书出版社，2001：2969.
⑦(清)陈元龙.格致镜原：卷四[M].民国湖北先正遗书本.
⑧(明)何塘.柏斋集[M].明嘉靖三十三年刻本.
⑨(清)王士禛.池北偶谈[M].济南：齐鲁书社，2007：187.
⑩台湾府志三种[M].北京：中华书局，1985：2677.
⑪陈鼓应.庄子今注今译[M].北京：中华书局，1993：274.

以肆行。上同凿枘于伏戏兮。”①借榫卯相合的隐喻来说明处事与治国之道。

榫卯连接的方式从技术角度看是一种同质结合，它与其他异质的结合相比具有天然的力学方面的优势。首先是木材料穿插的半刚性，木结构的榫卯结合既不属于捆绑式的柔性结合，也不属于金属结合或钉结合式的刚性结合，这种结合有柔中带刚的特点，不会像柔性结合的绑扎那样轻易松脱，在遇到地震或大风摇晃时也不会像刚性结合那样容易断裂，实木材料本身有一种弹性的伸缩作用，加之各种巧妙的插接，可以从不同方向形成复杂的支撑、锁扣关系，达到一种微妙的力的平衡。中国传统的建筑和家具所使用的木材料还有更为特殊的原因，木的本身就具有冷热、干湿的涨缩性。如果使用异质结合，那么异质材料的涨缩尺度与木材料的涨缩尺度就不相符，长时间会使得接合部位松脱。但是榫卯接合使用同质材料，它从各个方向进行拉结，使得木材的涨缩力处于一种相互抵消的状态，可以有效地延长建筑和家具的使用寿命。不仅如此，榫卯接合还具有可逆性，它可以无损地安装拆卸，建筑和家具构件维修、更换更加便捷，也便于运输。当然，榫卯结构也有它的缺点，由于木结构必须牺牲自己的一部分形态用于插接，这使得木结构本身的强度有所损伤，也就是说，榫卯结构实际上是在破坏了木材自身的受力强度的基础上实现的。传统榫卯在现代传承中的最大困难在于其加工复杂，由于榫卯结构精细且复杂，很难通过现代的机械化大规模的生产。以传统燕尾榫为例，榫头共有五个面，传统形制中有四个都是有两个方向上不同倾角的斜面，且在安装时有一定的方向，一般在现代产品中都需要将其中的倾角做简单化处理之后才适合批量生产，单个燕尾榫如此，其他复榫组合更是这样，这是传统榫卯在现代生产中难以普遍使用的一个重要原因。如果要真正把传统榫卯文化在现代生产中发扬光大，在透彻理解其思维本质的基础上，对它的形制优化处理、再设计甚至形制创新都是必须的。

①汤炳正，李大明，李诚，等.楚辞今注[M].上海:上海古籍出版社，2019:256.

从榫卯的发展历程来看，它的发展经历了一个从大到小、从粗放到精细、从简单到复杂又到简单这样一个过程，这一过程与中国工艺技术发展的总体规律是分不开的，也体现了中国匠工的务实态度和致用精神。

关于榫卯的起源，古代有许多关于榫卯起源的传说，这也反映出中国古人为榫卯这一构件能有如此强大的功能而感到惊奇。《中国古代家具鉴定实例》中考证河姆渡遗址中的干阑建筑榫卯已有7000多年的历史，这是迄今发现的最早相关遗存。[①]河姆渡遗址出土带榫卯的木构件共有数十件，都是垂直相交的榫卯。[②]当时的榫卯结构与其他连接方式如木钉和藤蔓捆绑连接并存的事实说明，中国木作工匠对各种构件的连接结构都有着丰富的实践经验和考量，这意味着榫卯结构最终作为木构建筑的连接结构并不是匠工们的偶然选择，而是在长期实践综合考量之后的结果。这种营造理念的建构与完善，主要是由于榫卯的力学特征比其他形式的结合更加优秀，同时也掺杂着一些文化观念上的原因。随着社会的发展，中国的古典哲学有了长足发展，与此同时中国古代的各种实践活动也都受到了古典哲学观念的影响。例如器物的木料超越物质属性被赋予了一定的观念意义。随着各种图腾、纹样日益丰富与完善，榫卯形态此时也被当作纹样雕刻或彩绘于器物、壁画之上。榫卯从西周开始逐渐取代其他连接方式的原因当然首先是它在营造技术方面的优势，也不能排除与当时的文化和哲学观念有着一定关系。这一时期，遗址中发现的榫卯结构有双层凸榫、凸型方榫、圆榫、燕尾榫、企口榫等榫卯形式的雏形。[③]它们由石制的斧、扁铲、凿以及木槌等工具制作而成，同时发现的还有一些其他劳动工具，比如小铲子、杆子、矛头、桨头、糙器和纺轮、木刀。可见当时的木作工艺已经有了十分成熟的发展，而此时的工匠也拥有了一定的技术自信。营造工具的出现和营造技术的发展让人们逐渐认识到自己能够把握自己的命运，由

---

①刘文哲.中国古代家具鉴定实例[M].北京:华龄出版社,2010:94.

②李浈.中国传统建筑木作工具[M].上海:同济大学出版社,2004:25.

③郭希孟.明清家具鉴赏——榫卯之美 [M].北京:中国林业出版社,2014:20-21.

此这种发端于技术的自信观念，逐渐为中国人本主义的发展奠定了基础。[1]

榫卯最初运用于家具中是在春秋时期，家具中的榫卯结构主要由建筑中的榫卯结构演化而来。春秋时期榫卯结构的发展与铁器的出现有着密切的联系，铁器的出现使得木器工具得以向精细化方向的发展成为可能，进而木工行业也逐渐细分。而木工工种的精细化，又使得榫卯结构能够更完善地发展。从《考工记》中发现，这一时期的木工已经分为很多方向："凡攻木之工七……攻木之工：轮、舆、弓、庐、匠、车、梓"，[2]结合实际需要将木工分为了七个部门，为木工各门类发展奠定了基础，这也必然促进了榫卯技术的发展。到了战国时期，出现了玉质榫卯首饰。山西省长治市分水岭270号墓出土的玉簪（图1-2），榫卯镶嵌，由浅绿色镂蟠螭簪头和白色扁平椎体的梃两部分组成。

图1-2　东周墓地墓葬出土的榫卯发簪（资料来源：https://mo.mbd.baidu.com/r/DoKsDBixLW?f=cp&u=9314295c0e75f5fd）

到了汉代，榫卯更加科学合理。工匠们对榫卯形态和所达到的力学特征有了更系统的掌握。例如湖北当阳赵巷出土的漆俎（图1-3），腿足出榫头，桌面留卯眼，明榫、暗榫、通榫、半榫、燕尾榫等样式在这件器物中已经存在，虽然在造型上，这个阶段的榫卯还显得非常简陋和粗糙，但它已经能够在器物的制作中呈现一定的长度、宽窄与厚度上的规律。

---

①傅斯年．傅斯年选集［M］．天津：天津人民出版社，1996：83．

②关增建．《考工记》翻译与译注［M］．上海：上海交通大学出版社，2014：5．

图1-3　春秋漆俎（资料来源：宜昌博物馆官网）

林寿晋在研究中指出燕尾榫的榫头倾斜角度的临界值不能超过10°，否则燕尾榫的榫头的抗剪力将大大减小。在发现的汉代燕尾榫中，榫头角度很明显绝大多数都小于10°，这说明当时的工匠已经意识到榫卯形态和它们的力学特征之间有一定关系。此时考古发现，玉器中的构件连接，以及玉器与它的木材底座的连接也使用榫卯，说明榫卯的连接不仅在木器上得到了认可，也在其他材料制作中得到仿效。榫卯不仅在古代有营造构件连接的需求，也在文化观念中有人的关节部位的意象，或者说，榫卯最初出现可能就是古人对人体关节部位的仿生设计，在墓葬中还发现陪葬的木偶身穿布质的衣服，然而其布制衣服下的身体关节部位，也使用榫卯连接[①]，这也映射了古代的一种重要的观念，那就是人造物在远古时代很可能与自然物并非处于完全割裂的状态，所谓人造物实际上是人们仿效自然和人自身的一种本能。河北阳原三汾沟汉墓中的木椁，呈长方形，长3.5米，宽2米。三壁用木板或圆木垒砌而成；洞室口用立木插封，构成椁的另一壁。椁四角衔接是直透榫和燕尾榫，三面是木板和圆木榫卯拼合，第四面作为开口，也由整块木板榫卯插合成为可移动的立面，椁底板棺板用松柏木制成，棺板之间用细腰银锭形榫接合（图1-4）。[②]

①巫鸿.礼仪中的美术[M].北京：生活·读书·新知三联书店，2005：604-608.

②吕九芳.中国传统家具榫卯结构[M].上海：上海科学技术出版社，2018：15.

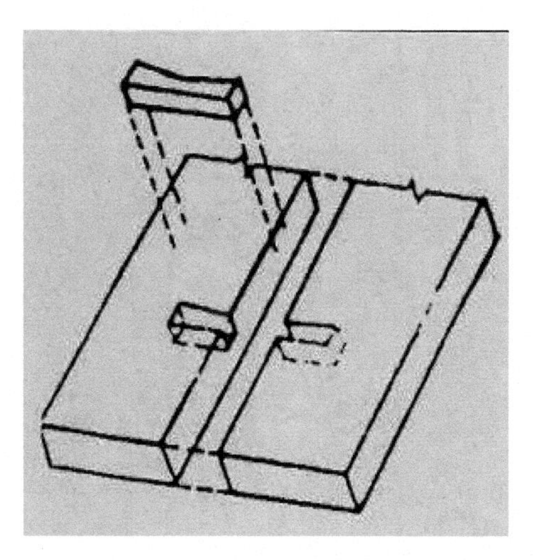

图1-4　细腰银锭榫(资料来源:吕九芳《中国传统家具榫卯结构》)

除了木质的榫卯之外，各种与榫卯相互配合使用的铜制构件也在西汉满城墓中出土，据推测，这些构件应为一种帷帐的组装零件帐构，它们配合铁钉固定榫卯，形态丰富。可见小木作中还是木榫卯和金属缔固物同时结合使用，而当时的大木作已经很少再出现这样的情况，由此可以判断榫卯在小木作中的发展此时还不及大木作。这种情况一直持续到魏晋南北朝，在朝阳袁台子东晋壁画墓中，也发现了绘制的金属帐角，同时，在南朝墓帐架的结构中也确实考古发现保留了金属缔固物与榫卯的结合。尽管关于榫卯方面的记载并不多，在东汉至魏晋时期，从画像石和其他的图像中仍然可以发现这时期的建筑榫卯有非常显著的发展，另外，各种图像和明器显示，斗拱在这一时期已经完全成型，中国传统的建筑样式也已经有了很好的体现，这反映了建筑榫卯和家具榫卯在此时呈不均匀的快速发展态势。

《世说新语》记载："凌云台楼观精巧，先秤平众木轻重，然后造构，乃无锱铢相负揭，台虽高峻，常随风动摇，而终无倾倒之理。魏明帝登台，惧其势危，别以大材扶持之，楼即颓坏。论者谓轻重力偏之故也。"①

①(南朝)刘义庆.世说新语注译评[M].郭孝儒,注译评.北京:经济日报出版社,2002:380.

可见当时的建筑已经可以比较科学地考量结构和力学平衡之间的关系。这一时期的榫卯结构主要表现出诸多特点，最明显的是大木作和小木作在工种上区分明确，从技术的成熟度上看，大木作技术更加成熟，而小木作已经可以有效地借鉴大木作中总结的经验。此时的榫卯功能还有一些限制，最明显的是只能解决水平和垂直构件相交这些基本的构架组合需求，主要表现为其他类型的连接，例如同向构件的接合，水平与水平、垂直与垂直、同角度斜向构件都还没有实现有效的榫卯接合。不过相比以前，榫卯在形制上有了更加丰富的发展，销钉作为榫卯中最常使用的固定件，在这一时期已经得到广泛的应用，成为当时一种非常重要的榫卯，在当时的器物构建中，它能够使构件连接更加灵活多向，直到现代木作依然经常用之。燕尾榫的榫舌、榫肩的角度变化越来越固定，越来越科学，这说明匠工在这一时期的力学知识、榫卯的规律和加工水准上都已经积累了丰富的实践经验。另外，这一时期榫卯比例还很不统一，例如直榫的榫头宽高比自 1∶2 到 1∶5 均有，可见匠人们在实践之中还是基本上靠感觉来制作，对形态在结构中的连接规律还并没有科学的认识，总体来说，这一时期榫卯结构的长足发展，为唐宋时期榫卯结构的规范化打下了坚实的基础。同时，斗拱在这一时期也逐渐形成和完善，这是一种特殊的榫卯组合，它在建筑中既具有重要的支撑功能，也具备一种象征性的装饰功能。随着建筑结构的不断优化，斗拱的支撑功能逐渐衰退，到了清代，它向精细化和装饰化发展，成为一种纯装饰功能的榫卯构件。在斗拱的漫长发展中，我们可以看到，中国古代如何将一种实用性的物转变为一种观念性的、象征性的物这样一种演化的过程。家具榫卯在这一时期也开始朝精细化方向发展，并形成复杂的榫卯组合结构。所谓榫卯组合就是由多种简单的榫卯组合在一起的复榫，它能够同时满足抗扭、抗拔、抗弯多种力学需求，这是榫卯技术开始迈向成熟的一个重要标志。自汉代时期，榫卯就不仅用在建筑和墓室棺椁中，也使用在日常家具中，榫卯的应用使得家具形态从厚重的块状和面状逐渐发展为线状，显得更加纤细美观、丰富多样，也更符合中国的艺术审美特征，且家具的形制结构也得以向着复杂的方向发展。

如果将原始社会到魏晋南北朝的榫卯进行纵向归纳，家具榫卯的发展略迟于建筑榫卯，且要比建筑榫卯更加注重精细度。小木作营造更注重精细美观，而大木作营造更强调科学性与实用性，对细节的处理并不一味地苛求。正是由于家具对精细化的需求促使了家具的制作已经有了脚部处理的专用榫卯，而建筑中还没有发现此类榫卯的应用。从战国的墓棺椁中可以发现，其中的榫卯大量使用燕尾榫进行企口边接或错位和斜切，有效地避免破榫现象，这意味着当时的工匠已经意识到直榫的形态不能满足高强度拉结的需求。例如湖南长沙五里牌606号墓的木椁中还发现了半边为燕尾的榫卯形态[①]。相对而言，虽然建筑榫卯出现比较早，发展也比较快，但家具榫卯在这一时期逐渐出现了赶超的趋势，可能是由于家具必须使用木来制作，而建筑可以将木和土石相结合来营造，榫卯对家具而言更是不可或缺的东西。另外还发现，这一时期建筑中的榫卯使用燕尾榫并不广泛，大多用通长的木构件贯穿梁柱，或者使用拉结力更大的螳螂头，这是一种在不久的将来就逐渐被淘汰的形制。总之这一时期无论是家具还是建筑，中国古代木构营造都本着一种非常务实的致用态度。

唐宋时期的榫卯已经体现出明显的规范化与模数制。宋代的《营造法式》尽管如其他工艺典籍一样并没有大篇幅地介绍榫卯，但实际上这本典籍的问世是榫卯发展的一个里程碑，《营造法式》将斗拱中的构件作为模数制的标准单位，而斗拱无论从结构元件还是组合工艺上看，都充分地体现了传统的榫卯营造观念。斗拱成为模数制的标准构件，可以说就意味着榫卯在建筑中最基础的营造模式的确立，这决定了榫卯在建筑和家具中的地位逐渐升高的趋势，最终它达到了传统建筑与家具文化特征的最核心。《营造法式》虽提及榫卯之处比较散乱，但仔细研读其中的营造制度，实际上它对榫卯的设计思路是非常清晰的。具体说来至少可以发现两个特征，《营造法式》文本中提及榫卯，一是将它分类并标准化，二是明确其

①长沙文物工作队.长沙市五里牌战国木椁墓[J].河南考古辑刊.1982(1):32-36.

用法功能和尺寸，这两点都与模数化或标准化有密切联系。例如《营造法式》图样中将榫卯分为三类，即铺作卯口、梁额卯口与合柱鼓卯。铺作卯口在卷四中则规定："凡开栱口之法，华栱与底面开口深五分，广二十分。口上当心两面各开子，阴通栱身各广十分深一分。余栱上开口深十分，广八分，"[①]此外，"凡四耳斗，与顺跳口内前后里壁各留隔口包耳，高二分，厚一分半，护斗一则倍之。"[②]而且这时的榫卯制作已经有了对整栋建筑力学特征的一个系统性的整体考量。譬如在对水平构件的体系制作中，就表现得非常成熟，《营造法式》要求凡悬挑构件均刻等口，与悬挑构件十字相交的构件均刻盖口，即清代做法中的"山面压檐面"。山面压檐面是为了保证受力之时山面构件会压紧檐面构件，从而整个榫卯结体在荷载的作用下结合更加紧密。此外，伴随着"以材为祖"的建筑模数化和相对粗略的榫卯尺寸规定，配合图版，《营造法式》对榫卯也提出了相对固定的比例范围，在《营造法式》中虽然很少出现对于榫卯尺寸的详细规定，但也规定了榫宽的要求，即"入柱卯减厚之半"和少许长度要求"两头至柱心"。[③]实际的木匠制作中，在榫卯形制确定的情况下，规定了榫宽或长度任何一处，榫卯的尺寸也就被限定在了一个可控的范围之内。同时，宋代除了建筑的长足发展，从席地而坐向垂足而坐习惯的逐渐改变也促使家具榫卯进一步发展，高型家具从整体上更加注重造型简洁美观，榫卯也必须更加注重接合的牢固性。宋代家具普遍延续《营造法式》中提到的侧脚、生起的向心准则，这在建筑营造中一直是必须遵循的，家具与建筑的制作有了更加紧密的内在联系。实际制作中，构件之间的接合难免出现误差，而宋代榫卯在此时不仅具有连接作用，也发展了重要的校核、弥补构件误差的作用，即"安勘"和"绞割"。例如江苏邗江蔡庄五代墓出土的足尺木榻（图1–5）。

---

①李诫.营造法式[M].重庆:重庆出版社,2018:72.

②李诫.营造法式[M].重庆:重庆出版社,2018:42.

③李诫.营造法式[M].重庆:重庆出版社,2018:114.

图1-5 五代木榻

（资料来源：https://amma.artron.net/observation_shownews.php?newid=1104242）

托撑与大边的接合处，所有接口均用暗榫接合，侧撑与腿也做相同的结构。木榻总体上采用榫卯校核与铁钉固定相配合的接合方式，榻面的大边与抹头处先做格角榫接合，然后再钉入铁钉，固定格角榫。同样，牙板与大边的接合处也使用类似的制作手法，而抹头直接由两根木料作“L”形榫接，没有使用铁钉。叶茂台辽墓中的棺床小帐（图1-6），其构件接合处也是先榫卯接合再用铁钉固定，帐的平柱侧脚为双榫卯接合，双榫接合处，一般单榫也可以完成，所不同的是，双榫接合内部的接触面是单榫的两倍，因此接合得更牢固，当然也更费工时。外侧为透榫结构，内侧用暗榫接合，为避免其中的误差导致松脱，所有榫卯均带胶接入。角柱的双榫接合类似于达步榫，呈对角线设计，这种榫的好处是，两个榫头成一定的角度，可以有效防止构件旋转。所有板材均为直缝拼接板，具体做法是将板材入方材开直槽相互嵌入，方材相接合，在垂直槽口内接入，其中阑额出绞头，压槽方也同样，最终成为绞井口，最终形成类似圈梁的封闭结构。

图1-6 辽代棺床小帐

（资料来源：https://www.163.com/dy/article/GAPGH28405382F7J.html）

宋代家具不仅更重视实用功能，也更重视家具的外观，这与宋代绘画艺术的发展有一定关系，优美的家具外形对榫卯的科学性与合理性提出更高要求。宋代高型家具逐渐普及，结构部件的组合开始变得复杂起来。在这个时期，家具面板工艺开始出现攒框板，即所谓的攒边打槽装板，将面板的拼板工艺发挥到极致，至今仍在使用。宋代的家具还在腰线造型上形成了“有束腰”与“无束腰”两大体系。[①]榫卯种类此时得到极大的丰富，结构已经非常科学合理，抱肩榫、裹腿帐、粽角榫、夹头榫、插肩榫等经典的榫卯陆续出现，榫卯结构的类别与样式越发复杂与精巧。

元明清时期的榫卯基本延续宋代的做法，在此基础上又有了一些细节上的进步。明代，硬木的出现使得家具中的榫卯结构越来越朝着精细化的方向发展。硬木有优美的纹理，数量稀少，受到当时上层社会的青睐。硬木的使用还可以在家具中对榫卯结构的精确度提出更高的要求，因为它不像软木那样有尺寸上可以容忍较大的工差，需要构件严丝合缝地镶嵌在一起。硬木的出现进一步推动了榫卯的精细，这也促使明式家具登上了中国家具发展史上的最高峰。明代榫卯在建筑和家具中都已经相当成熟，第一，榫卯的构件尺度更加标准化。《营造算例》中有关于榫卯的记述，“顶托柱子上榫，按柱头径十分之二分，大小额枋，除柱头径，两头各按柱头径十分之三分，平板枋两头银锭扣，各按本身宽十分之五分，以柱中往外只用二分半”。[②]第二，榫卯由单体结构转化为复合结构，更加注重木构体系的整体功能，例如，庑殿和歇山建筑角部双向出头，说明角部十字箍头榫的做法已经相对固定。而柱底的十字卯口用于透气，说明榫卯已从简单的结构节点转变为整合更多构造需要的复合节点。第三，榫卯由功能型的力学结构向装饰结构转化，如十字箍头榫、霸王拳等。第四，榫卯促进木材料向复合材料发展，如榫卯拼柱并加铁圈，柱头大量开口时结合牛皮包箍等，诸如此类手法越来越多样化。第五，建筑与家具榫卯逐渐明确地域

①邵晓峰.中国宋代家具[M].南京:东南大学出版社,2010:10.

②梁思成.营造算例[M].营造学社,1932:3.

化倾向，可以越来越明显地看出地域差别，例如北方抬梁体系较为粗短而南方较为细长，北方馒头榫较多而南方直榫较多等。作为我国古代木作器物发展的最后一个阶段，明清时期的传统木器在形制、构造、制作材料、技术工艺方面，经《营造法式》《工程做法》《梓人遗制》等的归纳与规范进一步走向成熟。明清建筑与家具的榫卯结构较之唐宋时期在构造上已经大大地简化，匠工在注重功能性的同时，对其审美性的关注也在提升。尤其明代家具榫卯，已经发展出比较完备的类型，在这个时期，通过学者实物勘测与分类，得到的榫卯结构已达到百余种，不同形制的榫卯结构根据造型部位得到了不同的合理使用。典型的榫卯有格角榫、粽角榫、明榫、闷榫、通榫、半榫、抢角榫、托角榫、长短榫、勾挂榫、燕尾榫、走马销、盖头榫、独出榫、穿鼻榫、马口榫、独个榫、套榫、穿榫、穿楔、挂楔等。当然，这一时期榫卯发展最引人注目之处还是在家具领域，虽然硬木的使用更加普遍，但价格昂贵，并非所有家具都由硬木制作。明式家具的用材有硬木和软木两大类，刃器的质量和功能也相应提高。材料、结构、样式和组合方式都达到了完美。清代家具在结构上承袭了明代家具的榫卯结构，充分发挥了插销挂榫的特点，技艺非常精良。《工程做法》将大木作榫卯的制作与具体木构件的制作联系起来，例如在大木制作中规定“每柱径一尺，外加上下榫各长三寸”。[①]这一思想也同样体现在当时的家具榫卯中，家具木作手工艺在这一时期达到顶峰，在榫卯种类和做法上更加全面和成熟。

①王璞子.工程做法注释[M].北京:中国建筑工业出版社,1995:167.

第二节　榫卯研究综述
——从生存实践到科学与艺术

一、榫卯研究的多学科交叉

榫卯虽然主要是木工匠作中使用的结构和技术，但对它的研究却需要跨越若干学科，首先，需要涉及对古代和现代工艺典籍、相关文献的梳理，还需要对榫卯实践的行动者——古代工匠进行考察，以及对榫卯实践的工具、榫卯与工具的互动关系有较为系统的了解。此外，榫卯不仅需要在它建构的功能性实体——建筑、家具中进行考察，还需要深入探讨它所带来的两种思维方式——技术性建构思维方式和文化象征性思维方式，它们构成了工匠技术的发展，以及工匠与消费群体、工匠与社会之间观念性的互动。因此从学科层面来看，它主要涉及传统匠作工艺、传统文化、传统材料学等等。本书还尝试探讨榫卯在现代工业产品设计中的传承运用，尤其主要针对产品设计中，模块构件之间的接口设计如何传承这种工艺，这需要对其结构实体和技术特征进行深入了解的前提下，对榫卯优化和创新，这涉及到产品设计和艺术文化学两大方面。从所属行业方面来看，传统榫卯的应用主要涉及家具、建筑、玉器、金属器的加工与制作行业，而现代产品设计则涉及方方面面，总体来说和标准化、设计知识重用以及大规模机械化生产关系非常密切，因此针对榫卯现代应用方面，主要指对榫卯功能的开发与创新，以及对榫卯形制、尺寸的标准化、衍生化设计，因此还需要涉及到结构学、类型学和应用实践等方面的研究。具体如下表。

依据以上分析，本书对榫卯的研究主要从传统工艺学、传统文化学、技术哲学与设计学的角度展开。

二、中国古代对榫卯的研究

“榫卯”在古籍中称“枘凿”。《史记》（卷七十四）曰：“持方枘欲内圆凿，其能入乎?”[①]《鲁班经》中对榫的注释为“竹、木等器物或构件利用凹凸方式相接处凸出的部分”。[②]《中国古建筑术语词典》中，将榫卯解释为“古建筑构件结合部的凸凹部分”。[③]《中国工艺美术大辞典》中，榫卯指“我国家具把各个构件连结起来的‘榫卯’做法，是家具造型的主要结构方式。各种榫卯做法不同，应用范围不同，但它们在每件家具上都具有形体构造的‘关节’作用”。[④]王世襄的《明式家具研究》中，榫卯指“榫子与卯眼的合称，泛指一切榫子和卯眼”。[⑤]《土木建筑工程词典》中对榫接的定义为“用榫头插入榫眼使之结成整体的一种木结构结合方式。基本形式为榫头穿入榫眼，使两根或两根以上的木料结成一体。按结合的形式不同，能承受拉、压、弯、剪等力，由于使用部位和作用不同，可用作支撑、拼合、接长、镶拼等”。[⑥]对榫结合解释为“木结构的构件结合的一种方式。受力时由一个构件直接通过接触面的抵压或剪切传递到另一构件。”[⑦]

从榫卯出现以来，中国古人就对它给予不间断地关注，这些关注主要是在实践层面的改进优化和理论层面的经验总结，不过由于传统观念上对技艺的贬低，古代文献中对木作工艺的详细记录并不多，关于榫卯的描述由于前文提到的种种原因又很模糊散乱，但我们依然可以从中发现匠工们

---

①(汉)司马迁.史记[M].易行,孙嘉镇,校订.北京:线装书局,2006:326.

②(明)午荣.鲁班经白话译解本[M].张庆澜,罗玉平,译注.重庆:重庆出版社,2007:131.

③王效清编.中国古建筑术语词典[M].北京:文物出版社,2007:459.

④吴山.中国工艺美术大辞典[M].南京:江苏美术出版社,2010:421.

⑤王世襄.明式家具研究[M].北京:生活·读书·新知三联书店,2013:350.

⑥李国豪.土木建筑工程词典[M].上海:上海辞书出版社,1991:790.

⑦李国豪.土木建筑工程词典[M].上海:上海辞书出版社,1991:790.

对榫卯的研究一直保持着浓厚的兴趣和很高的关注度。

（一）榫卯的实践研究

实践方面，榫卯至少在新石器时代就已经出现，当时的榫卯种类不多，也并不是营造建筑的主要方式。到了战国时期，榫卯种类不仅大量增加，科学性越来越强，且成为建筑营造的主要连接方式。自春秋时期，在棺椁及家具中也出现了小木作榫卯。由此可见，人们在这一时期对榫卯以及其他连接方式在实践中进行了长期的比较、总结和改良。到了魏晋时期，榫卯变得更加复杂，唐宋时期又逐渐向简洁实用转变，榫卯的功能也有所增加，明清时期，家具中的榫卯大量使用暗榫，家具的造型浑然一体，从外表很难找到榫卯连接的痕迹。建筑榫卯有了显著分化，构造性榫卯与装饰性榫卯分别向不同的方向发展。构造性榫卯进一步简洁实用，配合营造技术的成熟以及力学知识的增加，许多以前常用的支撑性构件已经失去功能，要么被优化省去，要么成为纯粹的装饰性构件。一些需要大材的构件由榫卯巧妙连接的诸多小材代替，节省了成本，例如清代建筑中的许多柱子已不再使用整段木料，而是由数根小料通过箍榫拼接而成，达到同样的力学功能，也节省了营造成本。装饰榫卯方面则表现了去功能化的倾向，以繁琐的装饰纹样充分体现人们对构件的审美，最典型的是斗拱和雀替。最初这两种构件都具有重要的支撑功能，清代的建筑斗拱基本已不具备支撑屋顶的功能，它不仅没有消失反而变得更加细密繁琐，作为装饰和身份象征的构件保留了下来。雀替也是类似，它的最初功能是固定柱与梁枋之间连接的方向，随着营造技术的成熟，它在建筑中的功能越来越不重要，却被雕刻得越来越精细美观。除此以外，木装修中的装饰性榫卯也越来越多。从榫卯的发展历程即可发现，千百年来在实践中工匠一直对榫卯进行反复的研究和优化，种类越来越丰富，功能也越来越多样化，使其成为一种极具中国特色的结构和工艺。

(二)榫卯的理论研究

文字记载方面，古代虽没有专门记载榫卯的典籍，并不意味它在营造中不重要。毕竟，古代工匠的知识传递不靠书本，而是用口传心授的方式。虽没有系统介绍榫卯，典籍中但凡有关于木构营造的内容，也都离不开对榫卯只言片语的记述。例如《考工记》记述了战国时期手工业制造工艺和质量规格，是目前所见最早的手工业技术文献，其中攻木之工又细分为轮、舆、弓、庐、匠、车、梓七种，以及相应的选材、用材要领，其中涉及的榫卯结构大部分以直榫、圆棒榫和燕尾榫为主，[①]《考工记》还对轮的制作中榫卯的使用进行了详细记载，例如卯眼大小对辐条强度的影响："参分其毂长，二在外，一在内，以置其辐。凡辐，量其凿深以为辐广。辐广而凿浅，则是以大扤，虽有良工，莫之能固。凿深而辐小，则是固有余而强不足也。故竑其辐广以为之弱，则虽有重任，毂不折。"[②]轮的盖斗处榫卯的尺寸及内外形状："十分寸之一谓之枚。部尊一枚。弓凿广四枚，凿上二枚，凿下四枚。凿深二寸有半，下直二枚，凿端一枚。"[③]此外，文中所提出的"天有时、地有气、材有美、工有巧，合此四者然后可以为良"[④]是对包括榫卯在内所有木构件的普遍要求。《木经》中的主要记述对象是"营舍之法"，其中提出一个很重要的思想是"三分"，[⑤]即把房屋建造分为三个空间结构系统，这样，建筑结构在空间位置、力学特征、功能需求方面得到了有效归纳，房梁之上是为上分，房梁之下、地表以上是为中分；台阶是为下分。将房梁和地表作为空间结构系统的分界线，实际确立了梁柱系统在中国建筑中的中心地位，而梁柱的结合本质上就是榫卯的结合。《营造法式》借鉴了《木经》的研究成果，集合当时建筑设计

①关增建.《考工记》翻译与译注[M].上海：上海交通大学出版社，2014：5.
②关增建.《考工记》翻译与译注[M].上海：上海交通大学出版社，2014：8.
③关增建.《考工记》翻译与译注[M].上海：上海交通大学出版社，2014：10.
④关增建.《考工记》翻译与译注[M].上海：上海交通大学出版社，2014：4.
⑤https://baike.baidu.com/item/%E6%96%97%E6%A0%B1/4406213?fr=aladdin.

与施工经验，是代表我国古代建筑科学与艺术巅峰状态的典籍，记载着宋代建筑的制度、做法、用工、图样等珍贵历史。《营造法式》第四部分第二十九卷到三十四卷，内容为“图样”，汇总了当时建筑样式和各种构件的详细图纸，规定了各工种、做法的平面图、截面图、构件详图及各种雕饰与彩画等图案，其中也间接地对当时的榫卯结构进行了梳理和归纳，并做了形态上的规范，例如“阑额造阑额之造：广加材一倍，厚减广三分之一，长随间广，两头至柱心。入柱卯减厚之半。”①“若四铺作用插昂，其长斜随跳头。”②书中还常使用榫卯作为尺寸的标准：“腰华版及障水版皆厚六分，展四角外，上下各出卯，长一寸五分，并为定法。”③此外榫卯系统中的“斗拱结构”堪称《营造法式》最引人瞩目的标准化成果。斗拱，又称枓栱、斗科、欂栌、铺作等。④《营造法式》之所以将斗拱结构处理得极具通用性和互换性，最初就是由于榫卯太过复杂所致。据计算，一座规模不大的三开间分心槽殿堂所用榫卯数高达2200件，如无统一尺寸标准很难设想把这么多的构件拼装在一起。⑤书中按照斗拱结构的不同位置分为三类：即柱头科、平身科、角科。斗拱结构由五种部件构成：拱、翘、昂、斗、升。同一种零部件又因位置的不同，有不同的尺寸和名称。如“拱”按长短分为三种：瓜拱、万拱、厢拱；按位置分为正心拱、外拽拱、里拽拱。⑥在《营造法式》中，这五种部件也都做到了模块化和系列化，确保了相同部件的互换性。至此，斗拱就成为中国传统建筑物的标准模块。更关键的是，“材份”概念的确立使斗拱自身的标准化转化为整栋建筑尺度的标准化，这种转化无论对建筑还是对榫卯都有着重大意义：对建筑来说，标准化确立了传统建筑的基本样式；对榫卯来说，确立了它的基

①李诫.营造法式[M].重庆:重庆出版社,2018:114.

②李诫.营造法式[M].重庆:重庆出版社,2018:80.

③李诫.营造法式[M].重庆:重庆出版社,2018:162-163.

④(清)李斗.工段营造录[M].北京:中国建筑工业出版社,2010:(三)·上卷.

⑤潘谷西.中国建筑史[M].北京:中国建筑工业出版社,2015:276-279.

⑥https://baike.baidu.com/item/斗栱/4406213.

础性、标准性地位。正是由于这种极其重要的核心地位，清工部《工程做法》收集了大量木构器物的构件名称，并可以通过其列出的清单发现诸多榫卯构件之间的关系。一些家具营造典籍，如《梓人遗制》《鲁班经》《三才图会》中“宫室”“器用”篇、《天工开物》中的“舟车”篇以及《遵生八笺》中的“起居安乐笺”等，也直接或间接地描述了家具器物中的榫卯结构。

三、现代对榫卯的研究

榫卯在现代受到了国内外学者、建筑师、设计师、艺术家的广泛关注，对它的研究分为实践与理论两个方面。

(一)榫卯的实践应用与研究

实践方面，2014年普利兹克奖获得者、日本著名建筑师坂茂设计了一系列榫卯组装的纯木和钢木混合建筑，代表作有Tamedia位于苏黎世的办公大楼（图1-7)、Swatch位于瑞士贝尔城的蛇形总部大楼（图1-8、图1-9）等。他在2013年底参加清华大学举办的ECGB亚洲建筑论坛，以“走向建筑设计与社会贡献的共存”为题向中国设计师介绍自己大胆使用廉价、脆弱的材料而设计的经验，并在援助汶川震后重建所进行的建筑设计中也大胆采用榫卯设计思想。

图1-7　苏黎世Tamedia办公大楼中经过改良后圆形榫头的榫卯节点，这种独特的榫形可以帮助木构件呈斜角安装后，再下落固定。传统榫卯虽在结构上没有与此完全相同的形态，但类似通过重力下落而完成组装的动态接合的榫卯设计思维很常见，在下文中将对此详细分析。设计师在这件作品里更多的是运用了榫卯的构成和组合原理进行设计。（资料来源：https://mo.mbd.baidu.com/r/DoLFevoN0c?f=cp&u=b27d0f6b4367b1dd）

图1-8　Swatch 在瑞士贝尔城的蛇形总部大楼施工现场的预制木构件，从中可以看到用来榫卯接合的槽口。（资料来源：https://m.sohu.com/a/347015549_200550/?pvid=000115_3w_a&strategyid=00014）

图1-9 Swatch在瑞士贝尔城的蛇形总部大楼的内部木结构，可以见到木构件由改良后的刻半榫交叉接合和金属件固定两种方式配合使用。刻半榫交叉接合配合金属缔固物固定是中国和日本传统榫卯常见的用法，从中可以明显看出这位日本建筑师所受到的传统文化熏陶。（资料来源：https://jz.docin.com/buildingwechat/index.do?buildwechatId=13186）

20世纪40年代，丹麦设计师汉斯·维纳创作的“中国椅”系列（如图1-10），中国设计师朱小杰创作的具有中国传统文化底蕴的个性化系列家具（如图1-11），他们的作品中都是用榫卯形式，其结构甚美，独具特色。

图1-10 汉斯·维纳的中国椅
（资料来源：http://k.sina.com.cn/article_3164957712_bca56c1001901b7b2.html）

图1-11　朱小杰的椅子

（资料来源：https://zhidao.baidu.com/question/2077396185775792748.html）

2010年世博会的中国馆，使用斗拱结构设计了“华冠高耸，天下粮仓”的造型，隐喻天地交泰、万物咸亨。（图1-12）

图1-12　2010年世博会中国馆，这是取斗拱、粮仓形态和中国朱红色为元素设计的建筑，穿插的梁架象征建筑中的榫卯，这种榫卯元素的现代应用主要通过提取了榫卯的意象特征来完成。在这里，纵横搭交的结构实际上是传统榫卯的一种现代变形。（资料来源：https://m.quanjing.com/imgbuy/QJ6218304915.html）

2018年，阿里巴巴旗下天猫举办的新连接主义——生活中的榫卯艺术

展，展出了各种现代材质、现代理念设计的榫卯连接的物品。(图1–13)

图1–13　(资料来源:新连接主义——生活中的榫卯艺术展　豆瓣)

艺术方面，中国艺术家傅中望的《榫卯结构系列》(1989年) 获第七届全国美展铜奖，在他看来，榫卯不仅是一种结构，更是一种传统的思维关系。他的作品《十种关系》(图1–14) 采用了传统榫卯的几种经典样式作为文化性符号，表达一种民族性的造型语言。从中可以发现榫卯在这里已不具备当初的实用性，艺术家在这里所利用的是榫卯所具有的文化符号层面的内容。

图1-14　傅中望作品《十种关系》[资料来源:《其命维新 | 傅中望:匠心·技近乎道》(《库艺术》学术研究部)]

从以上实践研究可见，现代设计师和艺术家均看到榫卯结构不同层面的独特价值，从实践成果形式方面的特点进行归纳，可以分为榫卯的技术型应用和文化型应用。从内容方面的特点进行归纳，又分为榫卯的整体应用、局部应用、技术思维应用以及意象特征应用。从技术方面的特点进行归纳，可以分为榫卯组合原理应用、榫卯拆装原理应用、榫卯外观应用、榫卯材质原理应用以及榫卯综合原理应用等。

(二)榫卯的理论研究

现代对榫卯的研究在理论方面主要分为榫卯力学研究、榫卯文化研究、榫卯营造的历史制度研究、榫卯形态整理四个部分。在中国，对榫卯开始进行实质性研究的是杨耀先生，他也是中国明式家具研究领域的开拓者，在他出版的《明式家具的艺术》中，一方面对明式家具的榫卯结构进行了详细地描述与分析，另一方面，为了更好地剖析家具的结构，还绘制了大量精确的榫卯构件图纸。此外，王世襄等学者也都对榫卯构件和榫卯设计思想进行了详尽地介绍与分析。

1.榫卯力学研究

这类研究的成果很多，代表性的专著有乐志的《中国古代楼阁受力机制研究》①，其中介绍了榫卯的历史发展，对建筑榫卯依据受理机制进行

①乐志.中国古代楼阁受力机制研究[M].南京:东南大学出版社,2014:12.

了简要的分类，并对楼阁中承重作用的关键榫卯进行了力学测试；梁旻的《宋式家具——中国传统家具的形制转型及风格流变》[①]，对村落建筑中榫卯的抗震能力进行了探讨，并对加强榫卯受力的方法提出建议；王延辉的《园林景观细部设计施工图集》[②]，对木材榫卯的做法及尺寸作了细致的整理和描绘；陆伟东等的《村镇木结构建筑抗震技术研究》[③]，对榫卯节点的抗震原理进行了探讨，对榫卯提高抗震能力提出了建议；杨志强的《石桥营造技艺》[④]，对石材质榫卯的结构营造技术进行了分析和描述；许成龙等的《木器家具的设计制作》[⑤]，对家具榫卯进行了分类；纪亮的《中国古典家具榫卯解构与鉴赏》[⑥]、董洪全等人的《明清家具木质鉴别》[⑦]都对明清时期家具榫卯结构进行了描述；白丽娟的《清式官式建筑构造》[⑧]则对清代建筑榫卯进行介绍；柴泽俊的《朔州崇福寺弥陀殿修缮工程报告》[⑨]以及姜怀英的《西藏布达拉宫修缮工程报告》[⑩]中，作者对修缮工程中原本隐藏部位的榫卯进行了细致入微的分析，对斗栱中的榫卯进行了详细的解剖；喻维国、王鲁民的《中国木构建筑营造技术》[⑪]，对榫卯做了较为详细的介绍，并介绍了木构建筑的其他工种技艺，我们可以从榫卯营造与其他建筑匠作中发现其中的内在文化联系。论文形式的研究成果包括

①梁旻.宋式家具——中国传统家具的形制转型及风格流变[M].南京:东南大学出版社,2016:6.

②王延辉.园林景观细部设计施工图集[M].沈阳:辽宁科学技术出版社,2000.

③陆伟东,等.村镇木结构建筑抗震技术研究[M].南京:东南大学出版社,2014.

④杨志强.石桥营造技艺[M].杭州:浙江摄影出版社,2014.

⑤许成龙,等.木器家具的设计制作[M].北京:中国青年出版社,1990.

⑥纪亮.中国古典家具榫卯解构与鉴赏[M].北京:北京科学技术出版社,2020.

⑦董洪全,等.明清家具木质鉴别[M].长沙:湖南美术出版社,2008.

⑧白丽娟.清式官式建筑构造[M].北京:北京工业大学出版社,2000.

⑨柴泽俊.朔州崇福寺弥陀殿修缮工程报告[M].北京:人民出版社,2007.

⑩姜怀英.西藏布达拉宫修缮工程报告[M].北京:文物出版社,1994.

⑪喻维国,王鲁民.中国木构建筑营造技术[M].北京:中国建筑工业出版社,1993.

孙国军的《复合榫卯节点连接特性拟静力试验研究》[①]、薛建阳的《古建筑木结构榫卯节点刚度的地震损伤分析和识别》[②]、Mohammed Mokhtar Eisa 等的《基于自标定数字图像相关技术的榫卯构件大面积全场变形测量》[③]、周乾的《故宫太和殿某正身顺梁榫卯节点加固分析》[④]、《抬梁式木构古建榫卯节点受弯破坏数值分析》[⑤]、高永林的《传统穿斗木结构榫卯节点附加黏弹性阻尼器振动台试验》[⑥]、康昆等的《榫卯间缝隙对古建筑木结构燕尾榫节点承载性能影响的有限元分析》[⑦]、吕伟等的《江浙地区早期传统木构建筑典型榫卯节点受力性能试验研究》[⑧]、刘杰等的《榫卯式满堂支撑体系承载力试验及非线性后屈曲分析》[⑨]、淳庆等的《江浙地区抬梁和穿斗木构体系典型榫卯节点受力性能》[⑩]、高永林等的《传统木结构典型榫卯节点基于摩擦机理特性的低周反复加载试验研究》[⑪]等。

---

①孙国军，赵益峰，薛素铎，等.复合榫卯节点连接特性拟静力试验研究[J].天津大学学报(自然科学与工程技术版)，2018(S1)：20-26.

②薛建阳，白福玉，张锡成，等.古建筑木结构榫卯节点刚度的地震损伤分析和识别[J].振动与冲击，2018(6)：47-54.

③Mohammed Mokhtar Eisa，邵新星，钱帅宇，等.基于自标定数字图像相关技术的榫卯构件大面积全场变形测量[J].东南大学学报(自然科学版)，2018(2)：337-341.

④周乾.故宫太和殿某正身顺梁榫卯节点加固分析[J].防灾减灾工程学报，2016(1)：92-98.

⑤周乾，闫维明，纪金豹.抬梁式木构古建榫卯节点受弯破坏数值分析[J].工程抗震与加固改造，2015(2)：22-28.

⑥高永林，陶忠，叶燎原，等.传统穿斗木结构榫卯节点附加黏弹性阻尼器振动台试验[J].土木工程学报，2016(2)：59-68.

⑦康昆，乔冠峰，陈金永，等.榫卯间缝隙对古建筑木结构燕尾榫节点承载性能影响的有限元分析[J].中国科技论文，2016(1)：38-42.

⑧吕伟，淳庆.江浙地区早期传统木构建筑典型榫卯节点受力性能试验研究[J].建筑科学，2015(3)：50-56.

⑨刘杰，何小涌，刘群，等.榫卯式满堂支撑体系承载力试验及非线性后屈曲分析[J].结构工程师，2015(4)：147-156.

⑩淳庆，吕伟，王建国，等.江浙地区抬梁和穿斗木构体系典型榫卯节点受力性能[J].东南大学学报(自然科学版)，2015(1)：151-158.

⑪高永林，陶忠，叶燎原，等.传统木结构典型榫卯节点基于摩擦机理特性的低周反复加载试验研究[J].建筑结构学报，2015(10)：139-145.

学位论文主要有何川南的《浙江临海匠派大木构件组织及榫卯标准化现象研究》[①]、李佩的《穿斗式木结构榫卯连接抗震性能试验研究》[②]、文自刚的《古建筑木结构榫卯节点摩擦耗能及抗震性能分析》[③]等。这类成果相对比较丰富，发表的时间和刊物也更为广泛，说明这一方面是学界对榫卯结构最早的关注点，同时由于测量技术与实验方法不断进步，不断有新的研究突破。

2. 榫卯文化及其创新设计研究

这一类研究成果有董华君等人的《家具榫卯结构的现代化改良设计》[④]、《榫卯结构在儿童益智玩具设计中的应用》[⑤]，朱云等《面向用户装配的实木家具榫卯结构设计》[⑥]，王洁的《榫卯结构的创新性研究》[⑦]，陈静的《榫卯元素在现代设计领域的拓展设计研究》[⑧]，詹秀丽等的《榫卯的传承——从明式家具结构的工艺美到现代实木家具结构的技术美》[⑨]，李永斌的《互联网背景下可拆装榫卯结构创新设计研究》[⑩]，这些文章主要发表于2017—2019年的《林产工业》《包装工程》《南京艺术学院学报：

①何川南．浙江临海匠派大木构件组织及榫卯标准化现象研究[D]．杭州：浙江大学，2018.

②李佩．穿斗式木结构榫卯连接抗震性能试验研究[D]．重庆：重庆大学，2019.

③文自刚．古建筑木结构榫卯节点摩擦耗能及抗震性能分析[D]．西安：西安建筑科技大学，2015.

④董华君，沈隽．家具榫卯结构的现代化改良设计[J]．林产工业，2019(1)：53-56.

⑤董华君，沈隽．榫卯结构在儿童益智玩具设计中的应用[J]．林产工业，2018(6)：59-62.

⑥朱云，申黎明．面向用户装配的实木家具榫卯结构设计[J]．林业工程学报，2018(3)：142-148.

⑦王洁．榫卯结构的创新性研究[J]．南京艺术学院学报(美术与设计)，2018(5)：165-168.

⑧陈静．榫卯元素在现代设计领域的拓展设计研究[J]．包装工程，2017(6)：138-142.

⑨詹秀丽，王韬，戴向东，等．榫卯的传承——从明式家具结构的工艺美到现代实木家具结构的技术美[J]．林产工业，2017(6)：39-43.

⑩李永斌，陈婷．互联网背景下可拆装榫卯结构创新设计研究[J]．包装工程，2017(22)：212-216.

美术与设计》等核心期刊上，作者从家具设计、工业产品设计等角度对榫卯进行创新尝试，其中不乏优秀的实践案例，每篇文章均有作者提出的较为务实的设计经验总结。学位论文有唐可的《榫卯结构在产品设计中的应用》[①]、高梦洁的《榫卯结构的形式美感对现代家具设计的启示》[②]、周铭奇的《进退之间——试析榫卯结构内在思想对现代设计的启示》[③]、叶沛瑜的《榫卯结构的创新可能性探索——以书房家具设计为例》[④]、薛坤的《传统家具榫卯结构的性能与设计进化研究》[⑤]等。

榫卯创新最重要的成果主要表现在大量的实用新型和发明专利的授权以及实践应用上。在榫卯的实践创新上主要分为三类，第一类是以改良传统榫卯的结构形态为创新点的专利，这类专利大多属实用新型，技术要点明确针对某一具体的榫卯造型进行优化。专利尚没有形成对具体产品的设计，或没有把产品设计作为核心创新点。由于传统榫卯的结构种类有限，且仅在结构上的优化受到限制比较多，这类专利相对比较少。这类专利有谢红兵的《一种榫卯结构的手表表壳》[⑥]、罗兵的《榫卯螺母》[⑦]、万千的《一种榫卯构件》[⑧]、郭毅的《一种用于人造石材的榫卯结构及石材连接结构》[⑨]等。第二类是以榫卯概念为创新点的设计，这类专利主要是外观设计和实用新型设计，主要针对榫卯的外观特征和组合、拆装趣味性进行设计。这类设计或以榫卯视觉元素的使用为创新点，或在构件部位设计各种

①唐可.榫卯结构在产品设计中的应用[D].北京:北京工业大学,2017.

②高梦洁.榫卯结构的形式美感对现代家具设计的启示[D].太原:山西大学,2016.

③周铭奇.进退之间——试析榫卯结构内在思想对现代设计的启示[D].上海:东华大学,2016.

④叶沛榆.榫卯结构的创新可能性探索——以书房家具设计为例[D].成都:西南交通大学,2016.

⑤薛坤.传统家具榫卯结构的性能与设计进化研究[D].南京:南京林业大学,2013.

⑥谢红兵.一种榫卯结构的手表表壳:CN201820455156.2[P].2018-04-02.

⑦罗兵.榫卯螺母:CN201710869695.0[P].2017-09-25.

⑧万千,柯清,冀瑶慧,等.一种榫卯构件:CN201710840278.3[P].2017-10-18.

⑨郭毅.一种用于人造石材的榫卯结构及石材连接结构:CN201821628540.4[P].2019-06-18.

榫卯改良的连接节点，如棒状穿插榫、滑槽、不规则封闭式接口等以增加拆卸、旋转等趣味性功能，最终形成一种有具体功能的新型产品。如林朝阳的《一种低龄儿童趣味课桌》①、陈国强等的《新型铅笔》②、孙强等的《一种趣味型多功能插座》③、《自行车健身转换装置》④等。第三类是继承了榫卯思维特征的专利设计。这类设计的种类与数量最多，针对榫卯连接的不同层面进行创新利用，把关注点放在具体的产品连接点的特征与榫卯插接特征的通用性上，创新的构件基本上都使用在产品的构件连接处，达到模块化设计、多功能实现与机械化生产的目的。如陈康的《展示柜（榫卯连接）》⑤、刘海力等的《一种榫卯结构的多旋翼机架》⑥、龚循平等的《一种新能源汽车复合材料模块化车身结构件》⑦、吴艺峰的《一种带座椅行李箱》⑧，孙强等的《一种汽车用上车梯》⑨、《自行车公共停放装置》⑩等也都属于这一类。

3.榫卯营造的工匠和历史制度研究

这类研究不是很多，具体包括刘铁军的《木匠》⑪，以图像、文字采访、画外评论的手法真实记载传统木工匠们的工作状态，虽然是现代传统木匠，但在古代木匠记载寥落的当下依然显得很难得。此外一些优秀的博

---

①林朝阳.一种低龄儿童趣味课桌:CN2019120842430.6[P].2019-11-29.

②陈国强,张建宇.新型铅笔:CN201220329118.5[P].2012-07-09.

③孙强,罗少轩,胡飞.一种趣味型多功能插座:CN201820609196.8[P].2018-11-16.

④孙强,胡飞,王芳.自行车健身转换装置:CN201811278437.6[P].2019-01-18.

⑤陈康,赵榕,刘亚辉.展示柜(榫卯连接):CN201830619064.9[P].2019-03-15.

⑥刘海力,孙嘉,刘建国,等.一种榫卯结构的多旋翼机架:CN201820913722.X[P].2019-01-11.

⑦龚循平,郭世明,宋百朝,等.一种新能源汽车复合材料模块化车身结构件:CN201910150885.6[P].2019-08-27.

⑧吴艺峰.一种带座椅行李箱:CN201820582286.2[P].2019-04-02.

⑨孙强,李芹影.一种汽车用上车梯:CN201810597848.5[P].2018-11-13.

⑩孙强,胡飞,王芳.自行车公共停放装置:CN209492639U[P].2019-10-15.

⑪刘铁军.木匠[M].北京:人民邮电出版社,2016.

士论文如孟琳的《“香山帮”研究》[①]、吴旻瑜的《安身立命——中国近世以来营造匠人的学习生活研究》[②]、闫丽丽的《包豪斯技术师傅与工坊研究》[③]等，期刊论文包括冯兵的《隋唐时期城市营造制度研究》[④]、杨蕾的《中国古建筑营造制度中的儒文化元素》[⑤]、苑芳圻《古代匠人监工与营造制度》[⑥]、赵兵兵的《浅析辽代砖塔的营造组织制度》[⑦]、张高岭的《济源奉仙观三清殿大木作营造模数制度研究》[⑧]、赵明星的《〈营造法式〉营造模数制度研究》[⑨]等。

4.榫卯形态与营造方法的整理

之所以把榫卯的形态和营造方法两个内容合并在一起，是因为其形态与做法、技巧与思维本就是密不可分的整体，所有介绍榫卯结构的文献都不可避免地涉及大量做法技术与匠工巧思，同样，探讨木作工匠技术与思想的文献也一定会出现很多榫卯结构的描述与探讨。典型的专著有：叶双陶的《中华榫卯——古典家具榫卯构造之八十一法》[⑩]，乔子龙的《匠说构造——中华传统家具作法》[⑪]，吕九芳等的《中国传统家具榫卯结

①孟琳.“香山帮”研究[D].苏州：苏州大学，2013.

②吴旻瑜.安身立命——中国近世以来营造匠人的学习生活研究[D].上海：华东师范大学，2017.

③闫丽丽.包豪斯技术师傅与工坊研究[D].杭州：中国美术学院，2017.

④冯兵.隋唐时期城市营造制度研究[J].渭南师范学院学报(综合版)，2016，31(23)：76-81.

⑤杨蕾.中国古建筑营造制度中的儒文化元素[J].人民论坛：中旬刊，2015(32)：218-220.

⑥苑芳圻.古代匠人监工与营造制度[J].中国交通建设监理，2014(10)：66-6.

⑦赵兵兵.浅析辽代砖塔的营造组织制度[J].建筑与文化，2017(9)：123-124.

⑧张高岭.济源奉仙观三清殿大木作营造模数制度研究[J].文物建筑，2017(1)：81-96.

⑨赵明星.《营造法式》营造模数制度研究[J].建筑学报，2011(S2)：72-75.

⑩叶双陶.中华榫卯——古典家具榫卯构造之八十一法[M].北京：中国林业出版社，2017.

⑪乔子龙.匠说构造——中华传统家具作法[M].江苏：凤凰科学技术出版社，2020.

构》[①]，这些著作以手绘、CAD图等方式对榫卯结构的内部进行了深入剖析，并对榫卯在家具中的实际运用进行了展示，不仅向人们展现了传统榫卯工艺的技术美，还对榫卯研究具有很强的借鉴价值。论文主要有龚方泽的《浅谈中国家具榫卯结构的演变》[②]、刘子健等的《榫卯结构的文化感性量化研究》[③]等。

第三节　木作行业及制作程序

一、榫卯与木作行业

榫卯结构在中国广泛使用，原因是多方面的，其中木材料成为中国造物主要用材是一个重要原因。世界各国的发展中，造物用材多种多样，家具使用木材是一种共识，主要原因在于木材加工比较简单，获取相对容易，材质纹理优美且质地温和，非常适合工匠的加工和消费者的使用。然而对于中国的器物，木材的大量使用除了以上原因之外似乎还有自己的特殊原因。因为木材不仅使用在家具制造上，还用于建筑的营造，而这在西方国家的建筑中并不多见。关于中国建筑为什么使用木材作为主要材料，长期以来学者们给出了各种各样的观点，例如有关于中国人生命观层面的，木是树的一部分，而树是有生命的，所以木用来为活着的人营造建筑，追求生命的生长与和谐；用永恒且没有生命的石头为逝者建造陵墓，以达到永久纪念的目的，这符合中国人长期形成的观念。也有关于古人对改朝换代观念层面的，每当改朝换代，统治者很少居住在被征服前代的建

①吕九芳，张斌，邓晖.中国传统家具榫卯结构[M].上海：上海科学技术出版社，2018.

②龚方泽.浅谈中国家具榫卯结构的演变[J].艺术教育，2017(Z6)：193-194.

③刘子健，高彤.榫卯结构的文化感性量化研究[J].工业设计，2017(2)：61-62.

筑中，大多将其付之一炬再重新建造，以表明新朝代新气象。石材营造建筑费时费力，快速营造建筑的迫切需求客观上又使他们不得不选择更加便捷的木材等。即便以上观点成立，中国木建筑观念也应是在建筑发展到一定阶段逐渐形成的，毕竟观念作为一种文化性的思维定势，是在具有一定客观土壤的前提下才能逐渐建立起来的。如果要深挖中国建筑对木材料选择的最初动机，可能还应从人与环境相适应这种生物的本能开始。竺可桢在20世纪30年代提出了对中国古代气候变化分阶段的重要观点。[①]根据竺可桢的研究，中国古代历史在气候上整体呈现温暖期越来越短而寒冷期越来越长的特点，有汉一代，降温过程在4世纪中达到顶点且持续了5个多世纪。气候寒冷一方面导致中国的竹材料产地大幅缩小，另一方面也导致中国人更倾向于使用木材这样温和的材料，而非石材作为竹材的替代品来制造器物和居所。考古发现也印证了这一变化，先秦时代墓葬发现大量竹器，而到了汉代，墓葬中以木器居多。也有学者猜测，自唐代以来中国人由席地而坐转向垂足而坐，也由于气候变冷加上受到外来文化影响，以及国人生活习惯的改变等多重因素的共同影响而形成，不过这一观点虽有一定的合理性，至今仍缺乏足够可靠的考古依据支撑。总体来说，中国建筑材料主要选择木材，应该是在客观环境决定了中国建筑选择木材料的基础之上，中国传统逐渐形成的生命观念与文化习俗，以及工艺技术的传承与延续应该也起到了固化这一现象的作用。可见，中国自古以来逐渐形成的生命哲学观念是与中国人的生存环境和生存状态密不可分的，古人长期的生存实践经验告诉他们，人的生产活动需要顺应自然才能够取得好的结果，而人的生命只有与自然生命融合，才能获得延续的力量。因此在生活中，木材的使用从最初对客观环境的被动回应逐渐成为人们内心的自主选择。没有生命的石头在中国器物营造中大多用在墓室中，而木材取自有生命的植物，无论身体上还是心理上都更适合用来建造人们所使用的器具和居所，木材的短暂性这时反而被看作一种有生命的象征，获得了人们的接

①竺可桢.中国近五千年来气候变迁的初步研究[J].气象科技资料，1973(S1)：2-23.

受与认同。总之，木材在中国传统家具和建筑营造中都有广泛的应用，如何使用一种便捷有效的木构件连接方式达到营造目的？榫卯结构得以发展同样遵循这种先客观再主观、先外部环境造就再内心主动接纳的逻辑。从新石器时代我们即可看到，人们对榫卯的接受是有一个过程的，当时的构件连接有多种方式，榫卯只是选择之一。随着木结构制作的客观需求与人们阴阳结合的思维方式在各个层面的体现，最终榫卯在众多连接机构中胜出，成为如今的榫卯文化。

由于木材在中国器物即建筑与家具为主要内容的营造中的特殊性，榫卯实践的主体，中国传统的木作工匠与其他国家也有很大的不同。中国木作工匠的技术任务涵盖面比其他国家的工匠更加广泛，既包括建筑行业，又包括家具和农具等方面，因此也就有了大木作和小木作的区别。虽然大小木作在营造制度、榫卯结构、形态框架上有许多传承性，工序上也有诸多共通点。然而就木作工匠来说，大木作和小木作工匠一方面划分明确，互不干涉，宛如两个完全不同的行业，另一方面又常常由同一人胜任，“很多情况下，是一个师傅一档匠工，既要造房子又要打家具，都是能工巧匠，都是一个祖先一般的绳尺班门”。因此一个木匠往往意味着身怀两种木工匠艺。《周礼·冬官考工记》中，大木作工匠称为匠，小木作工匠称为梓，这将大小木作从职业上做了分别。宋代李诫在《营造法式》中也提到大木作主要是营造建筑承重构件的职业。现在人们普遍也认为，大木作即建筑结构的营造，而建筑内部的装修、隔断栏杆以及家具器物等属于小木作。器物的特点和需求决定了大木作的榫卯在发展中更注重科学性和力学性能的体现，对榫卯形制的要求相对宽松，因此历史上几乎每一朝代都有自己在榫卯使用上的习惯，每个地域也形成了自己的榫卯设计习俗。小木作榫卯除了追求坚固耐用的科学性，相比大木作更为精细美观，榫卯的建构思路也相对更加固定与完善。《园冶》中认为“凡造作难于装修”[①]，即是因为小木作的榫卯的制作实际上比大木作要求更高，不仅讲

①(明)计成.园冶[M].南昌:江西美术出版社,2018:83.

究经久耐用，而且强调精美细致，技术高超的匠人甚至还要考虑家具在使用数年乃至数十年之后构件之中的榫卯接合特征。明代之后，采用品质优良的硬木制作家具更因其优美的纹理受到人们的青睐。尽管大小木作划分明确，制作工具与榫卯要求也有很大区别，但毕竟材料相同、技术相似，制作的对象又有很强的相关性，历史上不乏大小木作俱精的通才，传说中的木工祖师鲁班即是其中的代表。不过，相比他们在大小木作中的相通性，工匠在营造过程中的自主独创性对人们来说更加具有吸引力。李清照《上枢密韩侂胄》云："巧匠何曾弃樗栎，刍荛之言或有益。"樗栎是指很差的木头，不过在巧匠物尽其用的思维下，樗栎运用得当也不是一无是处。

工匠划分除了营造建筑的木匠和营造家具等器物的梓人之分外，木工自秦汉时期还可以按雇主的身份分为官府木工和民间木工两大系统，各郡县常将大量的奴隶充作营造宫室之类的木工，在奴隶的数量不足或技术水平达不到要求时，再将百姓以服劳役的名义编入木工，这些工匠主要负责修建官衙、陵墓棺椁、官用船舶等工作。民间的木工主要由自由劳动者构成，地位相比官府木工稍高，他们自由受雇于雇主，为其营建住宅和家具。汉代官府的木工地位上升，基本属于自由民，他们除了上述的营造工作外，还参与建造盐井井架、矿井井架、漆工工具以及兵器等，汉画像石中曾对此劳动场景有详细的描绘。此外，木工工匠还可以按照技术等级进行划分，《考工记》中列出了工匠的等级序列，从优到劣分为国工、良工、上工、下工等，这些在当时都属于国家的工官，此外还有妇功，指妇女掌管纺织者，有时也参与营造中整理、摆放材料器物等附属工作的任务。不属于工官的民间工匠，无论技术优劣在当时均为庶人。

二、榫卯的构件制作与技术思维

榫卯的构件接合虽然繁杂，但同一门类的榫卯有许多相同之处。榫卯结构制作的不同形态与物件的功能特征有密切的联系。例如板门类物件有实榻门、攒边门、撒带门、屏门等，作为整体的板状结构，它们的榫卯种类与安装方式都有许多相通之处。同样，隔扇类、窗类、栏杆类、花罩类以及天花藻井的榫卯制作也在自己门类中具有很强的通用性。其中，榫卯以门窗榫卯制作最为基础，这不仅是建筑中的必备构件，同时也是以榫卯为基础进行构件组合的最基本方式。榫卯构件毕竟属于木器的一部分，它的制作过程也处于木工匠作的程序之中，并不复杂，但是要求相对较高，结构更加复杂。因此，从榫卯的构件来看，它的价值不应超过蕴含它的木器本身，然而事实并不是这样，人们往往并不清楚古代建筑、家具的形制，但是对常用榫卯却更加熟悉。现代家具市场中，提升传统家具价值的往往也并非家具本身，而是制作它的名贵木材和复杂巧妙的榫卯技术。由此可见，蕴含在榫卯制作中的思维其实才是榫卯价值体现的关键。下面以小木作为例对榫卯制作进行说明。

（一）放样

所谓放样，就是根据屋主的要求和家具的实际营造情况，将家具的构件、尺寸详细地画在“样棒”上，这是一种由双面抛光的软木制成，厚度在22到28毫米之间，本身一个约手掌大小的板状木棒。样棒的一面画纵剖面、一面画横剖面。放样时，先定下窗的总宽，接着将所有家具结构的断面及连接关系逐个详细画出，工匠如果技艺水平很高，对家具的结构形态了如指掌也可能不使用样棒，直接边计算各种断面尺寸边下料。下料也叫配料和截料，根据“样棒”中的家具结构尺寸计算毛料尺寸和采购清单，毛料一般为方材，技艺娴熟的工匠可以将家具结构的大小料互相搭配分布在方料之中，例如将数根边梃和抹头这样的长料和短料统筹规划于一根方料之中，避免造成太多废料。有时可计算得丝毫不差，甚至连边角废料都巧妙地利用得干干净净。刨料是为了将毛料找平，以便更准确地在方料上确定尺寸，刨料时先粗刨再细刨，而且要注意顺纹刨，以免出现枪刺，反复操作直到得到没有结疤虫蛀、表面平滑工整、纹理清晰的方料为止。家具用料一般都较小，哪怕有树节的微小瑕疵的木料则会对其造成很大影响，尤其在窗格等细小构件中，细小的构件遇到瑕疵会变得脆弱不堪，因此在下料时也必须非常注意，特别在将要打孔、起线、开榫处要予以避免。

（二）打孔与制作

家具构件尺寸一般要求精确，尤其是门窗扇，无论是建筑还是家具箱柜门，稍有不合即出现门窗扇下垂或开关不合的问题，榫头制作和卯口开口一定要按照事先绘制好的墨线进行，接口压住半边墨线，要求榫头大小与卯口严丝合缝。打全孔时，需要先打正面一半，再从背面挡住另一半，直至完全贯通，尽量避免细小的材料在一边过度用力之后变形，孔内不留木渣，孔内两端面中部应稍作隆起，这样榫头插入完全紧贴，不留虚榫。榫头的制作分为开榫和拉肩两部分，开榫也叫倒卯，一个榫头制作完成，一般要在卯口中试插一下，不吻合处需要小心修整。榫头的长度是考验工匠技艺的关键，必须根据不同木材的涨缩特性，适当预留1~3毫米。缝隙太大会产生虚榫，大大减弱连接强度，缝隙太小或没有缝隙，容易造成卯孔开裂，同样影响榫卯的连接。起线一般是指用线刨在木料的棱角处刨出线脚，准确按照当初绘制的图像进行起线，要求线条挺直、棱角规范、阴角清晰不留渣。

（三）拼装

榫卯的拼装一般遵循先装内后装外的顺序，在所有的榫头对准卯口插入后，可用斧或锤轻轻敲实，榫卯的连接不能连一个敲一个，这样会在部分榫卯敲实之后，别的榫卯还没有安装，实木料因受力不匀就已发生变形。窗户家具的榫卯拼装前还要注意将窗平放，整个过程保持一种均匀的受力状态。

(四)刮磨与打磨

刮磨过程是利用刮板对家具表面的反复刮拭。它的主要目的是利用刮板的平整度，把家具表面的毛茬刮压下去，同时让家具表面达到一个较高的平整和光亮程度。其实刮磨工艺是打磨工艺的前奏，一件家具的刮磨做得不好，后期打磨得再光滑，家具表面的平整度不够，也是不够美观漂亮的。当然刮磨和打磨的道理其实都是一样的，主要目的是将面板主体的大面刮磨平整。但是这些线角细节的拿捏是非常考验师傅的技术的，而且也是比较耗工耗时的。

家具打磨很重要。打磨工艺是家具在制作过程当中工艺成本最低的一项工艺，但是也是非常重要的工艺之一。因为一件家具打磨得好坏，在使用时是能明显感觉到手感的不同的。现在工匠的打磨基本分为两种，一种是手工打磨，另外一种是机器打磨。手工打磨的优点是每个细节的构件，每个角位都能打磨到位，没有死角，不受机械的束缚。但是成本也较高。其次，机械打磨的效率较高，但是机械打磨一般都是利用一些角磨机进行高抛。打磨机械在转动过程中会有抖动，虽然打磨之后的家具也能达到非常光滑的手感，但是家具整体的平整度不像手工顺应着木纹去打磨所得到的平整度这么好。同时机械打磨由于它是旋转做工的，机械都有旋转半径，家具的一些细节，每个木料的夹角之处，一些细节的线条打磨是不会到位的。

(五)打蜡与做漆

木器表面处理有南漆北蜡的说法。那么是不是认为北方使用更适合做烫蜡，而南方使用更适合做漆呢？这个是不对的。南漆北蜡其实考虑到的是南北方制作环境的气候问题，古代所指的漆一般是生漆，木器表面做生漆需要在一个恒温恒湿的状态下。然而，北方空气湿度相对较低，所以对空气湿度的要求是比较难满足的。南方的地域气候反而是常年相对较为潮湿的满足，这种环境是相对轻松的。所以古代所说的这个南漆北蜡并不是指家具使用南北方的差异，而是制作时环境的问题。那么烫蜡和做漆哪种表面处理工艺更稳定呢？其实木器的稳定性和表面处理是没有任何关系的。虽然做漆的家具的棕眼全部被覆盖住了，但是仍然不能避免木材的一个收缩。咱们在选购家具时会发现，实际上南方工匠生产的家具在北方销售的这类家具一般都是上重漆的。然而木材板料的收缩量也是非常大的，所以不同的表面处理工艺并不能决定了木材的收缩变化，而且影响家具开裂的不仅仅是收缩，还有家具的选料以及烘干方法的得当。以及用料厚度的薄与厚，都会影响着家具的开裂和变形。相对于做漆，烫蜡的优点总体来说大于缺点。第一，烫蜡的优点是环保，因为所使用的蜂蜡就是天然的蜜蜂的蜂巢是没有一点甲醛的。第二，烫蜡的家具是通过高温烘烤，让木材吸收蜂蜡，所以蜂蜡是被木材吸收到内部的。在长期使用时用抹布擦抹家具表面时，或用手触摸家具表面时，对木材是一个无形的抛光的。所以烫蜡的家具会随着使用越用越亮。而且烫蜡的家具毛孔都是开放式的，木材内部的紫檀素是很容易分泌到家具表面形成一个自然的包浆皮壳。第三，由于烫蜡所使用的蜂蜡是油性物体，所以家具如果选料用料不好的话，想通过调色、家具美容掩盖家具表面的瑕疵。在烫蜡过程中，蜡就会把这些色晶和色粉进行乳化，色晶和色粉就会自然脱落。所以烫蜡的家具对选料用料的要求更高。同时咱们在市场购买家具时会发现越高端的材料，家具表面使用烫蜡工艺的越多，因为烫蜡能展示出来家具选料的优良而越低端的材料反而没有做烫蜡的。因为低端的材料在制作时，为了达到一个较低的价格，选料用料也不会这么考究，以及制作的工艺细节打磨也不像这么细致。所以通过调色作息之后，家具才能有一个更好的卖相。当然烫蜡也是有缺点的，就是在使用过程中，如果有水滴落到家具表面，水会被吸附到木材的棕眼内部，家具表面形成一个白色印记，出现这种情况，也不必担心，再涂抹一点家具保养蜂蜡白色印记立马就会消除。做漆家具的表面处理也有它的优点。第一，如果有水滴点到家具表面，它不会产生白色印记。第二做漆。由于可以对家具表面调色，所以家具的整体颜色的一致性相对来讲都是比较好的。第三，做漆由于可以调色，对家具选料用料的要求就没有这么高，所以市场普遍做漆家具的平均价格是要低于烫蜡家具的价格会更实惠一些。然而家具做漆也有缺点，一些坐具类的家具，比如罗汉床、圈椅沙发这类有扶手的家具，在长期使用时，手会对家具表面产生反复摩擦。时间久了，漆面因长久磨损而越用越薄，会出现脱漆现象，在多年使用之后，要有一个二次维修成本的付出。再一个缺点就是做漆可以调色。如果工匠选用的是一些小料，树杈料、烂料、裂料，可以利用化学色精以及家具美容掩盖，然后再进行做漆把这些瑕疵木料遮挡起来。当家具内部使用大面积的瑕疵料的时候，长久使用家具就比较容易变形开裂了。①

第四节　榫卯制作工具

一、榫卯与木作工具

(一)材料的进步与木作工具的发展

匠师们长期流传一句谚语：“手巧不如家什妙、三分手艺七分家什”。在中国榫卯发展史上，榫卯制作技术、使用环境、制作材料等因素与木作工具的发展密不可分，木作工具是中国工匠发展、使用榫卯技术的重要物质基础，它与榫卯技术呈现相互促进的作用。一方面，木作工具的进步使得榫卯技术有了进一步发展的可能，另一方面，榫卯技术的优化又反过来

---

①榫卯制作方法因地域、器物形制、工匠制作传统不同有很大差别。本书所述的小木作榫卯制作方法摘自传统风格木作家具厂技术人员的口述，并经过后期整理。

要求木作工具进一步革新和改进。

木作工具的出现和发展，首先需要匠工们鲜明认识到“刃”在切、削、砍等动作中的特殊意义，这一认识在旧石器时代就已经形成了，旧石器时代工具用途的区别首先就体现在石器工具的“刃”上。新石器时代出现了榫卯的雏形，榫卯的制作需要更加精细化、专业化的工具，旧石器时代的砍砸器在这时演化为石斧、石锛等，刮削器演化为石刀、石铲等，尖状器演化为针、钻等工具，正是有了这些专业的工具，榫卯得以应用在最初的干阑建筑中。河姆渡遗址中发现榫卯结构的同时，也发现了相应的木作工具。从河姆渡遗址中出土的工具以及榫卯制作形态来看，推测当时的榫卯制作工具主要是石凿、骨凿、角凿、石斧、石扁铲等。卯口的制作当时应该使用借力入木的方法，即一手握凿，一手持石头等器物敲击凿上端，与现代用凿方式大致相同。河姆渡遗址中的榫头不是特别规整，它的制作主要使用石斧砍削而成，榫头与卯口的修整推测主要用石扁铲。新石器时代木作工具的制作程序逐步复杂化，这不仅在工具质量上保证了榫卯的制作要求，也在工具本身的技术上与榫卯相衔接。例如新石器时代分类工具的制作程序为，选片—截远端—加工长边—断尾—修琢器身—磨刃，斧铲类工具的程序与此相类似，选片—截远端—加工长边—磨刃，而榫卯的制作程序也大致为选材—截料—制作粗坯—修琢细部，整体的制作过程都是从选材开始，由大到小、由粗到细逐渐成形，显示了古人对器物成型规律已经有了清晰的认知。

春秋战国时期铁器冶炼技术的进步带动铁材料大量在工具中使用，铁工具的应用不仅促进了农业的发展，同时也使解木效能大幅提高，榫卯加工与制作能力得到显著提升。在战国时期，匠工们除了使用铁工具和规矩以外还在不断发明新型工具，在《荀子》中的《性恶篇》及《大略篇》，《韩非子》中的《显学篇》都记载了一种叫作“檃栝”的工具，它的作用主要是矫正木料曲直，可以把曲木弄直或把直木弄曲。同时榫卯结构在建筑营造中构件连接的核心地位已基本上被确立了，因为木建筑已经很难找到捆绑、钉胶等以异质连接为主的地方，榫卯不仅大量使用在建筑中，而且也越来越多地出现在小木作的构件连接中，大量汉代木棺椁的构件中都发现其连接部位使用了榫卯。

在铁器时代初期，青铜工具的形制功能对铁制工具产生深刻影响。从考古挖掘中发现，初期铁工具与青铜工具在种类、形制、尺寸都有显著的承继性，铁工具的硬度有很大的提高，硬度的提高可以促进工作效率的提升，这又反过来使得工具的形态有了更丰富的变化。例如锯的发展就是受制作材料的影响的一个典型。汉代，伐木的工具就除了斧、斤之外，也包括了锯，汉代之前虽然也有锯，但那时的锯大多是青铜锯，材质硬度不高导致锯齿容易磨损，所以锯条厚、锯齿大，且锯身短，形态上属于手锯，不能用于砍伐木料，榫头等精细部件也无法制作。汉代的锯逐渐使用了铁材料，相比前代，越来越薄且厚度均匀，锯齿的齿形规整尖利，因此断截能力有了很大的提高。铁的延展性比青铜优秀，因而汉代已经可以制作大而长的锯条。铁器时代加工木材已经形成了明确的程序步骤，并使用专门的处理工具，这些工具的大大改进为榫卯大规模应用打下了坚实的基础，除了伐木之外，当时主要的前期备料步骤还有解木和平木，其中斨、銶、镌等工具可用来解木，斤、锄、削等工具可用来平木，有了高质量的毛坯原木，榫卯加工中普遍又使用凿类、刨类、刀类、斧类、锯类工具，其形态的丰富与质量的提高才有充分的保障。

南北朝时期对西亚地区精钢冶炼技术的引进使得工具更加锋利，把利用退火技术而获得良好强度和韧性的薄件做成刃，可以套在大铸件铁器上成为合体工具，使木材的加工向更加精致的方向发展。[①]唐宋木工工具的巨大发展得益于南北朝之前工匠们对钢铁冶炼技术的积累，唐代以后工具品种的不断丰富和功效持续进步，使得榫卯技术不断提升，也为家具、建筑的发展提供重要的物质支撑。唐初解木锯的发展和普及对于木工行业具有里程碑的意义，结束了新石器时代以来匠工们解木工序仅依靠裂解与砍

①http://www.hmdhsz.com/a/1683.html.

削的历史。解木锯的应用大大提高解木的效率，并进一步细化了木工匠作的工种，北宋时期出现了专门以解木为职业的木作工匠，解木工匠职业的出现，不仅进一步提高解木的效率，客观上还促进了木材尺寸标准化的需求。同时，解木工具效率的提高也对与之配合的平木工序提出了要求，刨类工具也相应有了显著改进，直到现在还在普遍使用的平推刨就是那一时期发展起来的。如《营造法式》："抨绳墨之制，凡大木材植，须令大面在下，然后垂绳取正。"①"大面"即指平木加工的基准面。唐代以后家具行业持续发展，家具木料相比建筑木料要求更加平滑精细，这极大推动了平推刨的广泛应用与功能改进，在平推刨基础上又衍生了各种线刨，这些刨的运用极大推进了榫卯向精细化发展，也随之出现更为复杂的家具榫卯形态，而这一时期家具榫卯与建筑榫卯的区别也越发明显。总之，解木锯的发展与普及是整个木作工具发展链条的关键一环，极大促进了木作行业的进步。宋末元初，不仅木工工具的形制和功能已经非常接近现代手工工具，且使用范围、搭配方式也显著成熟。在这一时期伐木一般使用斧和锯，解木制材以框锯为主，平木工具以往使用得最为杂乱，斤、锄、沓、刨等都有记载，而宋末以后则以刨为主要平木工具，挖孔、开榫主要用斧、锯、凿、钻等等。木器雕刻工具相对于营造工具来说，从春秋时期开始变化都不是很大。

钢铁工具制作的一个关键技术是淬火，主要通过将高温刃器迅速冷却达到脱碳硬化的目的，这一技术在明代以后被文献记载，《天工开物》卷十"锤锻"："凡熟钢铁，已经炉锤，水火未济，其质未坚。乘其出火之时，入清水淬之，名曰健钢、健铁。"②健铁之法在古代有很多不同的方法。北齐綦毋怀文所做的宿铁刀，"浴以五牲之溺，淬以五牲之脂。"③近代称其为油钢，明末方以智《物理小识》还载有其他一些淬刀之法。④这

①李诫.营造法式[M].重庆:重庆出版社,2018:269.

②(明)宋应星.天工开物[M].北京:人民出版社,2015:卷十.

③(唐)李百药.北齐书[M].北京:中华书局,1972:列传第四十一.

④(明)方以智.物理小识[M].长沙:湖南科学技术出版社,2019:器用类.

种刚柔结合锻铁技术的发展大大促进炼钢工艺在传统手工工具制作中的广泛应用，在现代手工工具中仍然是基本的制作方法，这也尤其为小木作精细榫卯的制作和大量使用提供了有利条件。《天工开物》提到的冷拔技术当时已能制作钢丝，明代雕刻用的锼锯（钢丝锯）也出现了。

（二）榫卯与木作工具的相互促进

榫卯制作工具至少从新石器时代就已经出现，工具的出现和发展为榫卯的制作和应用提供了物质基础，新石器时代的榫卯制作工具所依赖的材料主要还是直接取自于自然，如石、木等，工具制作技艺主要以砍削、打磨为主，值得注意的是榫卯不仅利用在建筑等器物中，在工具构件中也经常使用，由此形成一种互为条件、互为促进的进化格局。

工具的发展不仅带来榫卯的发展，榫卯技术的应用也反过来促进工具的制作技术。新石器时代，一些工具构件的连接已经开始使用榫卯连接。例如石斧就是一种需要构件连接的复合工具，石斧的结构包括斧头和斧柄，斧头由石材制成，斧柄由木材制成，二者相连有两种方法，即捆扎法和榫卯法。榫卯法在石斧中的使用是将斧头做成卯眼，斧柄做成榫头相互插接，例如江苏溧阳出土的带木柄石斧，石斧的斧头长11厘米、宽2.8厘米、厚3厘米的立方体，无柄一端粗大开有卯口与斧头相连，另一端纤细光滑用来执握，这种原始的榫卯接口石斧工具在使用时有明显弱点，即用力过猛砸坚硬物体时，石质斧头很容易损坏卯眼。于是匠工们又进行了改进，将绑扎法与榫卯法结合运用，成为一种有肩穿孔石斧，如良渚文化的张陵山遗址、南京北阴阳营遗址和石峡墓地都出现过这类石斧。它依然还是用榫卯连接斧头和斧柄，所不同的是在靠卯口外的附件处穿孔，用绳子加固，由此有效保护了薄弱的卯眼部位。除了石斧，复合构成的石锛也是类似连接。绑扎的石锛是用树枝或鹿角“执枝作柄”。而榫卯连接显然比绑扎更加牢固，使用起来也更加方便，因此出土的大部分石锛都用榫卯连接构成。总体来说，新石器时代木作工具与榫卯结构的发展密切相关，没有工具的细分与创新就没有榫卯结构的萌芽与发展，而没有榫卯结构的支撑木作工具，也无法进一步得到优化。

二、榫卯制作工具种类

榫卯的制作工具很多，木作工匠们一般会巧妙利用手头的一切工具来制作，只要达到效果，并不特别讲究具体的实现途径。当然，榫卯的最终效果也不可能离开相对科学的制作技艺和合手的制作工具，大致来说，与榫卯制作相关的典型工具可分为以下几类：

（一）测量工具

测量是榫卯制作必不可少的步骤，也是大、小木作整个营造过程中至为关键的程序。测量的主要工具是尺子，传统尺子分为法定尺和占筮尺两类，这两类尺又相互交叉。

法定尺：传统的法定尺主要指尺和丈杆，这些是木工匠作中最常使用的测量与画线工具。我国古代在不同时期使用了不同的尺，长度标准和名称也有区别。丈杆是木作实践中最常使用的测量与画线工具，而尺在不同时期又有不同种类。（图1-15）周代的建筑用尺有官尺和民尺之分。官尺又叫“武王尺”，“武王尺”又分大、小尺，大尺十寸，小尺八寸。尺面上以寸间隔定阴阳，有一定占筮的成分，民尺一般为小尺，这种尺至少延续至汉代仍在使用。唐代的尺大多为十寸尺，《续文献通考》将“唐人谓之大尺，由唐至今用之”[①]的尺叫作“今尺”，明清时期有曲尺和工部尺两种，工部尺又叫省尺。

①王圻.续文献通考[M].杭州:浙江古籍出版社,1999:乐八.

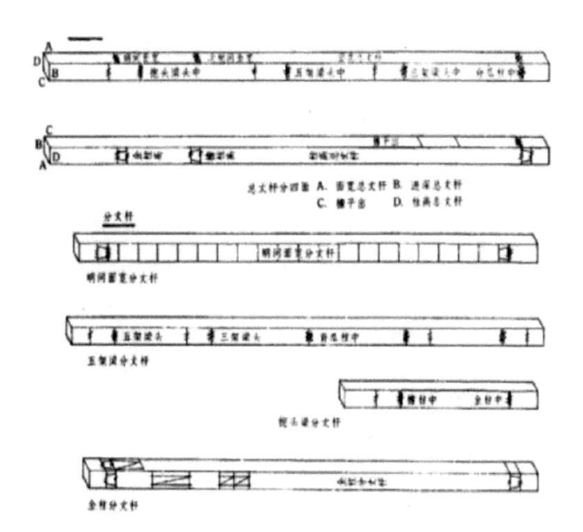

图1-15　传统测量工具(资料来源:搜狐首页,马炳坚—营造讲座)

占篮尺：占篮尺是一种依靠风水勘察确定门户方位朝向的工具，是一种文化特征非常鲜明的尺子。例如鲁班尺，又叫门光尺，“亘古至今，公造私作，大小方直，皆本乎是。”[①]它利用天文学里九星图中星宫与木尺中的尺寸相对应，形成“一白、二黑、三绿、四碧、五黄、六白、七赤、八白、九紫，皆星之名也。唯有白星最吉”的对应关系，其中三白星（一白、六白、八白）为大吉，九星中九紫星为小吉，形成“三白一紫”的吉利尺度。唐代之后，鲁班尺又发展为丈杆尺，明清时期成为占篮尺，应用十分广泛。《阳宅十书》记：“鲁班尺，非止量门可用，一切床房器物当用此，一木一分灼有关系者。”[②]除此之外，尺子还可根据大小和刻度内容多寡分为大曲尺和小曲尺，根据尺寸调度可分为大小活尺，根据形状可分为蝴蝶尺等。

丈杆：丈杆集尺子和设计图于一身，因此它的使用让建筑营造更加稳妥可靠。小木作的榫卯制作一般用尺测量，而大木作中的榫卯更常用丈杆。虽然古代有各种尺，然而复杂的建筑构件如果仅用尺去测量，不仅费

①《建筑史专辑》委员会.科学史文集(七)建筑史专辑(3)[M].上海:上海科学技术出版社,1981:102.

②王君荣 郑同.四库存目青囊汇刊(3)阳宅十书[M].北京:华龄出版社,2018:卷一.

时而且误差很容易积少成多，影响构件尺度的精确性，而杖杆作为一种有针对性的尺子，简化了测量程序，避免了这种误差。丈杆又叫“托蒿”，是木构件制作和安装的施工图和尺子，丈杆的材质一般都是轻质柔软、不易变形的松木和杉木制作。以六尺杆为例，六尺杆为一长为六尺、断面二寸见方的长尺，尺之上不仅有工匠刻的尺度，而且画有设计构件的模板，使用十分方便。其四面标注覆盖整个建筑的尺寸，如开间、进深、构件尺寸、榫卯位置等按实际尺寸标记出来。六尺杆分为总尺和分尺，其中分尺主要用来标注榫卯的位置和大小、构件的所有尺寸，是从总尺上划分出来的。丈杆记录着建筑中所有重要的榫卯形制和尺寸要求，是古代建筑榫卯制作不可替代的“设计说明”。在建筑营造过程中所涉及的榫卯非常复杂，且常常根据建筑的实际情况来灵活决定，因此一个总设计师的统一规划就显得特别重要，而丈杆就是总设计师的设计图纸。丈杆又分总丈杆和分丈杆，在传统营造团队中，总负责设计施工的叫“头首师傅”。所有的总丈杆和分丈杆都由“头首师傅”一人划定。丈杆的总分主要以它所描绘的施工图的总分来划分的，总丈杆为总施工图，断面尺寸一般为4×6厘米，记载构件的基础尺寸。分丈杆实际上就是施工详图，断面尺寸一般为3×4厘米，在这里必须将所有构件和榫卯的详细设计与尺寸标明清楚，而在这种分丈杆的制作中，榫卯的位置、形态、尺寸是重中之重，也是“头首师傅”们最考验其“功力”的地方，需要极高的设计水平和丰富的实践经验。

(二)量画工具及工艺

榫卯制作过程中，测量与画线密不可分，它是设计思维向木材上的转移，关系到材料的利用效率构件的精确以及连接的质量。

1. 斗和篾青

墨斗是大木作营造专用工具，它由墨筒、墨线、线锤和脱线器组成，墨筒本身就是一个具有艺术特色的器物，既可用竹筒做成简洁的样式，也可以直接用整木雕刻造型复杂的样式，北京官式建筑营造工匠使用的磨斗形似鞋子，因此也叫“鲁班鞋”或“福字履”，还有做成棺材样式，寓意“升官发财”。（图1–16）使用时，先在木料两端找到画线的端点，左手握斗右手握笔轻按墨线，边压边拖线，到另一端时，将墨线轻提，弹出一条笔直的线。江南地区工匠还使用一种叫作篾青的画线工具，这种画线工具的制作材料是当地的竹篾，尤以壁薄韧性好的青竹为佳品，因此名为篾青。篾青的开口处可以用来蓄墨，通过吸管效应给画线处源源不断供应墨水，因此画线时非常流畅。

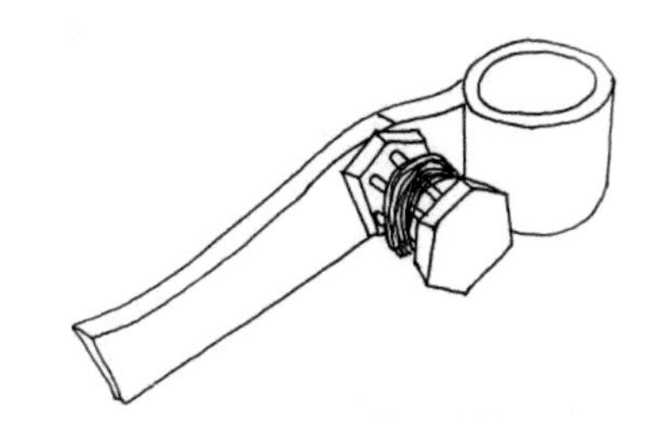

图1–16　墨斗

2. 木勒板

木勒板是一种画平行线的工具，也叫墨株，是在竹片或木板上刻有三个距离不等的凹槽，使用时将木勒板紧紧卡住木材的侧面，用竹笔沿着槽口画线，很容易就可以画出数条平行线。

3. 线勒子

线勒子也是一种常用的画线工具，通常由硬木制成。线勒子分为两个部分，一个带沟槽的主体和长方体把手十字穿插，带沟槽的主体部分形状各异，有流线型、鱼形、方形等等，沟槽部位是走线处，蘸有墨汁的线从沟槽处拉出，可以形成一个笔直的轨迹。（图1–17）

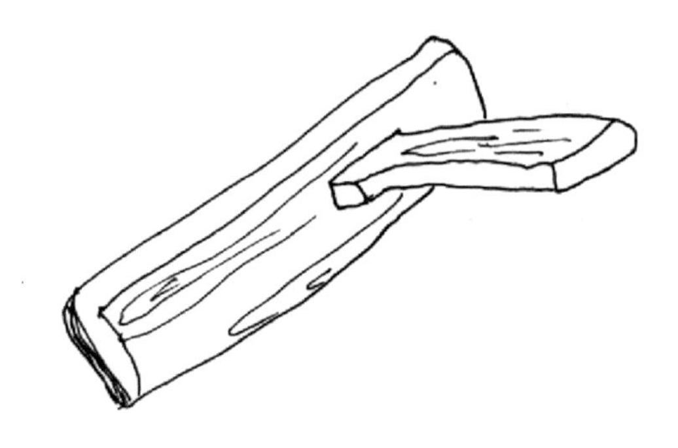

图1–17　线勒子

（三）锯割工具

锯是重要的锯割工具，主要用来下料和加工榫头之用。锯的最初形态是手锯，相传为鲁班被草叶的锯齿边缘划破手指后得到灵感而发明。按加工形态分，锯分为大锯、小锯、绕锯和螃皮锯（过山龙），不同的锯子用来锯割不同的材料。锯子的使用表明古人对力学知识的理解更加深入，因为锯齿在锯割过程中必须考虑是否夹锯，稍稍偏离中线的锯齿会在锯割时自动形成比锯片本身宽的锯路，这样可以大大减小木料对锯的摩擦。锯齿的密度大小也影响加工木料的精度，启动时推拉的方向对锯条的齿纹方向也有一定要求，而这些只有在大量的实践中人们对力学知识有更深刻的理解的基础上才会做到。大锯一般用来分割木料，制作榫头和榫肩；小锯可用来制作小构件榫卯，例如门窗的框架或扇页连接；绕锯主要可以加工曲线形木料；而螃皮锯为两人从两端拽拉使用，能够分割较大的木材。锯如果按照功能分，又可以分为横锯、截锯、挖锯等。除横锯外，其余均为框锯。（图1–18）

图1-18　框锯

(四)斧类工具

斧类工具是一种重要的砍斫工具，包括斧、斤、钺等等，其中斧与钺形态非常接近，斧一般为直刃，钺更宽一些，弧刃，因此很多文献记载统称为斧钺，二者的用途也非常相似，一般都用来伐木或初步砍削榫头造型之用。斤也叫“锛”，《孙子兵法》曰：“良匠提斤斧造山林。”[①]也是伐木或粗加工工具，有时也作为农具使用。斧类工具主要可以用来对木料进行砍、劈、削和敲击打实等，最初河姆渡遗址中的榫头就由斧制作，此后它一直是制作榫头的重要工具之一（图1-19），直到宋代末期框锯的广泛采用，使得榫头制作中的榫形更加规范精确，才逐渐取代斧在榫卯制作中的位置。斧分为单刃斧和多刃斧，单刃斧主要在南方使用较多，而北方使用多刃斧更多，它既可以用来砍削，又可以用它凿做榫卯，还可以用于钉椽、铺望板等。访谈中，徽州歙县的汪师傅提到在使用斧类工具时要“辨木理，顺茬砍”，以避免劈裂，如果遇到结巴，可以从上下或左右两侧顺纹理砍削，而且要“一段一斧口，顺着墨线走”。此外还有一种特殊的斧类工具——锛子，锛子也称锛刀，使用时一手握住柄的中部，另一只手握柄端保持不动，扬锛时它起压的作用，拳背朝上；锛刀下落时，拧腕变化方向，拳背朝下起到托的作用。锛子也具有一定的地域特色，在徽州地

①(春秋)孙武.孙子兵法[M].长春:吉林美术出版社,2015:3.

区，锛子柄长50厘米左右，锛刀梁小有肩。北方地区锛刀皆有梁，双弧腰，单面刃，锛柄的长度在1米之内。

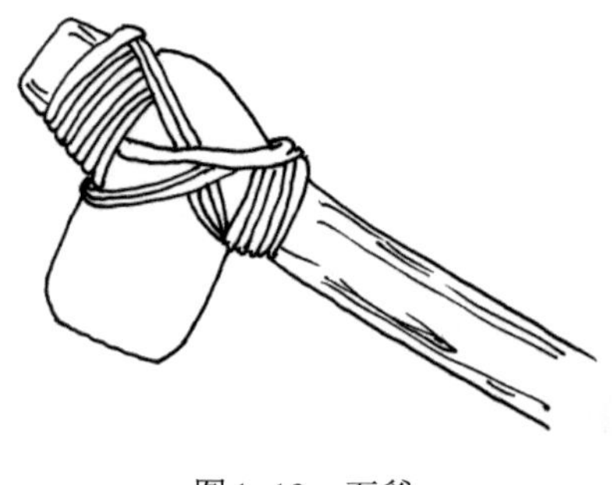

图1-19　石斧

（五）穿剔工具

1. 凿削工具

凿，《说文》：“凿，所以穿也。”①凿子是最常用的挖空开槽工具，是卯口制作的主要工具，在使用时一般需搭配锤子。工匠左手握凿，右手执锤，用锤子用力敲击凿尾，使锋利的凿尖深入木料，再依靠杠杆原理翘出木屑，如此反复操作直至木孔完全成型，称为“一打三摇”。在制作卯口过程中，为了使凿尖受到的冲击最大，凿子的刃部向上逐渐加厚，俗称“刃大身小，不会夹凿”。凿子分厚寸和薄寸，厚寸主要用于打梁和柱的卯眼，而薄寸则多出现在小木作中。

2. 钻孔

钻主要是用来钻孔的，钻有不同的形制和构造，常见的有手锥、拉钻、手钻等，在钻孔时，工匠双手或单手紧握钻柄，直接用力或间接利用牵拉装置，让钻头在钻孔部位来回旋转，最终钻出一个圆孔。（图1-20）

---

①许慎.说文解字[M].汤可敬，译注.北京：中华书局，2018：623.

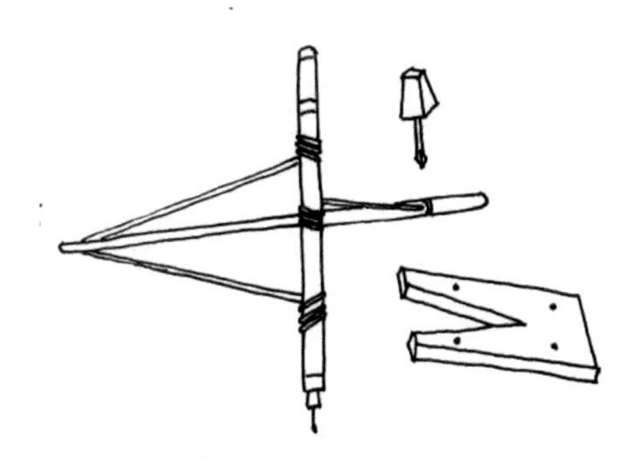

图1-20　手钻

（六）其他榫卯制作工具

平推刨原本是在解木之后用来平木的工具，在它被广泛使用之后，工匠们陆续在实践中进行优化和改进，于是在拼板上进行开槽的特殊线刨逐渐得到使用。汉代《说文解字》就有“列”字，解释曰：“刺团，曲刀也。”清晚期出现了一种专门开“穿带”卯槽的“扫堂刨”，可直接平推开出平板凹槽，使用非常便捷。

三、现代榫卯工具的发展

随着材料学领域和机械电子数控领域的快速发展，现代榫卯制作工具有了巨大的变化。首先，现代榫卯的传承已不仅仅局限于原木结构的加工，人造木、合成木、金属、塑料、石材及其他合成材料等都可以用榫卯方式进行连接。材料的多样性决定了加工方式与加工工具的多样性，总体来说，现代不同材料榫卯制作的方式主要有切削、浇铸、锻压等。其次，木结构榫卯依然是榫卯传承的主要领域。由于受榫卯的传统文化意象的影响，木材料产品至今还是榫卯结构最主要的使用领域。机械电子数控技术的发展以及合金的使用，木器加工工具也得到了巨大的改进。木材料加工工具主要分为手工工具和机械工具两大类。其中机械工具又分为半自动机械加工工具、电动工具和数控加工三类，每一类木材料加工工具都种类繁多，有经验的木工甚至还在这些工具基础上进一步优化改造，创造更多个性化工具。从工具的功能上看，无论手工工具还是机械工具都必须有锯子、刨子、测量与画线工具、凿子、锤子、修面工具、夹具这么几种，现代加工工具的使用效率要比传统工具高得多，但对加工技能的要求也相应更高。如果没进行专门的学习与练习，更容易损坏木料，甚至可能发生危险，访谈中我们发现很多工匠都因为工具没有使用熟练或操作不慎，而导致手上留下明显的伤疤，甚至有人因此被切掉手指。

(一)锯

作为木材料加工最基本的工具，锯不仅在传统木作中发挥巨大的作用，现代木作也在实践中对锯的功能进一步优化，锯的种类进一步丰富和系统化，形成一个庞大的锯类家族。无论手工工具还是机械工具，锯的最有特点也最具功能性部位就是锯片，锯片由锯背和锯齿组成，锯片的大小、厚薄，锯齿的粗细、疏密是区分锯子种类最主要特征。锯的使用比较简单，锯齿方向决定了锯子的启动是推还是拉。手工锯使用时，锯齿向着操作人是拉锯启动，锯齿向外是推锯启动。机械锯根据规划的木器形状固定锯子，推拉木坯启动。锯子的切割一般需事先画线，切割时工具设备保持在废料一边，严格压线切割，无论手工还是机械。现在的设备都需要用手固定木材料，以保持稳定。手锯还需要用拇指抵住锯子一侧，进一步稳定锯路。现代手工制作榫卯所使用的锯子种类，一般有横锯、钢丝锯、手板锯、夹背锯、弓锯、绕锯等。其中除横锯和手板锯用来分割大料粗加工之外，其他几种都属于框锯，主要用来细加工。

横锯是一种两人推拉的宽锯，放置于横木架用来分割大料之用。手板锯的锯片长且灵活，主要用于在下料之后的木材粗加工。弓锯和绕锯更适合用来切割曲线，例如燕尾榫的榫头或弧形部件，这两种锯的锯条都比较细，容易形成弯曲的锯路。钢丝锯和夹背锯的锯齿小且密，适合用来切割榫头，钢丝锯的锯条也很细，可以锯割曲线，夹背锯在切割榫头时更容易保持稳定，但切割深度受到一定的限制。除此之外，始于日本的日本锯体现了日本对精致工艺的追求，这种锯的使用原理更像西式锯。依靠极其锋利的锯齿和锯片精密的厚度达到对木材料加工锯路灵活度和精确度，非常适合制作高精度的榫头。圆锯片也是木材料加工的常用工具，它一般使用在机械锯中锯齿，有多种形态，如直背齿、折背齿、等腰三角齿等。

（二）刨

刨的主要功能是对木材料的刨光、找平、刨直和削薄加工，刨刀一般可调节，用来控制刨削的厚度，刨在榫卯制作中主要用来加工粗坯、修正榫头、清理卯眼底部等，具体使用的种类一般有台刨、槽口刨、肩刨、犁刨、闭喉槽刨、鸟刨等。其中槽口刨、犁刨和闭口槽刨底部很小，可以用来开卯口或榫槽，也可以清理卯口底部。鸟刨专门用于曲面部位的倒角，肩刨主要用来修正榫头，台刨又分为长、短、大、小很多种，主要刨削不同大小的平面。

（三）量具和画线工具

中国传统工艺自古就非常重视尺寸的精准，甚至将其上升到“礼”的高度。《礼记•经解》说：“礼之于正国也，犹衡之于轻重也，绳墨之于曲直也，规矩之于方圜也。故衡诚悬，不可欺以轻重；绳墨诚陈，不可欺以曲直；规矩诚设，不可欺以轻重；规矩诚设矣，则不可欺以方圆。”[①]器物尺寸如此，榫卯结构作为器物的连接点，本身的复杂性则要求有更加精确的尺寸。现代的传统器物工艺对尺寸的要求更高，榫与卯是否严丝合缝往往是直接决定一件器物的价值关键因素。现代工艺的测量工具主要由古代绳墨发展而来，同时又吸收了大量的西方测量工具，包括直尺、两脚规、游标卡尺、卷尺等，此外，现代工匠还在实践过程中发明了一些榫卯制作

①礼记[M].胡平生，张萌，译注.北京：中华书局，2017：201.

的专门性量画工具，例如专门画出燕尾榫榫肩倾斜度的燕尾榫画线器等。除了量画工具，榫卯制作还经常用到一些木器整形工具，例如凿类、锉类、钻类工具等，其中尤其是凿类工具在卯眼和槽口的制作上最为常用。钻类工具主要用于钻孔，有时也用作卯眼的制作。例如在透榫中所需要的穿孔卯眼，经常使用钻类、锉类工具来相互配合实现，不同大小的锉类工具可以用来修整不规则的表面，使之平滑，从而使得榫卯的尺寸更加精确。

第二章　家具榫卯

第一节　家具榫卯概述

家具榫卯的发展与家具整体的发展有密切联系。中国家具历史上经历了四个重要的发展时期，分别为“楚式家具（周代至南北朝）、宋式家具（隋唐至元代及明代早期）、明式家具（明中期至清早期）、清式家具（清中期以后）”。[①]从考古实物发掘和古代的典籍文献的记载来看，榫卯的快速发展是从夏朝开始的，此时专业的木工已经出现。春秋时期，大小木作专业已经有了明确的分工，这一时期时期斧、锯、凿、铲等工具的出现使得榫卯制作更加精细准确。先秦时期一些古代的典籍如《诗经》《礼记》《左传》等出现的木家具已有床、几、扆（屏风）和箱等丰富品种。（图2-1）

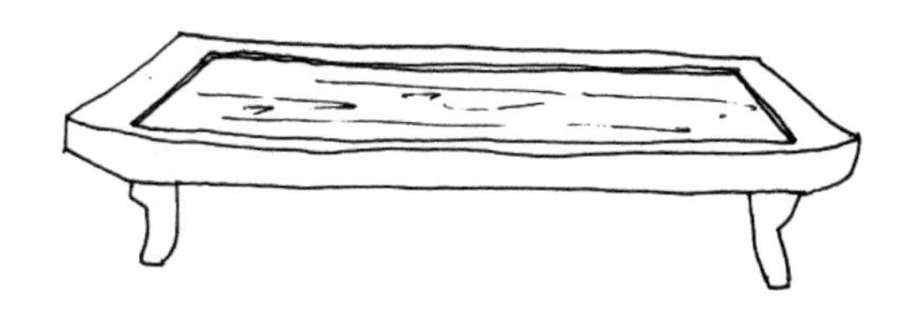

图2-1　案几

①方海.从古典漆家具看中国家具的世界地位和作用(上)[J].家具与室内装饰，2002(6):72.

一、家具榫卯实体结构的出现和榫卯意识初步建立

战国时期的榫卯呈现突破性的发展，尤其在接合结构的定型和多样性上相比春秋时期有了更大的提高。这时家具榫卯正式从建筑榫卯中分离出来，但是由于它刚脱胎于建筑榫卯，此时家具榫卯的发展略显滞后。到了战国时期，家具榫卯的发展速度逐渐反超建筑榫卯，其中一个原因是当时的家具必须由木材来制作，几乎别无选择，而建筑可以由木材、砖石等多种材料制作，相对而言，建筑材料毕竟有多种选择，对榫卯的依赖并不像家具那么高。另一个原因可能也因为家具体积小，不可能像建筑那样使用大料，榫卯也相应精细，再加上家具受力相对建筑的承重要求来说不是特别高，所以也更容易兼顾精巧和美观。战国的家具榫卯由以前的燕尾榫、凹凸榫、割肩榫发展了数十种之多，包括：直榫与半直榫、端榫、圆榫、嵌榫、蝶榫与半蝶榫、鸠尾与半鸠尾榫、宽窄槽接合、切斜加半直榫接合、双缺接合等。（图2-2）当时的家具不仅榫卯的形式越来越丰富，而且榫卯之间的连接也越来越精确，因为最早的测量工具规矩——“准绳”在当时已经出现，并逐渐广泛使用。从战国出土的木质箱柜就可以看出，当时的箱柜框架已经可以完全由榫卯结构构成，箱的四面和底板之间由榫卯嵌合得严丝合缝，非常牢固。战国出土的一些其他家具如俎，它的四条腿与面板之间也用榫卯连接，这使它历经2000多年还保持很好的连接功能。从这些遗存可以发现战国工匠对于木系转角部位的处理明显更加成熟。

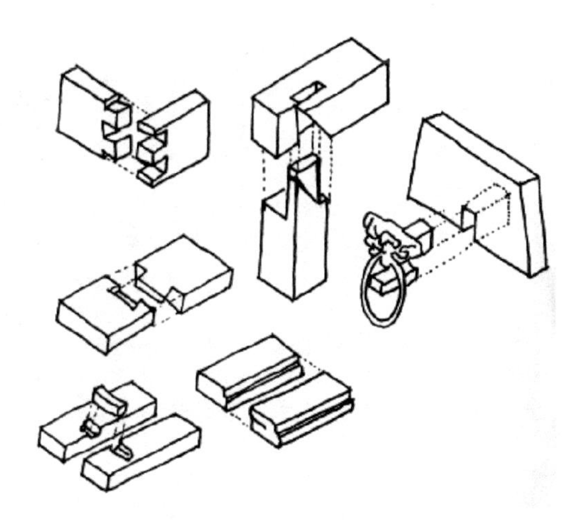

图2-2　战国时期家具榫卯
（资料来源：吕九芳《中国传统家具榫卯结构》）

二、家具榫卯的发展时期

魏晋南北朝时期是中国的民族大融合的时期，在这样的一个历史的特殊阶段，家具随着民族的融合而出现多种风格的变化，例如当时出现了一些典型的西域家具，如扶手椅、束腰、圆凳、方凳、圆案以及竹藤类家具等，相应地，其中的榫卯结构与榫卯思维也需要对不同风格提供技术性支持。这一时期家具的形制发展也有了进一步的变化，一是家具继续向高型转变，不仅出现了各类坐具还出现了更高的桌。二是家具逐渐向成套化发展，由以往的零散家具逐渐成为一整套，包括坐、卧、用在内的体系化家具有了完整的设计。

图2-3 《韩熙载夜宴图》(局部),画中出现的家具已与近代家具的形制种类相类似,有凳、椅、桌、几、榻、床、屏风等。这幅图为我们提供了当时家具的许多设计和制作信息。(资料来源:https://mr.baidu.com/r/DroVzyjygM?f=cp&u=a819b911dcd7580b)

从图2-3可见，五代时期家具的发展随着人们生活习惯的改变而改变，尤其是从席地而坐到垂足而坐的漫长变化，家具也由以往的矮型家具向高型家具逐渐演变，席地而坐的矮型家具已基本消失，垂足而坐的高型家具成为主流。这一变化要求家具榫卯必须具有更强的支撑功能，其连接的科学性也显著提高，元刊本《事林广记》的版画中记载了罗汉床的家具图像，罗汉床是一种能坐能卧的家具，床面可以放小炕桌，二人两侧分坐品茶聊天，这款罗汉床最具特点的地方是它的四腿由管脚枨相连。从正面管脚枨可见，床腿边30厘米处安装了一套辅助床腿，一方面用以加固床腿，另一方面使管脚枨与床面之间得以留有足够的空间，坐在床沿垂足时，脚的活动空间加大且不会让人从两边踏空。此外床的三面还有绦环板，中间开“鱼门洞”，即一种镂空纹样的装饰。(图2-4)

图2-4　《事林广记》版画　在魏晋南北朝之前，家具还以壶门结构为主，而此时的家具也基本是框架结构，框架结构的普遍使用更说明了榫卯在家具中已经使用得非常成熟。（资料来源：https://m.sohu.com/a/340411650_783752/?pvid=000115_3w_a&strategyid=00014）

另外成套家具的出现使得家具在室内的摆放位置也有了相对固定的安排与设计，家具的面板已不限于单片木材的制作，“攒边”已经在面积较大的平板中大量使用，构件之间的接合也普遍使用难度较高、较美观的格角榫和闭口不贯通榫，家具的腿也有了相对固定的形状，一般为圆腿和方腿，这代表了木材加工技术的提高和规范，也说明人们对支撑力的理性认识的深化，这些都对榫卯的进步起到技术支撑的作用。这时的高型家具一定程度上借鉴了建筑的做法，其中尤以桌椅最为显著，例如官帽椅的雏形即隋唐五代的扶手椅，最初的扶手椅是在魏晋时期从西域传入。隋唐时期，扶手椅都是框架结构，榫卯连接，四腿有“收分”和“侧角”。靠背的搭脑呈现出“斗拱”的形态。江苏五代墓出土的足尺木榻，榻的大边与抹头的连接是一种简单的45°格角榫，抹头有两根L形的方料在端部采用闭口不贯通榫连接，托撑与大边采用暗榫连接。这里有必要简要解释一下格角榫，传统的格角榫结构常用在桌面边料的榫卯结构上，这是一个在边料所制作的格角榫结构，首先木料的长边出一个横向榫头，然后出一个角榫，它的作用是和短边进行接触时避免上下错位。而短边是做了一个榫眼并在尺寸上留有余量，与榫眼相对的位置同样出一个槽口，用来和长边的角榫进行带胶结合，长边榫头横向地穿插到短边的榫眼里面，由于这个榫眼位置留有余量，能有效卡扣住边抹，然后按照每个构件编码组装好，这个边料就组装成功了。长边出榫头，短边出榫眼，横向地穿插到短边之中，当然，中间部位需要放置面板，它的作用是当面板吸收空气中的水分而膨胀变形时，由于长边的榫头和短边中间的余量能将面板卡扣在内，达到一个较高的稳固性牢固度。由于面料的四角有腿足支撑，它的重力会落到腿部上，所以当加入了角榫之后，虽然有腿足支撑的边料，但是角榫也能做到一个上下的卡扣的作用，避免边料上面上下起伏不停。[①]魏晋南北朝时期的家具，牙板与足的连接还具有初步的插肩榫形态，但并不起连接作用，真正起连接固定作用的是大边的铁钉。（图2-5）由此可见，当时的榫卯在结构上不仅具有实用功能，有时也作为一种装饰。最下部的侧枨与足的连接也是暗榫的连接方式。

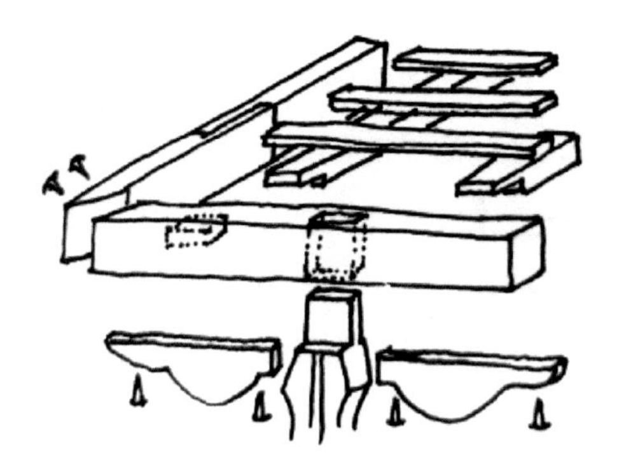

图2-5　牙板连接构造（资料来源：乔子龙《匠说构造》）

在这幅阎立本所作的《步辇图》之中，唐太宗在召见松赞干布的时候，乘坐了一乘步辇，这是一个木质方榻，它由两杆承担，杆部由宫女手提肩挽，唐太宗坐在榻上，宫女们抬起木榻行走，要轻松抬起坐着一个人的木榻并不容易，需要将木榻的力学设计最优化，由此可见，当时的家具设计水平已经相当高了。同时，步辇下部有榫卯连接的腿足，固定腿足方

①格角榫的制作细节由传统风格家具厂技术人员的口述和实际操作整理而成，在这里作为对古代的制作程序的一种参照。与古代的实际制作场景难免有所出入。

向的替木、牙子清晰可见，使得步辇行走、停留的多功能得以实现，充分展现了当时的家具制造技术。（图2-6）（图2-7）

图2-6　《历代帝王图》（局部），所绘的榻则是唐代家具典型的壶门结构的描绘，所谓壶门，指皇宫里的门，说明这种结构具有一定的装饰象征作用。（资料来源：https://mq.mbd.baidu.com/r/DrpTLfj3C8?f=cp&u=f27d6c17fe97d016）

图2-7　《历代帝王图》（局部）（资料来源：https://m.sohu.com/a/220956584_166075/?pvid=000115_3w_a&strategyid=00014）

莫高窟第323窟的《六抬帐式肩舆》中，摹诘所乘坐的肩舆的结构与步辇基本一致，但是这个肩舆需要由六人扛起，因此在设计中需要对六个受力点都有合理的安排，虽然肩舆比步辇少了榻腿，但是上部多了由四杆撑起的凉棚。从画面上看，凉棚顶部结构精致，企口接合，没有见到捆绑痕迹，因此可以推断如此精致的结构很可能由45°格角暗榫结合起来。

这种木榻属于一种四面平直角腿式，榻腿呈壶门券口接合，内弯的弧形上端榫接牙条，牙条有锯齿形纹样。所谓券口，即一种特殊形态的牙板，在四方的框内首尾相接，最后形成一个环形，使得两个构件的形态有一定的变化，券口的四周一般还有加固的构件，称为牙子。这种结构是唐代家具中比较常见的样式，榻的侧面支撑部位有时还可以进行装饰。（图2-8）

唐代时期即有如此精致的连接理念与技艺，可见家具榫卯在当时有了很大的发展。

图2-8 《六拾帐式肩舆》

（资料来源：https://mr.baidu.com/r/DrquAq7qhi?f=cp&u=f1b4f44ad80db70f）

五代王齐翰的《勘书图》中描绘的屏风和木榻，榻的腿部与腿上端同大边交接所置榫卯角牙雕均有如意云头纹作装饰，椅上有椅坡，椅靠背搭脑挑出，前置一方形桌，四足，四周有侧枨。[①]同时，其平腿侧脚有明榫和暗榫，类似于现代家具榫卯中的拔步榫，脚柱45°合角。（图2-9）

图2-9 五代《勘书图》

（资料来源：https://mr.baidu.com/r/DrqQC6gyT6?f=cp&u=e0a014d5aea7bf3c）

①聂菲.中国古代家具鉴赏［M］.成都：四川大学出版社，2000：259.

《营造法式》在细木工制度中记载，帐的板材入方材时须使用齿槽嵌入，方材之间的垂直结合开槽口，侧面接合开槽齿。这又与传统建筑营造中阑额和压槽枋相交时互相穿插为井字形，使得其整体成为一个封闭的体块，显得相当稳固，类似于近代的圈梁。

三、家具榫卯的成熟时期

宋元时期的家具也有了进一步的突破，此时的家具呈现极其简约的结构，尤其是南宋时期的家具，构件的断面尺寸极其细小，使得家具形态清秀文雅，简洁到无以复加的地步。宋代出现了一种独特的燕儿，这是中国组合家具最初的雏形。《营造法式》在细木上虽没有专门记述过榫卯，却有许多地方都间接反映榫卯的营造方法和要求。例如在记述腿的收分和侧脚时就提到，由于角度的倾斜使得构件不可能完全严丝合缝，此时需要和大木作的柱做法一样“安勘”，即使用榫卯加以校核。不仅如此，还要对榫卯进行绞割，确保结构嵌接到位。辽金元家具相对宋代家具更加厚重，构件中曲线造型也更多，出现了罗锅枨、霸王枨等榫卯组合的构件造型。（图2-10）。

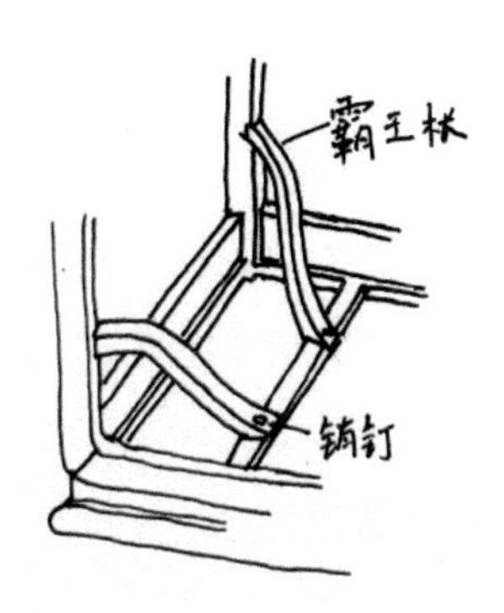

图2-10　霸王枨（资料来源：吕九芳《中国传统家具榫卯结构》）

元代的家具榫卯不仅在力学方面有了更全面的考虑，同时也注意榫卯的美观。例如，元代家具榫卯主要有两个显著的改进：一是霸王枨的形态更加美观且科学，为了更好地斜向支撑，使用鞍形或直线浑面的结构，形式更加圆润流畅，固定的功能也更好；二是束腰的部位，粽角榫和直榫相配合的接合体已经固化，这种模式化的榫卯构造反过来定型了束腰的外观。

明朝时期是中国家具发展的顶峰时期，此时由于硬木在家具中的广泛使用，榫卯结构这时被制作得非常精密美观，此时的家具还注意人机工程学、医疗按摩和社会等级等方面的全方位的考虑。此时榫卯的结构基本上囊括了历代榫卯发展的精华，具体有：格角榫、粽角榫、明榫、闷榫、通榫、半榫、抱肩榫、托角榫、长短榫、勾挂榫、燕尾榫、走马榫、盖头榫、独出榫、穿鼻榫、马口榫、独个榫套榫、穿榫、穿楔、挂楔等。其中，榫销是一种附加性的榫卯结构，几乎可以使用在所有需要加固和连接的地方，在明代之前榫卯结构不够成熟或连接强度不够之处，榫销是最常用的补足办法。但是随着明代家具榫卯的高度成熟，榫销在家具中大幅减少，某种程度上，榫销的多少可以一定程度上作为榫卯技艺高低、结构成熟度的判断标准之一。明代木家具榫卯还从藤家具中得到启发，进一步丰富榫卯形态。

清代的家具榫卯发展进一步精致化，从家具外表基本看不到榫卯的连接结构。榫卯更加成熟并形成大量的木作谚语以弥补文字记载的不足，例如有关家具制作大小尺度的俗语就有“做家具无巧，全靠绳墨好”“遇到做槽减三分，遇到凳板低三分”等，清代家具的所有结构浑然一体，显得非常规整美观。此时还出现了家具制作的集团化和地域化，这些家具制作的工匠集团都具有各自的特点，例如当时以苏州为代表的苏作，以广州为代表的广作，以北京为代表的京作，成为全国三大家具工艺中心，其中苏作具有明显的明式家具的传承元素，京作重蜡工，以弓镂空，长于用鳔，广作重雕工，讲求雕刻装饰。它们在榫卯的制作中也形成了一定的地方特色。

那么，京作、苏作、广作家具哪个作派的家具好呢？首先，不同派别并不是指不同制作工艺的家具，而是指不同设计风格的家具。明清时期信息流通速度慢，不同地区的地域特色文化审美不同，就造就了不同风格的家具款式。苏州地区的文化积累时间较长，制作家具多用硬木，但是因为硬木又多产于亚热带地区，所以当时原材料的运输成为了难题，在这种条件下，苏作家具就形成了纤细柔软、具备鲜明文人家具的款式风格。而广州一带临近港口，材料的来源相对更加方便，又受到西方文化影响，家具注重雕刻。北京的京作家具多为清工造办处制作，是结合了广作和苏作各自所长衍生出来的一个家具款式。至于现在市场所销售的红木家具一般都是厂家根据于自己不同的审美水平仿制出来的一些家具款式，不管这个厂家是哪个地域的，这些派别实际上都是可以进行仿制的，然而家具款式的好坏就要看个人审美了。①

四、关于家具榫卯发展的分析

中国的榫卯所涵盖的结构形态非常丰富，仅对这些结构进行梳理就是一个非常庞大的课题。从新石器时代的干阑建筑直到明清的丰富多彩的家具，榫卯在家具中的使用和发展，始终在不断地向前进，这体现了中国匠人的精益求精的工匠精神。

首先，夏朝时期专业木工的出现，为榫卯的发展奠定了一个良好的基础，到了春秋时期，由于一些木工营造工具的出现，例如斧、锯、凿、铲等的广泛使用，使得榫卯的制作更加复杂精确。这一时期，大小木作的明确分工，也使得家具榫卯从建筑榫卯中脱离出来。春秋时期使用的榫卯接合方式有十字搭接、闭口贯通与不贯通、开口不贯通等。到了战国和秦汉时期，榫卯又有了进一步的发展，家具榫卯由于木结构的广泛使用，已经在很大程度上超越了建筑榫卯，从这一时期出土的木质家具来看，榫卯在

①此处观点参考了明清材料贸易、国际运输往来的相关记载，以及传统风格家具企业技术人员、销售人员口述的看法。

家具中的使用非常精巧，尤其是在家具中的腿足和其他构件的结合中，表现出了良好的力学性能。此外，还有一种名为“桧”的构件，即主体物的连接构件用于固定家具腿足的足距，避免因为位移而使得足部脱榫。在这一时期，工匠已经可以从多种角度对家具的榫卯连接结构进行设计。战国时期，榫卯有了突破性的进展，尤其在榫卯的定型和多样性发展上，相比春秋时期有了更大的提高。而且战国工匠对于木系统转角部位的处理也显得更加成熟，总结起来，战国时期榫卯具有两个突破性进展：一是榫头构造上的抗拔燕尾构造；二是基于单种榫卯组合而成的复杂榫卯，如多向锚固的切角榫。①汉代出土的木制品的榫卯结合就是木结构连接方式的代表，例如河北阳原三汾沟汉墓中的出土的木椁，长方形的箱体结构由木板和原木垒砌，板与板之间榫卯结合，底板由数块长方形的模板靠银锭榫组合成为一块大板。

其次，家具榫卯发展是构件由粗变细、由大变小、由简单到复杂再到简单的过程。这一特点与建筑榫卯的变化趋势基本一致，同时榫卯拉结由单一向多向拉结发展。如图2-11所示为敦煌85窟壁画《肉肆图》中的高桌、架格，从图中可见当时的桌子构件非常粗大、简单，桌腿和桌面只有纵向拉结点，基本没有横向拉结点，这是宋代之前家具的结构的主要特征。建立横向拉结的榫卯在宋代开始，那时多使用夹头榫。

图2-11　肉肆图(资料来源:敦煌研究院摄)

①乐志.中国古代楼阁受力机制研究[M].南京:东南大学出版社,2014:10.

事实上，直到宋代榫卯在家具中的多向性拉结才基本建立。宋代家具已经基本普及垂足而坐的高型家具，结构上也已经普及框架结构，壶门结构在宋代已经很少，框架结构的连接需要格角榫加固，且榫卯在这一时期更注重美观，闭口暗榫越来越多。面板等大面积板材普遍使用攒边做法，与格角榫相配合，能够将面板做得又薄又结实。受宋代家具发展的影响，周边少数民族地区的木作在这一时期发展也很迅速，例如当时的西夏家具就与北宋家具的榫卯结构已经十分接近，可以很明显地看到它的营造思想受宋代木作的影响，从宁夏古墓出土的西夏木桌与河北矩窟出土的北宋木桌比较即可发现，两件家具均为攒边镶板的案型结构，夹头榫在整件家具中起到连接整个框架的重要作用，将腿足、牙条与面板连接成为一个整体。这一时期家具的榫卯设计与安装显示了很好的整体逻辑性，精细、舒适程度甚至超过了宋代家具，具体表现为固定腿足方向的前后双直枨与侧枨榫卯互让，北宋双枨榫卯互让结构显得不如西夏协调。这一特点在西夏家具中比较常见，可能由于北宋时期的家具在这一点上学习了西夏的做法，因此不够成熟。但是相比西夏家具，北宋家具明显更注重纹样的装饰，由此也可以推断，原本作为功能构件的榫卯在中原地区的发展，也一直受到榫卯与构件之间的和谐，以及榫卯构件之上审美文化的影响。明代中期由于硬木普遍较为昂贵，因此在家具的制作中，外框是用硬木，而内胎则使用软木，横竖材相交时，小格肩类似《营造法式》中的“撺尖入卯”，最大限度减少竖材的结构损失，增加强度。因此此时的榫卯在制作中还显得有些粗糙，硬木在明后期的大量使用大大促进了榫卯的精细化、艺术化发展。范濂《云间据目抄》中提到，“细木家伙，如书桌禅椅之类，余少年曾不一见，民间止用银杏金漆方桌，自莫廷韩与顾、宋两公子，用细木数件，亦从吴门购之。”[①]硬木的使用使得榫卯结构变得越来越精密，而精密的结构又反过来推动家具中的榫卯营造思想越来越精细化和审美

①松江县地方志编撰委员会办公室.云间据目抄·云间杂识(点校本)[M].松江:松江县华亭印刷,1997.

化，这是一种互动的过程。

河北宣化下八里辽张文藻墓中，出现了弧形的榫卯结合（图2-12），弧形结合的产生为圈椅、圆形桌几等家具的制作创造了条件。最早的弧形结合只是使用简单的直角榫连接，后来又在直角榫的榫舌处做勾，两片榫头勾挂在一起，从各方向完全固定了弧形构件的移动。

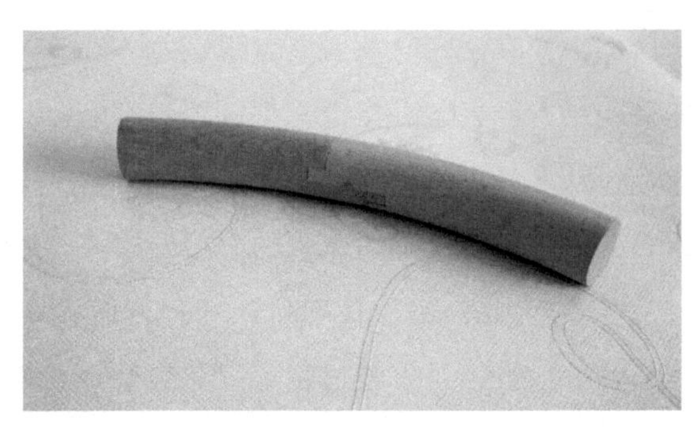

图2-12　弧形榫卯

（资料来源：https://www.sohu.com/a/347815772_120388913）

最后，家具榫卯的结构是一种功能结构，同时也是一种装饰结构。唐代之后，榫卯作为功能与装饰相统一的结构的连接而得到发展，例如各种形状的皮条线、坡线、圆线、花线和棱角结构的穿插咬合更是变化多端，制作技艺精良，一丝不苟。木条之间通过榫卯连接在一起，做成隔窗或透雕形式的装饰面或装饰带。明清是中国古典家具发展的顶峰，其木工技艺也是中国封建时代最为成熟的。中国历代木工通过大量的实践和奇巧的构思创造出来的各种榫卯，都在明清时代的家具中有了充分展现。随着明代之后家具的发展与成熟，功能结构的连接更加精致和美观，明代早期成化年间的《玩古图》（图2-13），图中霸王枨巧妙地整合和美化了桌面与桌腿的连接部位。明代家具在部分结构上进行了改进，造型比宋代家具更为简洁，例如明代之后的椅子搭脑不出挑，它与腿交接使用挖烟袋榫，是一种方头套榫，而不是之前常用的夹头榫。明代家具有了强烈的家具器型的意识，所谓器型在很多观赏物及把玩物中均有体现。其实器型指的就是一件器物的线条以及各个构件的比例搭配是否得到协调，一件好家具的器型评判标准亦是如此。这也是中国的明式家具为什么在世界上受到认可的一大原因。明式家具的设计初衷是以人为本，首先要使用舒适，对于各个构件的控制，它是没有多余繁杂的构件加入的。至于一些线脚及简单的雕刻纹饰，也是建立在必备构件满足于支撑性的同时，进行了一定的装饰，起到画龙点睛之效。所以它的款式历经几百年而不衰，直到今天，当咱们制作仿古家具时，还采用这些经典的款式器型进行一比一的还原。

图2-13 《玩古图》

（资料来源：https://mr.baidu.com/r/DrrOtMP0SA?f=cp&u=f5d74873385cdad7）

五、日本家具及榫卯工艺

中国工匠把榫卯系统化地运用在建筑和家具中，并不意味着只有中国才有榫卯，其他国家在使用木材建造器物时也会用到，并且，由于古代文化技术的传播，榫卯技术也逐渐越传越广。众所周知，日本就是一个擅长使用木材料和榫卯的国家，它的榫卯和中国有很深的渊源关系，但也有自己的独特之处。一个国家的环境和人文因素共同决定了这个国家的对家具的审美态度，日本的森林资源虽然丰富，但是硬木资源比较少，因此日本对于家具制作的审美将重点放在了工艺结构上。当然这也并不意味着日本对家具木材的审美不关注，他们将家具木材的审美与工艺结构结合起来看待，对日本工匠来说，针叶木材给人以温暖亲近感，阔叶木材给人以热情张扬的感觉，日本的家具在制作时特别注意这些材质的木质纹理和结构的配合。工匠会非常细心地研究木材的色泽纹路，然后用不同的锯切分割方式将木材的纹理和结构形成最巧妙的搭配，例如将相对整体美观的木材纹理放在家具的向外侧面，而将有瑕疵的家具纹理有意识地隐藏起来。日本家具木材的风格非常多样而且细腻，如珍珠模式、薄丝模式、银丝模式、波纹模式等，虽然日本的家具营造源自我国，但他们处理较为细腻美观，以至于一些日本工匠认为中国的建筑及家具都过于粗糙，当然这不是一种公允的评判。中国的建筑和家具本着务实的态度，粗中有细，在力学需要承重的结构上更多地关注其力学特征，将审美特征放在次要位置，而在对家具的装饰方面，则尽量做到精美细致。这种区分对待的态度实际上更有助于工匠高效地完成营造任务。同时中国家具在功能形制乃至传统文化的继承方面也有着非常深厚的积淀和大胆的创新。

对于材质贵贱并不特别注重的日本家具，对有白皮的材料会特别注意避开。为什么要避免使用白皮材料呢？因为它是木材生长过程中被表皮包裹在内且在芯材之外的材料，主要的作用是用来输送水分和养分的。所以白皮的位置棕眼大，而且油性好，木材的致密度不够。时间久了之后，白皮全部就会遭受腐烂，像一些刚刚砍伐下来的木料，它的白皮还是有一定硬度的。所以我们在制作家具时，如果把那种硬度较高的白皮使用在家具上，是能很大程度地降低成本的。但是使用一定时间以后，白皮一旦溃烂了，是会很大程度影响家具稳定性的。木材的纹理色泽也是非常值得关注的地方。为了表现天然的材质美，一般日本家具都使用透明油漆或彩色透明的油漆对家具进行髹饰。从自然资源上看日本的本土材质与中国比较相似，以软质的桦木、桐木、柏木，杉木、松木为主。高档家具多采用硬木如胡桃木、紫檀、桃花心木等。由于对木材的贵贱并不特别注重，因此在日本并没有软木与硬木的区别，日本工匠以针叶和阔叶的不同纹理来区别制作材料。

当然，这种对技术的追求也不宜太过夸张。一木一器家具的说法最初起源于日本，后来成为市场上高端家具的典型，其实即便在日本，所谓的一木一器家具很大程度上都不是绝对的。一木一器指的是整件家具全部采用一根木料制作，但是木材在自然生长时，由于外界的自然环境恶劣，在木材内部可能会出现一些空洞以及开裂的情况。而工匠在开料时，对木材内部的开裂情况、空洞情况是不能完全预测的。假如想做某一件家具，大边腿料横枨全部在这一根木料开出来了，但是到了面板的位置出现了开裂，难道仅仅因为没有面板而放弃不做吗？所以任何工匠在开料时，肯定是以出材率最大化的方式去开料。拿做罗汉床举例，一张罗汉床的用料少则700斤，多则1000斤。在这种条件下，必须是原木才能仅用一根木料开出来。当然在开料时，面板、面边、三帷、牙板这些木料在一根木料中出料是很轻松的。当然在制作高品质家具时，工匠也一定是这样去做的。但是在一个大圆木上面开腿料就显得太过于奢侈了。因为木材是圆的，边缘有白皮，如果开腿足的话，15厘米的厚度就意味着边缘部分它会有一个很大的白皮斜角，全部裁切下来扔掉，这显然是很难接受的浪费。所以现代市场中，在做高品质家具时，一些罗汉床沙发的腿足都会选择一些宽度比较合适的二标板，所谓二标就是在国外分割好的木料，把中间的树心边缘的白皮全部扔掉的木料，价格虽然高昂一些，但是它的出材率是比较容易控制的。当然，即便二标板，也不是所有家具都能使用的。[①]

人文方面的因素对日本家具的审美也产生了很大影响，日本的神道讲究万物有灵论，他们认为所有的物质都有自己的生命，人们在制作和使用时必须对其给予尊重，因此工匠在进行家具制作时。对每一件家具的结构和材料都持认真的态度，绝不会因为材料较差而采取马虎的态度。因此日本的家具在设计和制作时可以看到工匠非常用心，从而达到灵气的彻底彰显。

正是由于以上环境和人文方面的因素造就了日本工匠非常敬业的精

① 以上关于木料的下料、选料数据由传统风格家具厂技术人员的口述和实际操作整理而成。

神，日本的工匠精神叫作“役人性”。在日本人眼里，工匠职业与欧洲文艺复兴时期的雕塑家的职业不同，与中国魏晋以后以做工安身立命的工匠也不同，日本的工匠是一种工艺不分的状态。工匠同时具有工人和艺术家的双重身份，相当于中国先秦时期的百工。

另外，中日之间对材质认识的最明显的差异在于对桐木的态度上，在中国，桐木由于质地松软，并不受工匠们的青睐，而在日本，桐木在工匠眼中就是一种非常珍贵的木材。尤其在新婚家具的制作中，往往使用桐木来代表一种喜庆象征和美好的祝福。由此可见，中日两国的家具虽有环境和人文因素的传承关系，区别也是非常明显的。

第二节　家具与榫卯的发展关系

一、家具与榫卯互相促进发展

首先，家具的发展为榫卯的发展提供了条件。家具的材料完全是木，因此相比建筑，家具的榫卯发展得更快。家具体积较小，对审美的要求更高，因此家具榫卯的设计和制作都远比建筑榫卯更加精细。人们起居习惯的改变也大大丰富了榫卯的种类和形态，尤其是从席地而坐向垂足而坐习惯的改变，最初由于“跪坐”在中国传统文化中有一定礼仪的象征性，低座起居成为日常生活中反映礼仪等级的最重要手段。榻的出现改变了席地而坐时期“坐”的象征性，因此榫卯的广泛使用和家具的变革是东汉末年到唐之间“坐式革命”的前提，“从西晋时起，跪坐的礼节观念渐斯淡薄，箕踞、趺坐或斜坐，从心所欲……至南北朝，垂足坐渐见流行……入唐以后，椅、凳不算罕见……唐代正处在两种起居方式消长交替的阶段。”①

①王世襄.明式家具珍赏[M].北京:文物出版社,2003:14.

“垂足坐的习俗，像一股旋风，对传统席地而坐的习俗产生了巨大的冲击。”[①]矮式家具逐渐淘汰，高式家具对榫卯提出更高的要求，无论从力学上还是从审美上都有更大的发展。西汉时，有一种印度传入的辅助性家具榻登，《释名》注：“榻登，施大床之前，小榻之上，所以登床也。”[②]榻凳的出现意味着当时床的高度已经有所增加。又据《太平御览》记载，“灵帝好胡床。”[③]胡床也是一种垂足而坐的折叠型高型家具，高型家具的出现不仅代表起居姿势的改变，也要求榫卯的功能不仅是物件的连接，还要具备较强的支撑和构件强度补足的作用。高型家具的发展需求使得家具榫卯又可以从建筑榫卯的力学实践成果上吸取更多的经验。其次，家具在发展中有许多异质材料的介入使得对榫卯的使用提出了更高的挑战，比如金属五金、玉石、玻璃等的使用。这使得榫卯在建筑中并不明显的问题，在家具中却表现得非常突出，例如在家具制作中榫卯的公差问题，由于家具的材料较小，当榫头过大、卯口过小时很容易造成家具构件劈裂，而当榫头过小而卯口过大时，又很容易造成细小的构件脱榫，导致整件家具制作的失败。这就要求家具榫卯的精确度要远远高于建筑。到了明代，尤其是硬木的使用更使家具榫卯做到十分精细的程度。最后，家具的样式功能和风格对榫卯又提出了进一步的要求，有时即使功能相同，但不同的样式、不同的地域风格所要求的榫卯也完全不同。例如图2-14中所示虽然攒边打槽装板结构适用于床、椅子、柜类的门板，但具体的部位处理却不尽相同。

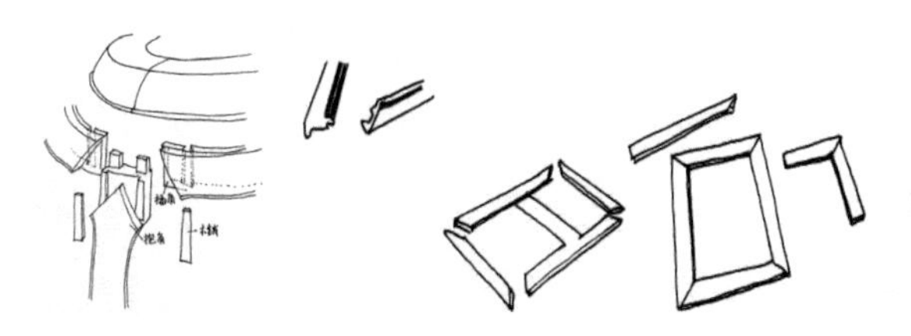

图2-14　圆桌榫卯与桌面结构(资料来源:乔子龙《匠说构造》)

①周浩明,蒋正清.从椅子的演变看中国古代家具设计发展的影响因素[J].江南大学学报(自然科学版),2002(4):398.

②(汉)刘熙.释名[M].北京:中华书局,2016:85.

③(宋)李昉,等.太平御览[M].北京:中华书局,1960:440.

由于保角榫用于床的框架以适应宽度较大的部位，长榫加留三角形小榫，小榫又有闷榫与明榫，分别在大边开榫的尖端开一斜眼，再在抹头开眼的尖端留一小榫。而椅面的做法与床板不同，一般使用夹角榫。柜类门板横竖材的连接则多用揣榫，而且有时单面格肩甚至可能不格肩。这些不同的榫卯做法仅表现在家具内部结构的区别，家具外观并没有明显的不同。家具中也有许多具有各种装饰性风格的构件，这些构件一般也由榫卯来进行连接制作，精细复杂的装饰构件为榫卯的发展提出了进一步的要求。

其次，家具的发展对榫卯的发展起到了积极作用，榫卯的发展也反过来进一步推动了家具形态的发展。正是由于榫卯的形式越来越丰富，战国时期的家具相比新石器时代，有了更加丰富的形态，这时候的家具已经基本涵盖了我们现代家具的主要概念。从夏朝到战国时期也是榫卯和其他连接方式的一个被选择的过程，工匠在新石器时代虽然使用榫卯，但也同时使用捆绑、交接等其他的连接方式，然而到了战国时期，木家具已经基本完成了仅使用榫卯连接状态。由此我们可以判断在这一时期工匠对这些连接方式进行了系统的实践和比较，并建构了一套完整的木结构营造理念，这一时期也是中国文化观念建构的一个非常关键阶段。人们的思想文化在这一时期极为活跃，是古代工艺思想观念的一个成型时期。榫卯的发展过程显然离不开中国的文化理念的影响，也正是这种联系，进一步使得家具和建筑从一种单纯的具有功能性的物理物，向一种观念性的文化物发展和演变。中国丰富多彩的器物文化也由此逐渐建构。例如台北“故宫博物院”藏的《罗汉图》，画中描绘的玫瑰椅一一如真，椅子各部件均为方材，值得注意的是椅子靠背非常低，并不适合倚靠休息。南宋《商山四皓会昌九老图》、北宋《十咏图》所绘玫瑰椅也大体如此，可见这些低靠背并非功能需要，而是要体现“短其倚衡”的“恭敬之礼”，椅子上的装饰纹样也同样说明了这一点，因此中国传统家具随着技术的成熟，工匠所考虑的并非仅仅是实用功能，文化因素也是重要的考量依据。

二、家具榫卯的特点

家具榫卯的发展有一种功能与形式相统一的特点。首先在早期的家具中，匠工们首先必须解决功能的问题，当时的榫卯设计，功能性几乎是唯一考虑，榫卯任何形式的变化都可以从功能层面找到原因。随着社会的发展和技艺的提高，人们对家具的审美要求逐渐提高，例如唐代的月牙凳（图2-15），这种凳子虽然还是属于基本的方凳，但唐代的方凳已经比北魏时期在审美上有了很大的提高，人们在凳子上极尽装饰之能事，使得凳子非常美观，而其中的榫卯也比早期的榫卯样式更加精密。早期的家具榫卯完全沿用建筑榫卯的样式，一般采用透榫加销的办法，这在建筑中的使用非常普遍，对于家具的美观并没有从榫卯的层面给予过多重视。在榫卯形态中，透榫由于其榫舌伸出卯孔之外，因此相对来说更加牢固，它在家具的制作中也长期使用。家具中的透榫叫作过榫或打眼穿，一直到明式家具之前，在家具中都有透榫出现。

图2-15 唐代月牙凳（资料来源：https://m.sohu.com/a/158654141_99913122/?pvid=000115_3w_a&strategyid=00014）

除此之外，当时流行的扶手椅、圈椅、宝座都显示了唐代已经完全进入了垂足而坐的时期。配合高型的椅凳、各种高型的花几脚凳、高桌等家具也开始普及。（图15）这一发展特征符合产品的一般优化的过程，先是技术驱动，待技术在产品中已经成熟，难以继续获得突破性进展后，接着审美和消费驱动对产品的更新逐渐起越来越重要的作用。由此可见，榫卯作为当时家具中的最主要的技术性结构，它的发展在这一时期也基本达到成熟。明代由于硬木的大量使用，使得榫卯技艺有了很大的提高，为了家具更加美观，暗榫在家具中的使用越来越多。到了清代，家具中很少使用牢固的透榫，这也使得清代的家具质量良莠不齐，暗榫由于榫头不伸出卯口，因此技艺高的工匠可以很准确地计算出榫头深入卯孔的位置，使得家具又美观又牢固，而技艺水平不高的工匠为了隐藏出榫的榫头往往使用大卯口小榫头，同时在卯口内灌入大量的胶，从而使得榫卯结合强度必须依靠胶的黏力维持，造成清代的家具质量有所下降。

传统家具榫卯发展的另一特点是构件尺寸由粗大到细小，连接的方向由单一转为多向拉结。明代中期之前，家具中的内胎使用软木的现象比较普遍，这是因为硬木比较稀缺昂贵，是为弥补硬木刚传入中国时资源不够充沛而采取的办法，而银杏、松木等软木材料在进行榫卯接合时具有天然的缺陷，质地疏松使其很难成为精细的部件，因此虽然夹头榫的盛行使得家具榫卯的连接具有多向性，但仍然属于较为粗糙的类型，这种情况直到明中期之后硬木家具流行才得到彻底的改观。例如明代家具最常使用的榫卯装配过程是，在接合的榫卯处预先凿方孔，待直角榫连接好之后，然后将楔钉榫贯穿插入，从而整个弧形构件连接得严丝合缝。如同一个整块的木料切割而成。

榫卯还有一个特点，就是榫卯不仅作为功能结构的连接，同时也是装饰结构的连接，这主要表现在明后期的家具中，例如各种形状的结构线条，如坡线、皮条线、花线、圆线和棱角结构的穿插咬合变化多端，制作非常精巧，变化多端。木条之间通过榫卯连接在一起，做成隔窗或透雕形式的装饰面或装饰带。随着明代之后家具的发展与成熟，功能结构的连接更加精致和美观，而装饰结构的发展也呈现一定的功能趋势，例如徽式脸盆架设计成使用隔窗或四面座位，脸盆架和肥皂盒都是木条做榫卯连接构成。霸王枨也是这种装饰与功能结构的结合的典型。在霸王枨还没有普及的时期，桌面与侧面牙板、足的连接还依靠角牙，霸王枨出现后，鞁形的枨一端固定面板下的穿带，并使用梢钉固定，另一端固定于腿足上，如此将桌面的沉重均匀分布于桌腿上，不仅大大地增加了桌子的稳定性和牢固性，而且整合了桌面和桌腿之间复杂的固定结构，使得这一部分更加整体美观。

三、建筑榫卯与家具榫卯的比较

建筑即放大的家具，家具即缩小的建筑，在任何时代和地区，家具与建筑都有非常密切的依存关系，即便在建筑与家具使用不同材料的欧洲也是如此，建筑的形制风格往往与家具的形制风格是一致的，而在中国更是如此。第一，这种依存关系体现在功能上，建筑是容纳人、供人们居住和生活的场所，而家具是供人使用的器物，家具存在于建筑之中，它们构成一个人活动的整体环境，共同为人们所使用。虽然中国古代对大小木作有严格的区分，记载大木作制度的典籍很少涉及小木作，反之亦然，但是在实际操作时又不能将二者完全区别开来，例如《营造法式》中的记述就以大木作为主，但是木装修虽属于小木作，却不能不在大木作制度中出现，而且，在很多的结构制作中都涉及对于榫卯制作的普遍性的要求，这些对于普遍性的榫卯的要求和榫卯的形态在家具的制作中其实也是适用的，建筑中最典型、最常用的榫卯，往往也常使用在家具中。第二，发展上的依存关系。在人们席地而坐的年代，由于家具是矮型的，建筑的相关结构就要适应这种家具的尺寸。当人们的起居习惯改为垂足而坐的时候，家具的尺寸也要随着人们的习惯而改变，而建筑的尺度也要随着家具的尺寸而改变。也就是说人的生活习惯对建筑所提出的要求是有密切联系的，人对居住环境的不断追求对建筑和家具提出越来越高的要求，建筑和家具榫卯的发展也不断对这些需求和结构变化予以回应，这种互动性发展不断推动家具和建筑中的榫卯的发展。由于木材组成实体的客观规律所限，家具的结构和建筑的结构最终都选择在构成框架的基础上进行建构，它们往往属于一种同构的关系，因此二者的榫卯接合无论力学特征还是审美特征都有很多的相通之处。第三，形态方面的依存关系，家具的风格往往跟随着建筑的风格的发展，因此装饰性的榫卯在建筑中的使用，也往往在家具中以不同的名称完成了同样的审美功能。例如建筑中的斗拱结构和霸王拳就是一个典型，建筑结构也同样能够在家具的营造中发现类似的对应物，以下专门介绍。传统建筑结构与家具结构相似之处大致如表2-1所示：

表2-1 传统建筑榫卯与家具榫卯相对应之处

传统建筑榫卯	传统家具榫卯
斗拱	栌料
绰幕枋	牙子
壶门	壶门(券口)
管脚榫	挖烟袋锅
檩条	承尘
柱础	特殊形态的桌椅腿
箍头榫	楔钉榫
顶梁	罗锅枨
卷杀	收分
梁柱鼓卯	抱肩榫
柱枋交接	格肩榫

(一)建筑与家具框架中榫卯的相关性

从形态上看，建筑中的墙壁是分割空间的重要构件，而家具中的面板同样具有分割作用，例如柜子的中格就可以将柜子分割为若干单元。例如传统的架子床和拔步床，这种床从外观看起来就像一个房间，特别是拔步床外层与围着的内层还有一个小走廊，是一种大户人家很正式的婚床，三面合围支撑顶板，它实际上就是一个由木料制作的小卧室与大床相连的卧具系统。因此，如SarahHandler所言，家具是微缩的建筑，建筑是放大了的家具。[①]建筑与家具在材料与结构方面的相似性，决定了它们所使用的榫卯也具有很大的相似性，结构的相似性首先体现在框架上。《木经》将建筑分为三个部分，最下一层是台阶，最上一层是屋顶，台阶之上与房梁之下是房屋的主体部分框架。整个框架是由榫卯接合的结构所组成的房屋的核心支撑体系，它建立于台阶之上用来支撑巨大的屋顶。由榫卯构成的梁柱系统在中国建筑中起到了承上启下的功能，达到了中国建筑墙倒屋不塌的效果，因为墙壁在中国建筑中只是起到一种空间分割的功能，并不具备承重效果，这和现代的框架结构的建筑是同一道理。在中国建筑中，柱的支撑功能非常重要，尤其是宫殿、庙宇等巨大建筑的柱子，若干柱子整齐排列，布局上上小下大且略向内倾斜，支撑着整个房屋。仅仅整齐排列的柱还不足以支撑巨大屋顶的出檐结构，这时候要在柱头上进行延伸，这样的榫卯组合结构叫作斗拱，它实际上增加了柱子的支撑面积，同时对整个房屋起到了一种象征性的装饰作用。由此可见，整栋建筑的核心部分就由榫卯构成的支撑和拉结关系所构建起来，形成一个非常精密的有机的整体。同样的结构关系，我们也可以在家具中一一找到，例如家具中的腿相当于建筑中的柱，家具中的木枨和面板的作用相当于建筑中的梁的功能。它们最终组成的也是上小下大的一种梯形稳定结构，框架之间有时加以面板，作为橱壁、柜门或座面，构成家具不同的具体功能。小木作中将家具这一建构过程称为“攒边打框装板”，这一系列的手法形象地总结了中国传统结构的建构程序。

（二）建筑与家具榫卯连接上的“收分”与“侧脚”原则

从家具构成的特点上来看，它与建筑同样遵守“收分”与“侧脚”的构成原则，所谓“侧脚”即柱头微微向内侧倾斜，“收分”则是柱身下大

①Sarah Handler，Ming Furniture in the Light of Chinese Architecture[M].Berkeley：Ten Speed Press，2014：122.

上小的趋势，侧脚和收分是中国木构建筑立柱营造上的一种典型的做法，这二者相结合可以使整栋建筑有一种下大上小向内倾斜的趋势，这种趋势可以增加建筑的稳定性，帮助建筑抵御地震或大风的袭击。同时，柱安装在柱础之上，柱础主要用来固定柱的位置避免柱向四周位移，这些构件的细小特点都是为了可以有效加强建筑的稳定性。以上所说的侧脚和收分在家具腿的构件中也可以发现类似特点。家具虽然不用像建筑一样的柱础，但是腿与腿之间用枨连接也固定其位置，同样可以起到避免位移的作用。家具腿也同样遵守“收分”与“侧脚”原则，这也是为了增加家具的稳固性。不同的是，家具还对榫卯构件提出更高的要求，那就是一般家具还具有拆卸功能，在制作家具时经常使用榫卯连接且插入木销，这样在家具构件损坏时只需取出木销，反方向拆开榫卯，即可对损坏的构件进行维修或更换。

(三)建筑与家具榫卯构件的相关性

建筑与家具材料结构的相关性决定了它和家具所使用的榫卯的相似性，以下以一些典型构件进行分析。

1.斗拱与栌料

斗拱是传统中建筑中的标志性榫卯组合结构，在它最初出现是为了起到支撑出檐部分的功能，在后来的历史发展中部分支撑功能逐渐消失而成为一种独特的装饰结构。在家具中也有类似的这样一种榫卯组合结构，叫作栌料。唐代最初的一种靠背椅，例如唐中期高元硅墓壁画的扶手椅中，扶手以栌料相承托的形式即借鉴了当时建筑结构的做法。其靠背的结构就借用了建筑斗拱的做法，在这种靠背椅的后腿上端做一对斗拱，其上承托着弓背形搭脑，同时这种靠背椅的四个角明显向内收分，可以很清晰地发现它受到建筑结构的影响。这种靠背椅所作的斗拱部分叫作栌料，实际上栌料一词也是建筑中的专有名词，它是指柱头与斗拱之间相连接的构件，后来也成为家具中的模仿斗拱的一个专门的构件。

2. 雀替与夹头榫

雀替在不同时代有不同的名称，宋代叫作托木。直到清代雀替一词才逐渐在建筑中传开，但也有的地区将这种构件叫作插角，因为它的主要功能就是将它安装在柱头与梁相交的位置用来固定柱与梁的方向。雀替分为两种，一种叫做大替，大替是放在柱头作为柱头与斗拱之间的一部分，另一种叫作通雀替，通雀替是穿插于柱子中的一种固定结构。在家具中也需要将家具腿与面板之间的方向进行固定，这种固定的构件与雀替非常相似，叫作夹头榫和插肩榫。这种结构的主要功能也和雀替一样是固定在腿足与顶部之间的形成的夹角内，使之不会向其他方向旋转。夹头榫和插肩榫之间的区别在于，夹头榫一般高出牙条表面，形似将牙条夹住，插肩榫则与牙条平齐，其外形类似于大雀替和通雀替。插肩榫和夹头榫的使用大大地增加了牙条与面板之间的连接面积，使得牙条所固定的桌腿和椅腿不会向其他方向旋转，从而增加了家具的牢固性。由于营造技术的发展，到了清代雀替在建筑中逐渐失去了当初的实用功能，而成为一种建筑的装饰物，但是夹头榫则在家具中依然承担着重要的固定腿的方向的功能。

3. 替木与牙子

建筑中的替木是置于斗拱上方托梁的一种短木，或者在檩与枋之间的一种构件，榫接二者的短木，有时也叫绰幕枋。考古发现最早的替木是在汉代的明器中，当时的替木仅是一种简单的长方体结构。到了魏晋南北朝时期，由于它放在斗拱的上方，因此它的两边出现收杀，其形态类似于斗拱中的一个构件，与斗拱形态相协调。到了宋代，建筑外檐上的替木演化成了罗汉枋，而清代替木构件逐渐消失，取而代之的是比大梁稍短的一种辅助榫接横梁，承接屋顶的重量。在家具中与建筑替木功能相对应的是角牙。这种结构一般放置于家具横材与竖材相交的角上，大部分用来榫接，有时也用钉固定横材与竖材的连接方向使之不会发生偏转。如根格牙子、云头牙子、悬鱼牙子、弓背牙子、云拱牙子、凤纹牙子、龙纹牙子、流苏牙子或各种花卉牙子等。牙子也同样起到了辅助的固定功能，牙子的形态很多，但不同的形态并不意味着有不同的功能，实际上将它做成不同的形态主要是装饰方面的考虑。牙子的典型用法是明代的一腿三牙结构，这种方桌四条腿中的任何一条都和三个牙子相接。三个牙子即两侧的两根长牙条和桌角的一块短角牙，故名谓一腿三牙。

4.棂格与围子

家具中床的围子和建筑中的棂格都是由木条榫接的格框型结构，但是现在已经很难判断哪个才是真正的源流。至少最早在明代时期就已经有了在大床使用方格形的床位。在建筑中双棂格的装饰方法与床围的棂格装饰使用几乎相同的榫卯接法。这些装饰手法主要包括云纹、山字纹、冰裂纹等，在家具上不仅常见，而且二者名称都相同。

5.月梁与罗锅枨

在传统建筑中月梁这一构件包括两个概念。一种是清式建筑卷棚顶的最上一层叫作月梁也叫顶梁，即形似新月的梁，在建筑中的梁有一种两边呈弧形中间向上拱的梁形似新月，因此得名月梁。无论是哪种梁，一般都由粗大结实的整木构成，且一般都是透榫插接或半榫放置于主要承重的柱子上，以承担屋顶的巨大重量。另一种月梁自汉代就已经有了，当时也叫虹梁，因为它形似彩虹。正是由于美观的外形和充满诗意的名称使得月梁也是建筑装饰的一个重要部位，大型建筑中的月梁经常在两面进行非常精美的雕饰，其内容无所不包，有天文星象、占卜卦象以及文字等，这种月梁结构到了明清时期的北方建筑中已经很少使用。但是江南的民居建筑中还继续使用这种结构，因为中国的南方天气炎热，殿堂基本上都做成“彻上明造”而不做天棚，这样一来美丽的月梁就暴露在建筑之外，形成一个非常好的装饰。而北方的建筑一般都造有顶棚，因此所用的梁到明清时期都是平直的梁。家具中与月梁相对应的结构是罗锅枨，但是功能有所不同，家具中的罗锅枨一般没有支撑上部重量的作用，而是用来固定腿的位置防止位移，因此木质相对建筑月梁不那么讲究。连接方式一般为透榫，也有少数暗榫，近代在家具维修时如果榫头断裂、卯口劈裂而没有及时更换的情况下，也有使用钉接的例子。它主要使用的桌椅腿的连接之中，其形状也同样是两头低中间高，既像新月又像罗锅，因此被称为罗锅枨，明清时期也因它形似桥梁叫作桥梁枨。

6. 侧角与挓

侧脚，《营造法式》解释为："凡立柱，并令柱首微收向内，柱脚微出向外，谓之侧脚"。[①]即为了使建筑更加稳固，形成一种所有的立柱全都向上、向中心部位倾斜的趋势，最终整个建筑的外形类似于梯形。高型家具一般也有稳定性方面的考虑，因此也使用这种上小下大的营造方式，这时候被称为挓。尤其是在桌椅柜台这些明显需要承重的部件上，挓的做法形成了一种惯例。凡家具正面有侧脚的被称为"跑马挓"，侧面有侧脚的被称为"骑马挓"，正、侧面都有侧脚的被称为"四腿八挓"。《鲁班经匠家镜》家具条款中多次提到"上梢"或"下梢"，指的就是侧脚。下梢即下端，上梢即上端。如第十六条"一字桌式"中有"下梢一寸五分"，意即足下端比上端放出一寸五分。第二十八条"衣橱样式"中有"其橱上梢一寸二分"[②]即指框腿一般要求使用"挓"，使用"挓"的柜子，视觉上有一种下大上小的感觉，给人视觉上的稳定感，且柜门由于重力作用可以自动关闭，非常科学。

7. 束腰与须弥座

须弥座本是佛教建筑中的一种独特构件，家具在引进须弥座形态之后又进行了进一步的创新，工匠们选取须弥座中间装饰最精美的部分，即束

①王世襄.明式家具珍赏[M].北京:文物出版社,2003:19.

②周浩明,蒋正清.从椅子的演变看中国古代家具设计发展的影响因素[J].江南大学学报(自然科学版),2002(4):398.

腰形态做成箱形结构形成坐卧具，也就是所谓的束腰家具，这种束腰家具自近代之后成为了一种非常流行的家具样式。除了坐卧具之外，束腰家具又发展出了一个产品族，束腰桌、束腰案、束腰盆架等。王世襄先生著文《家具名辞“束腰”和“托腮”小释》来说明佛教的须弥座对中国家具束腰的深刻影响，他对“托腮”名称是由“迭涩”而来也作了详细的证明，[①]明确了家具的束腰结构与须弥座从总体到细部上都密切关联。

除此之外还有一些建筑构件与家具构件相似的例子，例如矮老与建筑栏杆装饰性的基座，柜门、围子与建筑的窗根等部件在结构形式上都有相似性。

第三节　木装修中的榫卯

一、木装修的榫卯类型

木装修是指在建筑内部进行的精细修饰，主要指槛框、连楹类构件、坐凳、吊挂楣子类的制作与安装，木楼梯、栏杆、什锦窗的制作安装，门窗饰件以及匾额的制作与安装，传统共分为5类130个子目。它们在传统木作营造中之所以被划分为小木作，与它的手工匠作的特点是分不开的。大木作主要指建筑结构的营造，在营造过程中需要将安全放在首要位置，因此用料粗大、讲究力学的科学性，对一些细节的装饰部位并不过于注重精细处理，伊东忠太在论及中国建筑时，批评中国建筑构造粗糙。[②]这主要是针对建筑结构的中国传统大木作而言。中国工匠一直非常务实，大木作的首要要求并不是精细美观，而是安全性与实用性，因此自古以来，工

①王世襄.锦灰堆(第一卷)[M].北京:生活·读书·新知三联书店,2020:69—71.

②伊东忠太.中国建筑史[M].北京:中国画报出版社,2017:61.

匠们在大木作营造中针对榫卯的巧妙的力学功能、操作简便、节省材料和结构的象征性等方面予以较多关注，并不刻意追求外表的细节精致。小木作主要指精细部位的营造，需要精致美观，同时对安全性并没有过于苛刻的要求，因此它可以适当牺牲一部分构造性的结构来满足美观方面的需要，而建筑木装修的营造显然更符合后者的要求。建筑的木装修根据其位置与功能又分为外檐装修和内檐装修。外檐装修一般是建筑的附属结构，主要指用来防风雨寒暑、分隔室内外、通风采光、通行的构件，包括帘架、大门、桅子、支摘窗、屏风、隔扇、随墙门、栏杆、风门、槛窗、什锦窗等。内檐装修就是通常意义上的室内装修，包括格门、壁板、落地罩、碧纱橱、花罩、天花、几腿罩、栏杆罩、太师壁、炕罩（床罩）、博古架、护墙板、藻井等，这些需要使用榫卯技术。

中国古代建筑框架体系的特征决定其内部分割处理高度灵活，古代建筑装修实质上就是在给定的框架内作二次空间再造。木装修是榫卯使用最密集的地方，因为只有这样才能满足它非常独特的一个要求，就是所有的木装修构件都必须可以移动，例如说金柱下的木装修可以拆卸下来放在檐柱下使用。在装修部位大量使用榫卯连接，移动时只需拆解榫卯的连接结构，然后将构件移到需要之处再重新组装即可。虽然传统营造要求如此，但是在实际生活中，这种可移动的木装修似乎并没有太多移动的必要性，因此宋代之后的木装修基本固定于大木作上，但是榫卯连接的装修构件却保留了下来，榫卯因此在木装修中占有非常重要的位置。

二、木装修的榫卯发展及特点

木装修中的榫卯快速发展比建筑和家具都要晚得多。唐宋之前虽然建筑内部也需要装修，但是以幔帐装修为主。所谓幔帐装修，即以织物作为分割室内空间的主要材料，汉《释名·释床帐》说：“帷，围也，所以自障围也；幔，漫也，满满相连缀之言也；帐，张也，张弛于床上也；承尘，施于上承尘土也。”[①]《说文》认为：在旁曰帷，在上曰幕；幔，幕也；帱，禅帐也。[②]可见，上帷主要布置在四周，与上承尘土的幕相配合，在当时主要是分割较大室内空间的织物，帐是限定较小空间的织物。因为那时期的装修材料以织物为主，除了挂织物的杆之外，一般不需要榫卯固定。唐宋时期起居发生了重大变化，木材逐渐代替织物作为装修的主要材料，于是木装修的形式基本由幔帐装修演变而来，例如小木装修的板障类就是帷的演化，天花类就是幔的演化，而神厨、佛龛等构件实际充当了帐的作用。《营造法式》中提及的九脊帐、牙脚帐、佛道帐、截间版帐、壁帐等，都与帐幔有着很强的渊源关系。

除了帐幔之外，唐代之前的木建筑装修中的一些构件也离不开木，例如门窗类就必须使用木材，因此木装修榫卯作为小木作构件在唐代之前并非不存在，只是形式比较单一、做工比较简单。考古发现，至少汉代的门窗就已经是榫卯构成的了，当时的门窗榫卯只是简单模仿大木作的透榫为主，相对比较程式化，门窗装修的门分为单扇门和双扇门，窗一般是直棱窗，这些从汉代出土的陶屋、陶楼以及汉画像中就清楚地表现出来。这种做法一直延续到唐代之前都没有大的变化，山西五台山唐佛光寺大殿的门窗装修就是这一形式。《洛阳伽兰记》记载北魏平熙元年（516年），在洛阳建造的水宁寺方形木塔，“浮图有四面，面有三户六窗，户皆朱漆。扉上各有五行金钉，合有五千四百枚。复有金环铺首，殚土木之功，穷造形之巧，佛事精妙，不可思议。”[③]。

唐代以后的木装修榫卯有了显著的发展，进步最大的是隔扇中的复杂榫卯。隔扇又称格扇或格子门，《营造法式》卷七格子门项内有记载：“每间分作四扇（如梢间狭促者只分作二扇），如檐额及梁栿下用者或分作六扇造，用双腰串（或单腰串造）。”[④]《营造法式》中特别提到将隔扇按抹

①(汉)刘熙.释名[M].北京:中华书局,2016:86.

②(汉)许慎.说文解字[M].北京:中华书局.1963:159.

③[南北朝]杨炫.洛阳伽蓝记(卷一)[M].北京:中华书局,2012:2.

④李诫.营造法式[M].重庆:重庆出版社,2018:178.

头数量分为“双腰串”和“单腰串”。“双腰串”即四抹隔扇，“单腰串”即三抹隔扇。不仅构造相对复杂，隔扇还有复杂的扇心纹样，这些都是细木条暗榫构成的，非常精致。《营造法式》中只提及隔扇的扇心纹样有“四斜球纹格眼”“四直方格眼”等寥寥数种。实际上当时的建筑中隔扇扇心纹样要比《营造法式》记载的丰富得多。

宋代之后木装修榫卯的进一步发展依然显著体现在窗的制作上，元代门窗以陂子棂窗和板棂窗为主，同时格门和槛窗组合在一起称为横陂窗，也成为这一时期门窗样式的一个显著特征。窗心棂花在这一时期也有更加丰富的造型，达六七种之多，并在一幢建筑中交错使用，而这一切都以半榫、暗榫、企口榫的连接为主，这说明木装修在这一时期已将审美摆在非常重要的位置。

明代的木装修榫卯受家具影响也同样达到了炉火纯青的地步。由于软硬木相结合，明代木装修榫卯形式非常精美，结合也十分细致。到了清代，建筑的木窗装修榫卯在官式建筑与民间建筑之间形成了巨大的反差，官式建筑内部装修榫卯，由于清工部《工程做法》的约束而显得越发程式化。相比而言，民居建筑的木装修榫卯使用往往更加灵活，也有许多有趣的创新形式，同时，域外文化也对清代民宅的装修起到了非常大的影响，尤其是在清代末期一些江南大户人家出现了西欧的拱券等域外风格的装修形式，其榫卯连接也大量与钉、胶连接灵活地结合使用，一些木装修榫卯也逐渐用在家具之中。内檐装修中门窗格子心、阁花罩等攒斗工艺技术尤其引人注目，所谓攒，即通过榫卯的方式将小木料拼接成大的几何镂空图案，而斗则是将大木料锼镂成小木料再簇合成花纹。门窗中的格子心包括“盘肠”“角菱花”“冰裂纹”“正搭斜交”“步步锦”“灯笼框”“六方菱花”等纹样。其中，最为基本的纹样是“步步锦”，它的制作技法与其他榫卯接合例如栏杆、床围子也极为相近。这种用榫卯拼成的图案既有镂空图案的精致，也有比镂空图案更加牢固的特点。

现代家具在市场竞争中也取得了很大成就，在家具市场流行三无质量这个词语，按照工匠的解释，三无是无白皮、无拼补、无假料。但是三无并不是受国家保护法律认可的，而是行业内部的一个规则，国家认为的三无是无售后、无保障、无任何后期的问题承担的。但这至少说明工匠和家具生产厂商们在对古代家具质量深刻认识的基础上，有了更新的总结和探索，然而针对榫卯而言，尽管现代加工机械很大程度上解放了人工制作，榫卯的创新和传承至今还并没有达到令人满意的效果。

三、典型木装修构件中的榫卯分析

唐宋以后，室内木装修越来越精致复杂，其中所用到的榫卯单件与榫卯组合也相应灵活多样，下面以典型装修构件为例进行分析。

(一)槛框相关构件的榫卯

隔扇、槛窗中包含有许多小构件，例如隔心、边框、裙板和绦环板等，其中边框又称槛框，槛框在中国古代建筑安装门窗时，是这一种常见的框架构件，在木质建筑的门窗安装中必不可少。直到现代，室内木门矩形的框架也是由槛框发展而来的。槛框一般呈一种矩形木框，水平部分称为槛，垂直部分称为框。槛又分为上、下、中槛，下槛由于紧贴地面固定着大门和隔扇，尤为重要。它和抹头的榫卯一般以大割角或合角肩方式接合，边挺上凿卯眼，抹头做榫头。门、窗自重比较大时，槛和抹头之间需双榫双卯。《清式则例》规定："凡下槛以面阔定长，如面阔一丈，即长一丈，内除檐柱径一份，外加两头入榫分位，各按柱径四分之一，以檐柱径十分之八定高。如柱径一尺，得高八寸，以本身之高减半定厚，得厚四寸。如金里安装，照金柱径尺寸定高、厚。"①这个尺寸实际上只是提供一个比例关系作为参考，不可能固定不变，而要根据实际尺寸调整。直材的交叉接合要用交口榫，如机凳上的十字枨、床围子攒接、十字绦环等图

①王璞子.工程做法注释[M].北京:中国建筑工业出版社,1995:73.

案。[1]门窗常见的框合角中有一种合面敲交角形式，也是用交口榫达到十字相交的目的。[2]上槛是紧贴檐枋（或金枋）下皮安装的横槛，《清式则例》规定下槛的长度与厚度与上槛一样，高度为下槛的1/2~4/5。中槛位于上、下槛之间的偏上处，它的上半部分配合上槛安装横陂或走马板，下半部分配合下槛安装大门或隔扇，它的长度、厚度与上、下槛相同。门框与中、下槛之间使用半榫，短抱框和上、中槛用溜销进行上起下落式的安装。框分为两层，外层紧贴柱的叫抱框，内层装于槛之间的短抱框。它与柱之间的连接榫卯是木销，木销栽做于木柱上，抱框的相应部位凿卯眼，每根抱框用2到3个木销即可固定。抱框安装之前还要进行岔活。所谓岔活就是将抱框按进深和面宽两个方向用墨线吊线，目的是将抱框与柱或槛紧紧贴实不留缝隙。当大门居中安装时，还需榫接两根门框，框的厚度与槛尺寸相同，长度为槛之间的距离，采用上、下榫分别透插入槛。门框与抱框之间为避免变形还需使用半榫或企口榫连接一根腰枋，它们之间企口榫接的木板称作余塞板。此外民居建筑往往还有间框，这是两樘窗子之间的分隔框。门窗需要能够水平转动，因此门轴及门轴套碗必不可少，这是一种特殊的、可沿轴旋转一定角度的榫卯组合构件，也称连楹，连楹是中槛里皮上楔钉榫或直榫连接的横木，与中槛等长，外加榫头，宽度为中槛的2/3，厚度是其1/2。当大门（如实榻门、棋盘门等）安装在连楹上的时候，中槛与连楹的锁合构件门簪是非常重要的，门簪实际上就是一个独立的方形长榫，具有一定装饰功能，上面常雕刻四季花草或四季平安等吉祥图案字样。当槛框部位做门时，由于门簪本身就是由榫卯构件，因此中槛与连楹之间无需其他的连接。槛框部位做窗时，中槛与连楹用暗榫接合。为了配合连楹的门轴功能，下槛内侧有时也有单槛或连二槛等构件，其上凿出门窗的枢纽卯，也称为轴碗。由于大门一般较重，用于大门下槛的楹子多为石制品，称为门枕石，门枕石上的枢纽一般为铸铁制品。

---

①王世襄.明代家具研究[M].北京:生活·读书·新知三联书店,2019:238.

②过汉泉.古建筑木工[M].北京:中国建筑工业出版社,2004:49.

槛框的制作质量直接影响着门窗的安装，门窗本身的开合功能也要求这部分的工艺更加精密，因此这些榫卯构造的精密程度要求相对较高。为了精确制作槛框构件及其榫卯，需要在装修前实测各门各间尺寸。尽管大木作营造时有的间尺寸是相同的，但装修前还需重新测量，以避免微小误差带来的损失。测量实际精确尺寸之后，所有槛框的榫卯在制作时只完成一端的榫头，另一端榫头只锯解不断肩，待一端实际安装好之后视实际误差情况进行断肩，以确保安装的榫卯严丝合缝。横槛位于两柱之间的横向构件，做不露头直榫插入柱内。由于安装横槛之前大木作已经施工完毕，柱子的位置已经完全固定，因此横槛的不露头直榫必须采用倒退榫的接合方法。首先横槛两端的榫头做得不一样长，依照两端榫头的长度在柱身凿同样深的卯眼。安装时，先将长榫插入柱身，再向短榫相反的方向拽拉，利用木材的弹性将短榫头对着卯眼插入，然后长榫头一端打入木销塞实卯眼，横槛榫卯安装到位。然而，当大门的槛框有门枕石的时候，下槛由于两边的被石材卡死失去弹性，无法使用倒退榫安装，此时只能采用上起下落的方法。下槛的长度需根据两柱间的净距离减去下槛抱肩的尺寸，然后在下槛两头栽溜销榫，用上起下落的方法将下槛置于柱间，再用抱肩榫进一步固定。这种结构不仅在槛框上使用，在一些传统卧具中也能见到，架子床腿料的榫卯结构采用的就是一个挂销式抱肩榫的结构，由于架子床的体量较大，需要做活拆结构，所以在腿足上面就制作挂销，牙板从上向下平行地和腿足进行连接，对牙板能有一个勾挂力和承托力，挂销上面出两个榫头，横、纵两个方向，它的作用是和牙板上面的牙条进行勾挂，对牙条能有一个卡扣和勾挂力。腿料顶端直接支撑到大边以下，对大边四角有一个直接的支撑力。同样，也是出双榫头横纵两个方向穿插到大边以下，相对长短两个边料还有一个抱角作用。但是由于架子床是高束腰结构，所以现代仿制时，很多厂家为了降低成本，在牙板以上的双榫和柱端长短榫就去省略不做，导致二者外观相同，但牢固度相差甚远。

(二)花罩、碧纱橱中的榫卯

花罩和碧纱橱主要在建筑中起到分割空间的作用，装饰功能突出，因此它的技术性与艺术性都要求较高，是室内装修非常重要的部分。花罩的种类十分丰富，有几腿罩、落地罩、栏杆罩、炕罩、圆光罩、八角罩等。大部分的花罩都安装于室内的进深方向，将室内分割为明、次、稍各间。建筑室内空间一般可以根据使用情况变换，因此花罩和碧纱橱的榫卯特别讲究可拆装的功能。花罩的种类很多，不同造型的花罩做法不尽相同，但总体来说，它们的边框做法延续了槛框的做法，使用不露头的直榫做倒退榫的安装处理。不适合用倒退榫接的部位就使用挂销和溜销。花罩心一般采用上乘木料雕花，周围留出仔边，仔边上做头缝榫或裁销与边框连接。整扇花罩安装于槛框中也由销子榫连接。花罩横边栽销，挂空槛相应位置做卯眼，立边下端安装经过装饰的木销子穿透其中，这样花罩就牢牢固定于槛框上。花罩雕花纹样繁多，具有很高的艺术欣赏价值，而且它安装于框上也是凭借销子榫，因此拆除时只需拔掉销子，整个花罩即可拆解成若干单独构件，可以随意调换位置使用。花罩中最复杂的有一种栏杆罩，它虽然也使用销子榫连接，但不用倒退榫的安装方法，而使用上起下落法。碧纱橱的做法也基本延续隔扇的榫卯做法大量使用木销进行安装。

第四节　小木作榫卯的具体分类

承载能力和抗变形能力是榫卯在家具中承力功能的主要表现形式。承载能力主要体现在家具结构受力和传递受力方面。抗变形能力主要指的是家具结构的稳定性，这种稳定性对家具构件有一定的约束作用。我国的家具主要是以间架的形式来构建的，即以具有支撑作用的纵横线材为主骨架，以较薄的装板作为空间的分割，通过榫头与卯口之间的结合，组成一个功能性的器物。在其中，作用在家具上的各种结构自身的力以及外部施加的力需要通过榫卯这些关键点向下传递。其中各个构件之间的互相支撑与互相的力的转换是非常重要的。而榫卯则在这些构件间的协调和稳定中发挥着重要的作用。

所有的家具首先必须解决一种纵向的结构传力需求，因为它需要有可以平稳放置、支撑和承接的功能，这也就要求家具中的结构需要将自身的荷载通过一定的榫卯关节传递到地面。例如，当插肩榫连接面板和腿足的构件关节点时，它需要将面板和面板上承受的外力通过平行与垂直构件分散到腿足上部的周围，实现多向固定后，再把重力集中垂直向下，延伸至地面。这是一种典型的通过结构将构件的荷载，由榫卯巧妙地组织分散与集中的例子。夹头榫也是这样，它通过露出与牙头和牙条表面，并从腿足的顶端伸出来的榫头，与案板之下所开的卯口相接。同时，腿足榫头与牙条、牙头相结合的部位还需要开槽口进一步与案板相固定。这样的构造，使得面板的整体荷载均匀地通过牙子构件向案板之下的四周均匀分散。然后再通过腿足将这些来自上部的荷载集中起来延伸至地面。在现代设计中，这种构造也时常出现在家具的面板中，只是在现代家具中的夹头榫与传统的夹头榫有些微妙的不同，为了美观，它减小了腿足上端的槽口长度，留有牙条并将牙头略去，这样可以使桌子显得更加简洁，但它们对于家具整体荷载的分散与集中的原理是相通的。当然这样省去牙头不做会使得桌子的牢固性有所降低，所以现代家具中，牙条两侧的距离一般来说要比传统的牙条之间的距离要小。此外，在家具中一般被认为是装饰构件的榫卯也同样承担着一些重要的承力功能，例如作为装饰的牙子、霸王撑、托泥等等，它们分别从横向或竖向、斜向等不同部位来为腿足分散荷载，也就是说，在传统家具榫卯中，实际上没有完全多余的构件，即便这个榫卯构件有很强的装饰性，它也在一定程度上发挥着一些承力的作用。

榫卯不仅在纵向上组织家具构件，更有效地承接荷载，在横向上也可以约束家具构件使之不容易变形。在家具中，构件的转角处是最容易受到破坏的部位，而且直角或水平在连接处更容易弯曲变形。因此，榫卯很多构件成45°角企口结合，这样就把直角或水平的结合处变为若干锐角，从而有效地约束了家具横材部位的抗弯强度。这样的榫卯如丁字结合的格肩榫、攒边打槽做法等，它们大量地使用企口相接。除此之外，榫卯还常用嵌板和穿带进一步约束大面积的板材，正是通过各种榫卯结合使得构件之间的接触面大大增加，从而优化了家具的整体结构。

从家具榫卯的构件形态上看，还可以分为线性接合、平板接合以及三维接合几种。

一、线性接合

传统木作器物本身就是一种线性接合的结构，这形成了框架或间架的概念，也和中国的书法艺术中的线性审美有异曲同工之妙。线性接合是木器结构的本质特征，也是种类最多、最能体现传统木器木作器物美学韵律的方式。从形态上看，线性接合可以分为三大类：转折接合、T型接合与交叉接合。

（一）转折接合

转折接合是指线性材料在二维平面上改变方向的拼合。当线性材料改变方向时，可以突然转折，并形成一定的角度，通常以90°、60°和45°最为普遍，也可以采取渐进的方式改变，形成一个弧形或圆形。具体采用哪种方式，需要依据木器的具体情况而定。当两根线性木材采用90°转角接合的方式时，比较常见的榫卯是格角闷榫和烟袋窝，两者形成的转角，一个是标准90°的直角，一个是90°的弧面直角。格角闷榫是传统榫卯中非常经典的一例，又分为单闷榫和双闷榫，主要区别是在45°斜切部位使用单榫头还是双榫头进行插接。当构件材分较小时，一般用单榫头，材分较大使用双榫头，而双榫头所对应的还有单卯眼和双卯眼两种。无论卯眼有几个，双榫头的固定不仅在纵向上对构件的位移进行了很好的限制，还有效防止构件的转动，优于单闷榫。当然，当构件本身比较单薄且不受太大外力作用的情况下，单闷榫还是更为实际的选择。烟袋窝因外形像旱烟袋的烟斗而得名，烟袋窝的接合处一般是直角单榫头，垂直的接合处一般与家具腿足相接。除了这两种常用榫之外，楔钉榫也常在转角部位使用。但它们更多出现在带有较大弧度的转角接合之中，一般以弧度的弦径平均分割成若干断面，然后将一头大一头小的片状独立榫插在分割的断面之间，锁定被弯曲的形状。

(二)T形接合

T形接合不仅在传统器物中经常使用，现代产品设计中也经常需要用到，参与T形接合有时有专门形态的构件，有时则没有，只是把需要连接的构件做成符合榫卯原则的样式进行连接即可。也就是说，T型榫卯接合中，有时有专门的榫卯结构，而有时是没有专门的榫卯结构的。平肩榫是T形接合的重要构件，也是一种最基本的榫卯形式，其他使用T型接合的构件大多都从它演化而来。平肩榫是一种半榫，将横材凿空，竖材相应位置留出榫头相插接即可，如果做成透榫，就成了另一种接合——交叉接合。形式简单的平肩榫虽然连接了横材与竖材，但长久使用很容易松动，毕竟榫头过于简单，很难从多个方向限制构件的位移，因此发展出了更加复杂的结构——格肩榫，又叫撺尖入卯。格肩榫的虚榫的制作又叫格肩带夹皮，这个结构一般会出现在两个方形木料丁字结合相交之处，出榫头的木料露出一个45°格肩，和出榫眼的木料相交。为了使出榫眼的木料能有一个更强的牢固度，所以加入夹皮。有夹皮的榫眼木料它的连接点会更多，稳固性就会更好。但是在制作时机械都是按照旋转轨迹做工的，所以无法用刀具一次成型，需要利用一种特殊的靠尺反复做工，开45°的尖槽，但是最尖角部位由于机械旋转做工轨迹是圆形的，所以后期还需要进行手工的裁切。所以这种带夹皮的格肩榫在制作时是比较费工费时的，但是整体的稳固度牢固度明显高于直榫结构。一般就制作手法说，格肩榫分为大格肩和小格肩两种，从外部形态看，很像四个相对的企口交接，主要变化是在平肩榫的基础上增加了两个外部的固定结构，以双榫的形式增加构件的方向限制，格肩榫又分为虚格肩和实格肩，这是为了区别肩和榫头之间的连接状态而设定的。当圆形构件相互接合时，还会出现一种工匠们常说的“圆包圆”的结构，这是一种上下两个半榫穿透的接合，一般内部也是双榫，因为圆形构件相接时更容易滚动。

（三）交叉接合

交叉接合有两个线性构件垂直接合，也有三根线材按照一定角度接合，交叉的角度不同，榫卯的形态也不同。当两根线材成90°交叉时，两个构件中部切掉一半即可相扣。当三根线材相交叉时，三个构件中部各在上、中、下做卯孔，构件剩下的三分之一扣合在一起。

（四）嵌插接合

嵌插接合一般用在两个构件需要连接，但是这两个构件都没有条件做成榫卯常用形态的情况下，这时候，需要另取木料做嵌榫，也就是说，它同木销一样是一种独立榫，但是形态比木销要复杂一些，具备简单插入固定之外的拉结功能。嵌榫中最常见的是银锭榫结构和燕尾榫结构，更具装饰性的有“X”字形榫和“一”字形榫。①

二、平板接合

当板材宽度和长度不足的情况下，平板接合可以起到对原材料补长的作用。从建筑和家具实例上看，所有的平板接合虽然目的都在于将小木板

---

①金秀，郝景新，吴新凤，等.实木家具的拆装式结构实现路径探究[J].林产工业，2020,57(1):54-57.

接成大木板，但根据板材的用途、质地和厚薄不同，它们的制作手法略有区别，主要分为四种类型：薄板接合，攒边打槽装板，厚板接合以及厚板接合加抹头。

(一)薄板接合

薄板接合的榫卯一般也有两种方式，一种是企口榫，另一种是直榫榫舌与浅卯口的拼接方式，这两种榫卯接合方式都既有效又美观，直到现代也很难被替代。例如墙的脚线拼接绝大多数使用企口式，而如今的实木和仿木地板的拼接普遍使用浅卯口的直拼。除此之外，薄板材接合也可以使用燕尾榫，燕尾榫的好处是它不仅可以像直榫一样纵向穿过板材，它的特殊形状还可以从横向约束板材的移动方向。但是对于薄板来说，燕尾榫的形态又过于复杂，使用燕尾榫的薄板十分容易在它复杂的穿插力作用下变形弯曲，因此还需要加上穿带。这是一种梯形截面的长木条，一头窄一头宽的形态使它抵住木板的一面，从而有效防止薄板变形。以上这些结构若再辅以木框，可以进一步整合整块木板拼装的零件，使拼装后的木板融为一体，也就成为传统的攒边打槽装板。

(二)攒边打槽装板

攒边打槽装板技术使得木作中板材的质量大幅提升，因为木材的干缩湿涨在水平面的表现最为突出。如果没有边框的整合，无论燕尾榫还是直榫都无法保证板材的经久耐用。而边框与板材之间会留有一定间隙，可以很好地控制木材涨缩带来的脱榫可能性。不仅如此，边框的厚度不一定和板材的厚度一致，也就是说，通过攒边，薄板一定程度上可当作厚板使用，而有时厚板也可被调整得略薄一些，这样板材的适应性也一定程度上得到了增强。

（三）厚板接合与厚板接合加抹头

厚板的拼合除了像薄板一样采用攒边打槽装板之外还有其他方法。例如平口拼接，嵌直榫拼接，嵌银锭榫拼接，抹头凿透眼格角拍合，翘抹连做等等，除了翘翘抹连做不露榫头之外，其余几种的榫头都会露于表面，而且在接合处需要对截面做专门的平直处理。

以上板材接合，从工艺角度更常被综合在一起使用，综合在一起时又可分为直角板材接合和板材斜接。

（四）直角板材接合

直角板材接合是指两块板材之间呈90°角相接，一般使用一排整齐的燕尾榫和直榫，榫头的整齐排列这时候经常会作为一组装饰外露于家具转角的显眼处，显得十分美观。直角板材接合也可以不露榫头，需要采用闷榫按45°角相接，如果接合得好，宛如一块整木刻出来一样，这种做法需要非常高的技艺，一旦虚榫过多，就会极大影响板材的接合强度。在古代一般技艺非常高超的匠工才去做这种拼接，而现代木工中已经几乎不用，因为这种闷榫并不能反映榫卯的形态美，且已经可以被现代金属接口件所代替，人们不需要再做这种费时费力且难以保证质量的木构件。

（五）板材斜接合

中国传统木器主要由线性材料构成，所谓板材斜接，指的是由板材参与其中的接合，或者说线性材料与面板的接合。板材接合的榫卯构件中，在面板之下的各种线性材料的合理控制和均衡是最重要的。传统抱肩榫表现得非常合理，抱肩榫首先在侧面牙板开上大下小的榫槽，通过腿足构件上端企口面安装三角形或楔形木销，而牙板挂在腿足上时。其榫槽与腿足上端的企口形斜榫相扣合，牙舌嵌入三角槽口之内，这样很好地将面板与牙条、腿足等线性材料整合在一起。

三、三维接合

三维接合一般是由线性材料或面板材料相互穿插形成的具有空间效果的构件。显然这要比单纯线性的接合更加复杂，可以分为垂直向接合、线性材料衔接、线面材料斜接这几大类。

(一)垂直向接合

垂直向接合是指线性材料与线性材料、线性材料与面板材料、面板材料与面板材料之间相互垂直所构成的三维空间。这种接合一般使用夹头榫和插肩榫。与夹头榫相配合在家具中使用的还有牙头和牙条，它们相互配合固定了桌几类家具面板与腿足之间的垂直向接合。插肩榫与夹头榫在外形上没有明显的不同，有时也有牙头、牙条的配合，倾斜的榫肩切入腿足构件，在重力的作用下有越用越牢固的特点。

(二)线性材料斜接

所谓斜接是指线性构件的接口处按一定角度接合，但构件与构件整体可能是垂直的。因为垂直的构件按一定角度的方向相接，这样才能为合成一个稳固的三维空间。例如粽角榫就是这样结合的典型，两根不同方向的横材和一根竖材呈45°角企口衔接，在三维空间中形成两两相互垂直的状态，所以也被称为三碰肩。粽角榫是家具转角的重要结构，随着技艺的发展，它逐渐衍生了多种做法，如带板粽角榫、双粽角榫、单粽角榫等等，分别使用在不同的家具结构之中。

(三)搭接

搭接也是一种三维接合。搭接结构常用在杌凳的十字枨、床帷子攒接万字、花几上的冰裂纹等图案上。[①]所谓搭接，即是将两线性或板材构件相互交叉叠合，中间没有插接关系，完全靠适当的角度和构件之间的钉、胶构成一个稳定的构架。2008年世博会的中国馆，所采用的榫卯意象就类似于搭接。在传统家具制作中，搭接还经常和斜接配合使用，也就是说，一个构件上既开榫槽又露榫头，而另一构件上的榫梢、榫头则与之对应，这样二者结合在一起就更加稳定，搭接的种类又分为单向搭接或十字搭接两种。

四、典型的家具榫卯制作与安装举例[②]

（一）传统床榻类家具的典型榫卯构件制作及安装

1.罗汉床床腿的榫卯构件

罗汉床腿料顶端柱端长短榫的制作，所谓的柱端长端榫就是在腿料的顶端出一个横纵两个方向的榫头。它的作用是加大到长边与短边之中，对长短边料能有一个凹角力，同时大边的榫眼也能对腿足有一个勾挂力相互束缚，同时有柱端长短榫的家具的腿料是直接支撑到大边的底面。对家具的支撑也会更加的直接和牢固。当然在制作主段长短榫时，首先榫头和柱端需要有一定的长度，在制作时要费料一些。当然两个榫头是直角布局的，所以在两个榫头之间夹角内部的木料就需要利用铣床或手工一点一点地挖下去，是比较耗费材料和工艺成本的。

2.罗汉床底座的榫卯构件及组装

先将座板的榫头穿插到大边的榫槽之中，让大边得以卡扣住面板，然

①黄婷，顾颜婷，颜敏，等.现代可拆装家具连接件的设计与应用研究[J].家具与室内装饰，2019(5)：41-43.

②本节内容由传统风格家具厂的技术人员口述和实践操作资料整理而成。

后再把桌面下安装好的穿带，依次敲打至边料的侧面之中，再把另一根大边和穿带依次入榫组装。同时板料的榫头也要和边料的榫头进行扣合，然后再把抹头也叫短边和长边的榫头进行组合组装。座面下的穿带是和坐板垂直纹理方向的，这样的穿带能对坐板有一个很好的承托力。而大边和抹头又是垂直方向。由于木料会收缩，水分膨胀变形，特别是坐面的膨胀率是较高的，所以长边纹理方向是和座面相同，且出榫头，而短边出榫眼，如果坐板吸收一定的空气水分，想要膨胀变形时，由于长边是平行出榫头的，而短边的榫眼榫壁就能卡扣住长边，能对整体的座面起到一个非常强而有力的卡扣作用。

3. 罗汉床穿带的榫卯结构

罗汉床穿带的制作。罗汉床作为坐具类家具，穿带的尺寸一般都是要比较大的，因为想让它具备一个更好的承托力。同时在制作时为了能有一个更好的榫卯支撑力，一般都是做带包边的。上面部分是一个榫头，中间留有一个空隙，下面是一个包裹过来的榫头，也叫带夹皮。最上面的榫头是要穿插到边料内部的，中间的空隙就是为了夹合下面的边料。

4. 罗汉床的丝网结构制作

罗汉床至关重要的丝网结构，腿料顶端的终端长短榫长短榫的制作，首先要在腿料顶端横纵两个方向出两个榫头，然后再需要把两个榫头之间的夹角木块裁切下去。这样做的目的第一是让腿料对左边的支撑力会更加的直接。第二腿料顶端的双榫头会在不同的方向穿插到长短两个边料以上，既让边料拉拽着腿足，同时腿料又对大边有一个横向的抱角。互相作用力是非常科学的。但是这样做也是非常复杂的。有个别工匠为了降低成本，在腿料顶端指出单榫头会节约一定的工艺成本，甚至干脆将榫头及束腰遮盖部位直接断掉，不进行制作，又能节约木料厂的同一个部件，不同的做法，成本及牢固度差距巨大。

5. 罗汉床帷板顶端抹头的榫卯结构

帷板的顶端出一个通体的燕尾榫头，抹头部分出一个通体的燕尾榫槽，将抹头的榫槽和尾板的榫头平行地穿插结合。这样的做法，当帷板受空气湿度的影响收缩变形时，由于抹头只有上端的方头，下面可以有收缩余量，就不会像双面有45°格角的抹头那样会把帷板张开。当然，两种做法的抹头的目的都是相通的，第一个作用就是让帷板顶端的断截面不外露，避免长时间使用断截面会出现崩塌的情况下。第二个作用就是利用木材的纹理，将抹头帷板垂直状态咬合的两个部件的纹理方向不同，抹头就会对帷板能有一个束缚作用，避免帷板由于脚部过厚长时间使用出现凹陷变形的情况。另外，三帷独板罗汉床的帷板顶端斜向窝角的制作也很典型。罗汉床的底座是鼓腿膨牙制的，传统经典鼓腿罗汉床的扶手顶端一定是斜向窝角。一是和腿足有一个更好的呼应，二是有一个更好的手持把握感。

6. 架子床双榫眼的局部制作

双榫眼的制作，这个榫眼是月洞门架子床边料上面的榫卯结构，是用来和架子床的床柱进行连接组合的。这个双榫眼是横纵两个方向，且中间利用间隔来和床的床柱进行结合胶带。而双榫眼的作用是为了对床柱能有一个更好的抱角力和夹合力。同时双榫眼它的摩擦力会更强，榫卯也就会更加的严谨和牢固。然而床柱的双榫头在制作时，由于两个榫头中的夹角之处是有一个裁切死角的，是无法用机械直接裁切的，需要人工去手工剔制，将夹角中的木块全部剔割下去。这样在制作时肯定就会更加消耗工时。耗时导致家具成本的增高，但是能获得的是一个更好的榫卯咬合力和牢固度。

7. 架子床的整体榫卯组装

架子床的牙板和腿足腿料采用的是挂销榫结构和牙板进行连接，这样组合之后，对牙板是有一定的勾挂力的。然后腿料的顶端出双榫头，横纵两个方向，同时在大边的底面也要出双榫眼，以及在边料的下面要出一个通体的槽口和座面下牙板上的通体榫头进行带胶连接。这样组合之后，腿料顶端的双榫头对长短两个边料也有一个抱角作用。同时大边对腿料也有一个勾挂力，桌面上面的围子和立柱均采用走马销结构。首先将帷子的榫头穿插到床柱的榫眼之中，向下垂打压紧走马销结构。同时床柱的下面也是双榫头穿插到桌面的榫叶之中。这里床柱的榫头也是和腿料顶端相同，横纵两个方向，这种结构相对都是要更加的牢固。然后将背面两侧及前面的帷子进行依次组装连接，然后再把床顶下面的挂牢也是以相同的燕尾榫走马销的形式，将后面两侧前面的挂牢进行组合连接，最后把架子床的床顶花格安装到床的顶端，这样一个架子床的整体组装就组合好了。

8. 床榻的榫卯结构及组装整体过程

首先这是一个三弯腿腿料，顶端柱端长端榫结构，然后下面部分采用的是一个横入式的榫眼。同样牙板部分也是要采用一个横入式的榫头，长短牙板都分别要平行地穿插到腿足之中。这样底座的雏形就基本组合完成了，然后把上下出榫头的木料安装到牙板上面的槽口之内，再把之前组装好的座面和腿料及束腰上面的榫头进行组装。这里束腰和榫头一定要对齐，最后把小穿带穿插到牙板内部。小穿带的作用是非常大的，是为了束缚边料和牙板，利用这一个小的部件，将两个木料牢牢地卡扣到一起，稳固至极。

9. 小穿带的制作

小穿带的作用很大，是使用在沙发、罗汉床、大床这类四腿着地的家具牙板内部的一个构件。这个构件的作用是用来连接牙板和大边的，让两个构件达到一个相互的咬合力和束缚力，达到一个更高的稳定性。但是这个构件虽小，在制作时还是比较复杂的。背面要出现为榫头侧面还需要找两个平面，顶端还要出一个方直的小的榫头，用来把牙板和大边咬合到一起。看似很小，而且在家具内部的一个构件，它的作用是非常大的。但是在制作时是比较费事的，所以会有工匠把这个部件省略不做或简易去做。

(二)传统椅类家具的典型榫卯构件制作及安装

1.四出头官帽椅的榫卯构件以及组装

四出头官帽椅中，后腿结构是采用卡口榫的做法，下面部分做杆榫，榫眼首先将侧面横撑和腿足中的放置榫眼进行组合连接，然后再把短边和侧面的压板进行连接。此时侧面短边要开槽口，牙板出榫头和边料进行卡扣组装之后，再把边料和腿足进行穿接。此时让边料的卡口和腿足的卡口进行扣合，同时侧牙板也要穿插到腿料侧面的榫槽之中，然后再把前腿和大边及横枨进行组合连接组合之后再把另外一侧的前后腿料按照相同的步骤依次组合备用。然后再把座面进行组合，把穿带和座板通过燕尾榫结构进行组合连接。然后再把大边和坐板进行组合。此时的边料侧面是有一个通体槽口的，同时两个榫眼是和穿带的榫头进行卡扣的，将坐板平行地和大边进行组合扣合，依次打紧，然后再把另一根边料和面板进行组合，扣合之后。再把桌面和刚刚组装好的前后腿料的边料进行隔角连接组合，然后把前脚踏与脚踏下的牙板进行组合连接。同时再把桌面下方存单牙板与脚踏上方的榫眼槽口进行连接，组合前方脚踏与前腿连接的同时，桌面下方的壶门牙板也要和座边下的槽口进行连接组合，同时推进入榫，然后再把后座边下牙板与后横秤进行依次入榫补装。然后把之前组装好的另一侧的前后腿足与左边前后横撑进行组合入榫。此时椅子的底座就组装完成了，后期再把扶手、后背、搭脑等依次入榫组合。这样一个椅子的组装就完成了。

2.椅凳类家具小穿带的制作与安装

坐具类家具小穿带的制作。小穿带是用来连接左边和牙板的一个部件，侧面出燕尾榫头与牙板胶带顶端出一个方直榫头和边料胶带。有了小穿带的运用之后，能将边料和牙板两个部件通过榫卯的咬合，能大大增强一个家具的牢固度。但是小穿带的尺寸较小，制作时是有一定危险性的，而且由于它是拐角状，所以制作时所需的制作步骤和环节也是比较多的。由于它在家具内部，所以很多工匠会选择省略不做或简易区制作。

3. 圆材丁字结合榫的榫卯结构及组装

圆材丁字结合榫的组装过程，这个结构多用于圆形腿足和横向的连接。例如按着椅子使用榫卯结构居多。然而圆形腿足的家具为了体现它的一个家具的比例，器型一般都是做成有大肚的造型。所以横枨和腿足连接时并非直角，而且纵向腿足都是采用的上小下大的做法。在具体的链接榫卯上，很多工匠也习惯把它叫作飘肩榫或双飘肩腿足出一个方直榫眼而横向的横枨是出一个方直榫头，两侧是做一个双抱角的飘肩做法。辨明家具的榫卯制作是否到位，其实可以通过这个榫卯来辨别。因为圆腿家具往往腿足上下的粗细变化是不一样的，同时圆腿家具往往都是四腿八爪的，也就是它是有角度侧分的，所以像这种横枨的抱角，上下的开口大小以及横称平行的榫头的开口角度都是不一样的。所以想把这个榫卯制作精良，是非常考验木工师傅技术的。

(三)其他家具的典型榫卯制作

1. 大画案的榫卯构件及组装

首先是将两个腿足之间的横枨进行组装。由于横枨的尺寸较大，是做了一个双透榫结构，这样能有一个更强的咬合力和束缚性，将两侧的腿足之间的横枨全部垂直地和腿足进行组合。桌面以下的长短牙板是采用的一个燕尾扣合结构，先把桌面下的牙板进行扣合，组装好。这样的结构制作最好是短牙板出榫头向长牙板内部穿插。整体组合之后，桌面是长边被短边所束缚的，所以整体的牢固度会更好。如果是长牙板出榫头，短牙板后期扣合的话，就只能凭借着小穿带的咬合力了，桌面就少了一层卡扣和束缚力。长短牙板组合之后，将牙板平行地穿插到4个腿足之间，被腿足的夹头榫所束缚。这里牙板的上面还要出一个通体榫槽和桌面下的通体榫槽进行一个咬合扣合。牙板安装之后，再把桌面和腿足以及牙板之间的通体榫头进行带胶组合敲打紧严。最后再把桌面内部的小穿带和桌面进行组合连接，这样就完成了一个画案的结构组装。

2. 柜子侧板三头的组装

首先柜子侧板安装穿带结构对面板起到一定的承托力和勾挂力，然后将板料的通体榫头穿插到腿足之内，让腿料能牢牢地卡扣和板料，对板料起到一个卡扣和承托力。再把穿带的榫头和下面的腿足进行入榫。这样穿带上下被腿足所卡扣对面板就能起到一个非常牢固的承托和勾挂力了。然后再把柜体下方和板料胶带位置的一个横枨安装到腿足之上。当然横枨采用大进小出的榫头，再继续开榫槽，也是和板料所进行连接。胶带的同时，柜顶有柜帽的一个横枨也要安装组合，最后还需要将另一根腿足和板料横枨及穿带的榫头进行安装。这样就组合成了一个家具侧面柜体的一个组合过程。虽然榫卯处需要搁胶，但是搁胶的目的是用来填充榫卯，整体家具的支撑和牢固是完全凭借着榫卯的一个咬合力和束缚力来达到家具牢固的点。

3. 柜门的榫卯构件制作与组装

柜门榫卯结构是由双面格角榫组装而成。纵向边框出榫眼两侧各裁切45°，切角横向变量出一个横向榫头，两侧出45°的格角。榫头组装时，首先将柜子面板的通体榫头全部穿插到纵向门边的通体榫槽之内，然后将安装到面板上的穿带平行的锤打刀边料的榫眼之中，再把两根较短的横向门边榫头平行地穿插到纵向门边之内。横向门边双侧的45°格角能紧紧地夹合住纵向门边，最后再把另一根横向门边和两根纵向门边及穿带的榫头连接。组合柜门在和家具组合之后，由于是纵向使用，所以这种横向门边出榫头，纵向门边出榫眼的结构，就能牢牢地卡扣和连接住各个部件。而且双面隔角的柜门隔角榫结构在制作时虽然更加耗时，但是它的稳定性和牢固度是非常不错的。

（四）家具制作的其他工艺

虽然榫卯构件是家具制作的重中之重，但也需要其他工艺的配合，才能完成一件精美的器物。

1.打磨

同样都是打磨，其实里面有巨大的差异。现在工匠制作家具打磨基本分为两种：机械和手工。手工打磨是利用砂纸顺应着木料的纹理，对家具表面进行反复摩擦。这样它的打磨能对每个角落每个线条线脚都能处理到位，同时手工打磨出来的效果也是比较平整的。当然还有一种成本低、效率高的打磨方式，就是机器打磨，机器主要就是利用角磨机或者利用电钻加砂纸打磨花进行打磨。这样打磨之后的家具也同样能达到一个表面非常光滑的手感。但是机械打磨它是有旋转半径的，对于家具的一些线条，线脚可能会打磨过度，不够立体，但是对一些家具的内部死角之处，又可能会打磨不到位。目前来看，一件精品的家具还是必须要采用纯手工打磨，才能出来一个更好的使用质感。另外，在打磨之前其实还有一道小工序，叫作刮磨。刮磨的关键，不是在一块面板上利用非常豪迈的姿势刮下刨花，而是对于每一个线条、每一个细节都要反复仔细认真地处理到位。只有这样才能让后面的打磨工序能够顺利进行，制作出一件造型优美、线条流畅，工艺优良且能传承的家具制品。

2.家具表面处理

首先，早在家具组装之前给家具、板料、榫头刷蜡，家具在组合时，榫头和榫刨做得都是比较紧密。刷蜡的作用是避免板料收缩时，由于榫头和榫刨卡得太紧，造成面板收缩开裂。其次，由于家具组合后是没有收缩缝的，在烫蜡时，如果只对家具表面进行烫蜡，而板料收缩时榫头收缩出来没有蜂蜡是比较难看的。所以提前刷蜡之后，就算板料收缩在收缩缝位置，也没有白板的呈现，比较美观。

另外，家具表面处理选择烫蜡还是做漆？首先烫蜡工艺的优点是：第一，由于烫蜡用的蜡是纯蜂蜡，所以是最环保的处理工艺。第二，由于烫蜡家具蜂蜡是被木材吸收到内部的，木材的中眼导管都是开放式的，木材内部的紫檀素在木材呼吸时非常容易均衡地在家具表面长时间使用，家具表面会产生包浆皮壳的。第三，由于蜂蜡是油性固体，如果家具的选料用料不好，有白皮烂料的食物，想通过家具美容、化学色精调色，将瑕疵进行掩盖。在烫蜡的过程中，这些色精或色粉就会被蜂蜡融化脱落。所以烫蜡工艺家具表面是掩盖不了瑕疵的。换句话讲，烫蜡处理的工艺的选料标准和要求是必须要高一些的。然而烫蜡的缺点是在使用时，如果有水附着到表面，水吸收到木材内部会稀释家具表层的蜂蜡，出现白色液体。当然出现这种情况，涂抹家具后蜂蜡立马就会消失不见。做漆家具的表面处理也有它的优点。第一，如果有水滴点到家具表面，它不会产生白色印记。第二，做漆由于可以对家具表面调色，所以家具的整体颜色的一致性相对来讲都是比较好的。第三，做漆由于可以调色，对家具选料用料的要求就没有这么高，所以市场做漆家具的平均价格是普遍要低于烫蜡家具的价格。然而家具做漆也有缺点，在一些坐具类的家具，比如罗汉床、圈椅这类有扶手的家具，在长期使用时，手会对家具表面产生反复摩擦。时间久了，漆面会长久磨损，越用越薄。久而久之，就会脱漆，在多年使用之后，就需要维修。第二个缺点就是做漆可以调色。如果工匠选用的是一些小料，树杈料、烂料、裂料，可以利用化学色精以及家具美容掩盖，然后再进行做漆把这些瑕疵木料遮挡起来。当家具内部使用大面积的瑕疵料的时候，长久使用家具就比较容易变形开裂了。[①]

---

① 以上实例及制作过程由传统风格家具厂技术人员的口述和实际操作整理而成。

第三章　建筑榫卯

第一节　建筑榫卯概述

一、建筑榫卯的特点

一般来说，建筑榫卯与家具榫卯在工艺上的一个重要区别，在于家具榫卯有时方向性不明确，即构件与构件之间的榫卯方式实际上由构件头部“相加”所得的结果，而建筑则不然，其中的榫卯大部分从承重柱开始向外辐射，至大梁、小梁、穿檐、楣等承力的主构件，再到各种桁、椽、栱童等承力次一级构件，按照层层递进的方式组合，因此榫卯接合有很强的内在方向感。梁檐等横材与承重柱相接时往往是在柱上开卯眼，梁檐做榫头，或者梁檐本身充当榫头。同样，桁、檩与主梁相接时，主梁的梁木上开卯眼，桁、檩作榫头，也就是说将相对次一级构件插入上一级的构件。建筑榫卯不仅在指向性上更加明确，而且对单榫与复榫的使用也比家具显得更加有序，从现存木建筑来看，与柱和梁相接的大构件，使用复榫的情况明显较多，而相对次要的小构件则大多用单榫，建筑带有装饰性的构件，自身连接时单、复榫均有，与其他构件的连接一般使用单榫。这是因为复榫可以有效限制多方向的位移，适合于大构件之间的接合。它本身的形态又更加复杂，小构件使用多次加工成的复榫之后，强度经常达不到要求，所以形成了大构件多用复榫而小构件多用单榫的客观局面。

木构建筑是由众多的木构件拼装而成，木构件的数量由建筑的体量和结构复杂度决定，例如宫殿建筑的木构件可达数万甚至几十万个，而简单的民居建筑往往只需几百个构件。这些构件除了椽子、望板等极少数必须使用钉外，其他都可以依靠榫卯接合的方式来营造，事实上中国古代的木构建筑基本上都是用榫卯接合起来的。中国的木建筑构架一般包括柱、梁、枋、垫板、桁檩、斗拱、椽子、望板等基本构件。榫卯的功能，在于使千百件独立、松散的构件紧密结合成为一个符合设计功能和使用要求的，具有承受各种荷载能力的完整的结合体。[①]这些构件相互独立，需要按照一定的规则连接起来才能组成房屋。

榫卯在建筑营造中所体现出的匠工智慧十分丰富，有时哪怕是最不起眼的细微之处也蕴含着匠工们的知识和才能，例如在唐宋时期，由管脚榫连接的立柱都微微对着向心角度倾斜，由此造成建筑的立柱系统呈现生起、侧角的构造特征，形成隐性的梯形。这种四周向中心略倾的特征大大增加了建筑的稳定性，从而使得整栋建筑具有一种下大上小的趋势。当发生地震时，向心的构件布局和半刚性的榫卯赋予建筑很大程度的韧性，使其不容易断裂，震后建筑依靠木结构的柔性和固有的受力特征恢复原状，由此有效延长建筑的使用寿命，增强抵抗自然灾害的能力。榫卯的类型很多，根据主要用途可以分为以下几类：约束垂直构件的套顶榫、管脚榫等；连接水平构件和垂直构件的燕尾榫、箍头榫、馒头榫、直榫等；水平构件交接的十字刻半榫、十字卡腰榫等；稳固连接水平及倾斜构件的栽销、穿销、趴梁阶梯榫等；用于板缝拼接的龙凤榫、银锭扣和穿带等。其中固定垂直构件及连接水平与垂直构件的榫卯节点直接关系到木构架的整体性与稳定性。

建筑对榫卯最核心需求的是它需要建立梁系统与柱子系统的整体拉结

①马炳坚.中国古建筑木作营造技术［M］.北京：科学出版社，2006：119.

关系，因为只有梁柱形成了一个密不可分的整体，才能够形成一个功能性的空间，并有效支撑巨大的屋顶。单体榫卯追求防拉脱功能的结构实际上并不多，大多使用燕尾榫、螳螂头等形式，于是这种拉结功能在大部分情况下都是由更为复杂的榫卯组合完成的。因此，现代学界对建筑榫卯的研究主要集中在榫卯组合的受力性能方面，而榫卯的组合有时也恰恰形成建筑的装饰，在研究建筑榫卯时，结构的力学和风水观念、审美思想、古代设计观念等常常交织在一起难以区分，体现出中国整体性、多元性的设计思路。

以厅堂式建筑为例，厅堂式木构建筑的内柱高于外柱，梁端入柱，梁与柱直接用透榫拉结，顺搏方向各柱则由顺脊串、顺身串等连接，使木构架连接成为了一个稳固的整体。可见，注重建筑各部件间的拉结和联系，榫卯利用三维固定的形式追求防拉脱是建筑营造的基本要求，这里最主要的梁柱榫卯节点类型多为丁头拱组合的榫卯节点。一般而言，在榫卯发展初期，木构建筑的榫卯技术演进要快于家具榫卯的发展，因为榫卯节点的结构性能是整个木构建筑受力性能的核心和关键所在。

二、建筑榫卯的基本材料及总体要求

传统榫卯所用的材料是木，木是树的一部分。木工制作榫卯的木是树干部分的木，这是指树木伐倒后除去稍端、枝叶和根之后的部分。树木的干向内分生木质细胞而形成木质部，坚实的木质部成为制作榫卯的理想材料。木材料制作榫卯时还需要选材，不同品种、干湿、树龄、质量都会对榫卯的质量产生直接影响，识别木材主要通过木材的重要特征，如树皮状态、树心纹理、边材和材色、光泽、年轮、树脂道、木射线、纹理、气味等进行审查辨别。因为木材特性的复杂性，榫卯的用材一般应与相连接的构件用材相吻合，有时榫卯与构件视为一个整体，这样可以最大程度地避免因材质相异而产生胀缩变形。木材的选择还要根据制作对象来决定，家具要求纹理美观、变形小，有一定强度且不能过重，因此木材的选择有水曲柳、红松、楠木等。建筑要求抗弯、抗压、抗腐、抗虫蛀，因此采用杉木、松木。船舶需要强度大、有韧性、耐腐蚀，因而榉木、杉木、水曲柳、柏木等更为合适。车辆则要求耐腐、耐磨、强度大、美观，因而使用水曲柳、榆木、红松。

榫卯是连接构件的安全关键点，避免木材上的缺陷很重要，例如节子、变色、腐朽、虫蛀、裂纹、伤疤、树瘤以及加工缺陷，这些可能会使用在次要构件或装饰性构件上，但绝不能用来制作榫卯，否则会大大降低构件的连接性能。在榫卯制作过程中，工匠还需对木材的纹理仔细辨别、选择与设计，尤其在承重部位或影响美观的关键部位，纹理的合理利用也会对建筑和家具的质量产生很大影响，依据木材横纹、竖纹、径向纹的不同进行切割所得到的横切面、径切面和弦前面纹样，其受力特点和纹样、纹路会因材料品种不同有很大变化。木材挑选好了，木材的二次烘干也非常重要。木材使用二次烘干的目的是让木材的水分均匀排出，同时木性尽可能地发挥，这样的材料制作成榫卯成品之后，就能得到一个比较稳定的木性。但是建筑木料的烘干以及烘干程度，人们是很难通过最后的成品判断出来。如果建筑材料上面有白皮开裂，烂料，那么人们可以通过一些方法分辨。但是烘干的方式以及长度判断不出来，这个在很大程度上只能看一个工匠的制作理念以及良心了。当然，一件建筑榫卯原材料烘干程度的好坏会直接影响到建筑的稳定性。

另外，建筑的榫卯结构处加胶其实在古代就一直很普遍，为什么榫卯还要加胶呢？其实胶的作用无非就是为了黏合榫卯，它有一定的黏合力。但是不同的工匠在制作建筑构件时有不同的制作标准。有的工匠利用胶来辅助榫卯，而有一些技术不够精湛的工匠则是利用胶的黏合力来黏合各个构件，将榫卯进行简化，降低制作工时成本。在建筑使用过程中都会受到空气湿度的影响进行收缩，因此即便传统榫卯结构做得非常好的情况下，木材进行收缩之后，榫卯处也会松动。一旦松动了，建筑在使用过程中就会不够稳固，越晃动，榫卯发生碰撞就会越松动，进而影响建筑的寿命。所以传统榫卯用胶的目的是用来填充榫卯，避免木材在收缩时榫卯松动，而现在有很多机械一次成型的榫卯，由于加工精度不够，这种榫卯极为不可靠，但是凭借着胶的黏合力，也能达到七八年的寿命。

三、建筑中最常见的几种榫卯构件

建筑中对榫卯的分类一般有两种方式，一种是按榫卯的功能分类，例如在《中国古建筑木作营造技术》中，马炳坚指出，木建筑榫卯可以分为垂直构件作固定作用的榫卯、水平与垂直构件作拉结作用的榫卯、水平构件相交的榫卯①；另一种是按工艺特征分类，《中国古代阁楼受力机制研究》在研究榫卯受力机制的同时，将榫卯划分为单榫和由单榫组合起来的复榫两大类。②

（一）直榫

直榫是出现最早，使用范围最大的榫卯形态，它的各边均呈直角，榫头为矩形、圆形或半圆形，大多在丁字交接时使用，既可以做透榫出头，也可以做半榫接合，做半榫时，木材的交接部位几乎没有限制。但是它也有一个显著的缺点，即缺少抗拔部位，无法在具有拉结需求的构件接合情况下实现稳定的连接功能。从形态上看，依据直榫的榫肩变化可以分为无肩、单肩、双肩三种，这三种在历史遗存中都有出现。建筑中，梁柱接合是最重要的横向与纵向的接合，直榫是它们的主要连接构件。直榫的榫头并非前后一致，一般头小尾大，所以也叫大进小出榫。根据连接构件的功能，直榫榫头又分为圆形和方形、透榫和半榫。梁柱的接合，方形和透榫的直榫最为常见。透榫的榫头长度大于柱子直径，常被做成大进小出的形

①马炳坚.中国古建筑木作营造技术［M］.北京：科学出版社，2006：120-129.

②乐志.中国古代楼阁受力机制研究［M］.南京：东南大学出版社，2014：7.

状，即榫根入柱部分高度取梁枋高度，榫头出柱部分高度约为入柱部分的一半。半榫的榫头形状与透榫相似但长度小于柱子直径，常用于构造上无法使用透榫的位置，如梁枋在柱内相交的情况。直榫具有良好的抗剪和抗弯性能，但抗拔性能较差，因此有时也会与销钉等配合使用，相较而言半榫节点的力学性能不如透榫节点。

1. 无肩直榫

所谓无肩直榫，即是只做卯口不做榫头的直榫，构件一端直接插入卯口完成接合，这种作法相对比较简便，原始社会的直榫很多就是这种类型，民间住宅的梁和柱接合也有很多使用这种方式，例如一些南方民居中的轩与桁、梁等的交接是在梁身上开凿卯孔，椽头不作处理，以无肩直榫汇入卯中。[①]需要说明的是，在民间住宅中的无肩直榫并非工匠嫌制作榫头麻烦，而是因为一些普通人家房屋的梁木不够粗大，若再做榫头，会进一步缩小梁木的横截面，为了房梁尽可能结实，所以使用了无肩直榫。可见无肩直榫有自己的优点，当构件材分过小，放弃榫头的制作可以最大程度保持构件的强度，因此，在需作榫头的构件过于细小，或两个接合构件尺寸悬殊的情况下可使用无肩直榫，这样小构件的强度可以得到最大的保证。但是这种榫接密封差，在使用过程中容易侵蚀榫端而减小榫接强度[②]。河姆渡遗址中出土的栏杆与地栿的交接，就是用的无肩直榫，地栿上的卯口为3. 5厘米，深1. 5厘米[③]，战国时期的上村岭虢国墓地第1217号车马坑3号车车厢栏杆上下两端分别插入横木和底座中[④]，葛陂寺34号战国墓出土的虎座凤架鼓腿足直接纳入兽座卯口[⑤]。南禅寺大殿阑额与柱子的榫接

①过汉泉.古建筑木工[M].北京:中国建筑工业出版社,2004:84.

②鲁晨海.中国古代木构建筑榫卯初探[D].上海:同济大学,1986:15.

③浙江省文物管理委员会,浙江省博物馆.河姆渡遗址第一期发掘报告[J].考古学报,1978(1):48.

④胡永庆.中国古代细木工榫接合工艺的起源与发展[J].华夏考古,1989(2):104.

⑤林寿晋.战国细木工榫接合工艺研究[M].香港:香港中文大学出版社,1981:33-35.

形式即是如此[①]。宋辽时期的晋祠圣母殿[②]、正定隆兴寺摩尼殿[③]、蓟县独乐寺观音阁[④]都发现了很多无肩直榫应用的例子。

2.单肩直榫

这也是直榫中较为原始的一种，它的榫头形态类似L形，一边无肩，另一边有肩，这种榫肩不仅可以限制插入卯口的距离，还可以有效遮挡榫头与卯眼之间的缝隙。因此单肩直榫看起来要比无肩直榫更加精美。例如河姆渡遗址中的木构件[⑤]、战国时期的长沙五里牌406号墓A式椁[⑥]、仰天湖25号墓内外椁、长台关1号墓的木圆盘豆[⑦]都使用了单肩直榫。西汉前期的长沙象鼻嘴一号汉墓[⑧]内椁门的门柱管脚榫和柱头榫也是单肩直榫。除了中国古代木作经常使用，现代木匠所做的民宅和家具中也常用到，不过这种单肩直榫也有很明显的缺点，一边有肩一边没有，受力点就很容易向一边偏，时间长了，插在卯孔里的榫头容易歪。但是也有特殊情况，例如卯口的一边紧贴其他构件或者墙壁，这时候无法做更多的肩，而做单肩直榫时如果无肩的一边靠得牢，避免这个缺点也是可能的。

3.双肩直榫

双肩直榫是直榫形态中最常见的，两边堆成的榫肩不仅美观，又有很好的承力均衡作用，根据双肩直榫的榫肩是否露出榫头，又可分为平肩直榫和刨肩直榫。平肩直榫在小木作中又经常被称为“齐肩膀”，又名“齐

①祁英涛，柴泽俊.南禅寺大殿修复[J].文物，1980(11):69.

②周淼.五代辽宋金时期华北地区典型大木作榫卯类型初探[C].中国建筑史学会年会暨学术研讨会论文集，2014:338.

③鲁晨海.浅析陈从周先生建筑史学研究分期与类型特征[J].时代建筑，2018(6):139-141.

④杨新.中国古代建筑:蓟县独乐寺[M].北京:文物出版社，2008:38.

⑤胡永庆.中国古代细木工榫接合工艺的起源与发展[J].华夏考古，1989(2):101.

⑥林寿晋.战国细木工榫接合工艺研究[M].香港:香港中文大学出版社，1981:17.

⑦林寿晋.战国细木工榫接合工艺研究[M].香港:香港中文大学出版社，1981:18.

⑧单先进，熊传新.长沙象鼻嘴一号西汉墓[J].考古学报，1981(1):12.

头碰”[①]，是一种制作简便但不是很美观的双肩直榫，实际操作中，往往技术水平稍低的工匠学徒或在制作低成本木器中使用。河姆渡干阑建筑中也有这种形态，其榫头截面高22.5厘米，宽5.5厘米，比例近4∶1，已相当科学[②]。此外，中唐南禅寺大殿的叉手上端开平肩直榫[③]，而叉手即为形式简单的斗拱，它所做的平肩直榫就插入斗拱的卯眼之中。扬州西汉“妾莫书”木椁中椁板和方形角柱的连接也使用了平肩直榫[④]。回肩直榫在《营造法式》中有详细介绍，卷三十梁额卯口图样中的鼓卯做法中即使用回肩直榫[⑤]。隆兴寺摩尼殿阑额存在多种入柱节点，回肩的榫接形式可能是晚宋时期修葺所添[⑥]。朔州崇福寺弥陀殿中乳栿与驼峰交接节点[⑦]的回肩榫，榫头的肩部斜抹倒楞，作出一些装饰。

抱肩榫是在平肩榫基础上发展而来的，为了限制位移对榫端的剪力，它的形态有效利用了与构件之间相承托的关系，抱肩榫普遍用于圆材的丁字交接[⑧]。清光绪年间，时任两江总督左宗棠奏准朝廷恭建的陶林二公祠，于2006年进行了迁建复原工程，因平盘枋断面矮而宽，为了弥补了榫头短的劣势，柱与斗盘枋之间就使用了抱肩直榫[⑨]。

---

①王世襄.明代家具研究[M].北京:生活·读书·新知三联书店,2019:235.

②浙江省文物管理文员会.浙江省博物馆.河姆渡遗址第一期发掘报告[J].考古学报,1978(1):47.

③祁英涛,柴泽俊.南禅寺大殿修复[J].文物,1980(11):69

④鲁晨海.论中国古代建筑装饰题材及其文化意义[J].同济大学学报(社会科学版),2012(1):16.

⑤梁思成.梁思成文集:第七卷[M].北京:中国建筑工业出版社,2016:445.

⑥鲁晨海.论中国古代建筑装饰题材及其文化意义[J].同济大学学报(社会科学版),2012(1):37.

⑦柴泽俊 李正云.朔州崇福寺弥陀殿修缮工程报告[M].北京:文物出版社,2007:图版五九.

⑧王世襄.明代家具研究[M].北京:生活·读书·新知三联书店,2019:234.

⑨宿新宝.南京陶林二公祠大木做法及构造特点探析[J].古建园林技术,2009(2):13.

(二)透榫与半榫

严格地说，这只是直榫的一种接合状态，但是实际操作中，工匠们习惯地将他们作为两种特定的构件。半榫较短，接合时榫头完全隐没于卯口之中，而透榫的榫头较长，从卯口的一头透出。显然透榫要比半榫接合的效果更好，但它也破坏了构建的整体性。建筑构件一般为了安装牢固，能用透榫的很少使用半榫，家具则牢固与美观考虑得更为精细，大面板一般使用半榫，小构件多使用透榫。《营造法式》钩阑条目中对于蜀柱的规定有一行注释“其上出卯以穿云栱，寻杖，其下卯穿地袱。”[①]这里所说的就是透榫。在实际营造中，有的建筑构件的编码是透榫，而有的一些建筑构件的编码是暗榫，即半榫，关键受力的半榫一般不直接做，而是先在长边出一个方直榫头，然后在45°格角部位出一个通体的绞丝，端边出一个卯眼，同时再开一个榫头用于和长边角榫进行扣合的作用。这种半榫角接的作用是非常大的，因为一个空间中平面的四角最终总会由腿足支撑，当平面受力时，如果有角榫腿足支撑，四边的角就不会出现上下错位的现象，这样在关键部位增加了牢固度使建筑安全性显著增加。大边的榫头平行穿插到榫眼之中，短边侧面榫眼的榫壁能把大边牢牢地扣合住，然后在边的构件之中组装隔板等，当然隔板的纹理走向最好和长边相同，当板料有膨胀变形时，大边能把隔板牢牢地卡扣在内，就达到了边料能束缚隔板的作用了，整体看来有点像一个大型的攒边穿带装板，这也提示我们中国古代的家具与建筑工艺一直以来密不可分。

(三)走马销

这种是出现最早的榫卯结构之一。燕尾形的走马销，是将两个部件组合且能活拆，需要利用到的一个小的榫卯构件。平行的一端和一个构件栽榫连接。另外一个构件采用上大下小且外小内大的一个榫眼，榫头部分由

①梁思成.梁思成文集：第七卷[M].北京：中国建筑工业出版社，2016：220.

下向上出一个逐渐变大的缺口，把榫头做成一个下大上小的偏口状态，然后把榫眼做成两个榫眼长度。同时前面榫眼要做成和榫头通宽，然后把后面榫眼做窄，后期利用铲刀将后面较小榫眼向下斜切一个缺口，让后面的榫眼变成一个外大内小的状态。这样就能和制作的偏口榫头相互结合，榫头安装到榫眼之内，然后用力向后敲击帷板，把榫头从较大榫眼一处向后敲击到较小榫眼这样就能相互卡扣住扣合住，有了一个上下的拉拽力。这种榫卯一般都是利用在可拆装的两个平行部件的。走马销又叫“扎榫”，是一种上大下小的独立榫，相当于缩短了的直榫，卯眼也是外大内小，或一头大一头小的透眼，销子由大孔入，向内越挤越紧，不仅连接比普通的直榫更加紧密，而且也能够像普通销榫一样方便拆解。《营造法式》中，柱子的拼合就提出使用这种方式。合柱鼓卯第七图样中的“暗鼓卯”[①]即为走马销。此外，家具中也大量使用这种接合方式。

（四）螳螂头

螳螂头是一种头大身细的长条形构件，因为形似螳螂，叫作螳螂头。它也类似于一种直榫，但是头部比直榫粗大，呈长方形、梯形或三角形，偶尔也有其他形态，例如元永乐宫重阳殿中普拍枋和撩檐棒[②]续接均为六边形榫头螳螂榫式样。由于头部明显放大，所以无法直接插入卯眼之中，都是采用上起下落的方式装卸，螳螂头突出的榫头明显比直榫增加了构件的抗拉结作用，但实践中，它的抗剪力不如逐渐放大头部的燕尾榫，因此这种接合的形态到明代就被逐渐淘汰，螳螂头在建筑中最常用的作用是对构件的续接和补偿。我国现存最早的唐代建筑南禅寺大殿落架修缮工程发现，大殿的压槽枋、柱头枋、撩檐椿等构件中就都采用螳螂头榫，在西面三根方柱下部还发现可能是宋代重修时的螳螂头柱墩接痕迹[③]，榫头呈梯

①梁思成.梁思成文集：第七卷[M].北京：中国建筑工业出版社，2016：446.

②中国科学院自然科学史研究所.中国古代建筑技术史[M].北京：科学出版社，2016：2123.

③祁英涛，柴泽俊.南禅寺大殿修复[J].文物，1980(11)：69.

形。宋隆兴寺摩尼殿的柱头枋、棒条以及明间的四椽袱都用螳螂头榫拼接，榫头为三角形，[①]宋金时期晋东南地区建筑普拍枋多数为螳螂头榫顺接[②]。

（五）搭掌榫

搭掌榫属于两根构件通过横截面进行一字接合的方式，当两根长条形构件相接时，横截面处上下各裁去一半，相当于人的上下两手掌拍合，故名搭掌榫。由于搭掌部位拍合得不够紧密，这种接合方式使用不多，且严格要求接合处不能留虚，否则会进一步减弱接合的强度。从搭掌榫的接合形态来看，又分为平搭掌和斜搭掌两种。

1.平搭掌

所谓平搭掌即横截面平截，仅依靠上下掌的压力搭接在一起，但是两根长木条的相接很少有不需要抗拉力，仅仅搭在一起就可以使用的情况，所以这样简单的接合方式仅仅是理论上的，现实中很少这样使用。为了使构件有一定的抗拉结力，工匠们在制作平搭掌时总要想点其他的办法，一个办法是在榫头部位做一个凸起，相对应的另一个构件接合榫头的部位做凹面，凸起处叫勾头，这样可以避免两个搭掌向两边位移。如山西万荣飞云楼[③]中的平搭掌就是如此做法。另一个办法是在搭掌榫做好之后再做楔钉榫，用一根木钉销住搭掌，这种方式常见于江南民居的柱子和月梁的做法中。例如明式家具中的楔钉榫与圆飞罩的接合就使用这种楔钉榫与搭掌榫相结合的办法。[④]

---

①孔祥珍.牟尼殿主要木构件承载能力和节点榫卯研究[J].古建园林技术，1985(3):44.

②王帅《晋东南地区宋金建筑榫卯构造研究初探》中调查显示,在19座建筑中仅2座平板枋为勾头搭掌榫,其余皆是螳螂头榫。

③鲁晨海.论中国古代建筑装饰题材及其文化意义[J].同济大学学报(社会科学版),2012(1):29.

④王世襄.明代家具研究[M].北京:生活·读书·新知三联书店,2019:239.

2.斜搭掌

斜搭掌即横截面斜接的搭掌，斜接部位增大了接触面，抗剪力显然要比平接更好。西汉广陵王二号墓下榷（地龙）构件在长度方面的搭接就是用勾头斜搭掌，说明这种做法早在西汉时期就已施行[1]。《营造法式》卷五用椽制度所述“每棒上为缝，斜批相搭钉之”[2]，即为斜搭掌。《营造法原》中也记录了许多建筑物内的搭掌，如点聚合榫、互扎榫、船板扎榫等等[3]，这些都属于搭掌榫的变形或组合用法。当然，正像平搭掌的榫头有时做成勾头一样，斜搭掌为了增强拉结力也常做勾头。

(六)交口榫

其实质就是搭掌榫的变形，即通过在两构件中接合部位各裁去一半，然后搭接在一起。所不同的是，交口榫搭接部位处在构件中部，构件两端均露出，因此这样接合的构件抗拉结作用要比榫头部位搭掌的构件好得多。交口榫和搭掌榫一样只有卯口没有榫头。其开槽方式一般有两种：一面开槽，构件按顺序搭接；两面开槽，构件彼此叠压，最后叠压的构件开单槽。第二种做法稍复杂，但看起来更为美观，整体性更强。

(七)企口榫

因形状有的地区也叫它“犁头榫”，这是一种斜接的构件，主要用来将两块板材相接合，由于榫形为三角形，斜接时没有通缝，所以显得整体感更强。企口榫也属于原始形态的接合，早在河姆渡时期的干阑建筑中就已经使用了，春秋战国时期已经发展得非常成熟，战国时期长沙广济桥墓

①古建.试析西汉广陵王墓的题凑棺椁结构，扬州文博研究集[M].扬州：广陵书社，2000：97.

②梁思成.梁思成文集：第七卷[M].北京：中国建筑工业出版社，2016：155.

③过汉泉.江南古建筑木作工艺[M].北京：中国建筑工业出版社，2015.

中木棺椁盖板就用搭边企口榫[1]。这时候的企口榫已经可以做得非常规范，拼接也可以使用“裁口”工艺。企口榫开始广泛使用的时期是汉代，在出土的棺椁中可以发现当时的企口榫已经可以用“龙凤榫”工艺进行拼接，即板的接合边同时有凹凸两种榫，两板的凹凸处恰好互补，接合得精致、美观、牢固。例如汉神居山黄肠题凑就大量使用企口接合，题凑木工艺多达12道，上下为十字对缝接合，四周均为企口接合，十字缝与企口缝高低错落，分别做成凸出榫和凹入槽，组装时构件榫和槽互相嵌入，上下左右四面拼接后缝隙细密，甚至最薄的刀片都无法插入，将小料牢固拼成一个整体[2]。由于板面接合平整，缝隙不明显，企口榫在现代的使用也非常广泛，房屋脚线相接时普遍使用企口，现代木器制作中，凸起部位进一步精细化，成为燕尾榫，接合效果更好。

(八)燕尾榫

燕尾榫有“万榫之母”之称，它是在木器中使用最频繁的榫卯，也是受到关注最多、研究最深入的榫卯样式。相传这一结构由鲁班发明，最初为鱼口相接的形态，为便于部件之间的连接更加多向度，在受到燕尾形状的启发后进行了改良，设计出了今天使用最为广泛的燕尾榫这一形式。燕尾榫的根部窄端部宽的形态给构件提供了较好的抗拔性，但是狭窄的根部同时也降低了抗剪性，一般来说，榫头长度与柱径比为1∶4，燕尾榫的用途非常广，建筑、家具的几乎所有部位都可以使用，尤其在柱头与梁枋的连接处、平板相接处等，燕尾榫几乎成为一种常规性的做法。宁波保国寺大殿中柱额和柱串的连接处的镶口鼓卯所使用的就是燕尾榫。

①鲁晨海.浅析陈从周先生建筑史学研究分期与类型特征[J].时代建筑,2018(6):139-141.

②古建.试析西汉广陵王墓的题凑棺椁结构,扬州文博研究集[M].扬州:广陵书社,2000:99.

（九）银锭榫

又称为银锭扣、蝶榫、细腰嵌榫、元宝榫、细腰等，是一种通过上起下落的方式扣盒面板或拼接两个同向方材的接合方式，其结合构件的形态大致相当于两个燕尾榫头背靠背在一起，呈现两个连在一起的梯形。《营造法式》卷三十大木作制度中的合柱鼓卯即为银锭榫。这种接合使用得非常多，西汉时期的广陵王墓[①]、北齐库狄迪洛墓[②]中都有考古发现，隆兴寺摩尼殿落架大修时发现在脊槫和上平棒用直榫和银锭榫[③]，《营造法原》[④]中也有记载，叫作“鞠榫”或“盖鞠”，书中记述两段合、三段合均在柱头、柱底以及拼缝处使用。

（十）雨伞销

又叫雨伞梢[⑤]，这也是一种具有扣合作用的构件，两头成箭头状，好像两个手柄彼此相连的雨伞。这种榫多使用在南方建筑的梁与柱的接合中，又称双舌扣榫。西汉广陵王墓中的嵌榫除了细腰榫外，还有燕尾榫、Z形榫和I形榫等[⑥]，而Z形榫和I形榫就是雨伞销的雏形。山西太原北齐娄睿墓的木棺椁，东西棺壁分别由三条后直前斜的板拼合而成，板之间除了使用暗梢套合外，还加双舌扣榫”。[⑦]

①邢力.江苏盱眙东阳军庄M210汉墓发掘报告及相关问题研究[D].南京：南京大学，2015：97.

②王克林.北齐库狄迴洛墓[J].考古学报，1979(3)：381.

③孔祥珍.牟尼殿主要木构件承载能力和节点榫卯研究[J].古建园林技术，1985(3)：47.

④中国建筑设计研究院建筑历史研究所.浙江民居[M].北京：中国建筑工业出版社.2009：178-182.

⑤中国建筑设计研究院建筑历史研究所.浙江民居[M].北京：中国建筑工业出版社.2009：178.

⑥古建.试析西汉广陵王墓的题凑棺椁结构，扬州文博研究集[M].扬州：广陵书社，2000：97.

⑦山西省考古研究所，太原市文物管理委员会.太原市北齐娄叡墓发掘简报[J].文物，1983(10)：4.

(十一)馒头榫、管脚榫及套顶榫

馒头榫、管脚榫及套顶榫是建筑中的特定构件名称，都属于周肩榫，它们的共同特点是形似直榫，但四面都围有一圈榫肩，显然，这种榫也只适合用在两根构件端面尺寸有较大差异的情况下。有工匠把它们看作直榫的一种特殊形式。这种榫不仅接合比普通的直榫更加牢固，而且可以遮盖榫肩和卯口之间的缝隙，非常美观，因此不仅使用在建筑中，也大量使用在家具中。河姆渡时期即发现了柱头榫的应用①，这就是典型的周肩直榫。战国时期信阳长台关2号墓出土的雕花木几中腿足与几面，腿足与底座②的连接也是这种形式。明式家具的圆材角接中为避免榫头外露，也常使用的周肩直榫③清代《工程做法则例》中规定柱头榫长度为柱径的3／10，榫端收溜以便安装。④馒头榫是柱头与梁枋连接的榫卯形式，常做成方锥形或圆锥形，榫长约为柱子直径的1／5至1／3，榫宽约为1／3的柱子直径，这种榫主要起到固定构件位置防止水平滑移的作用。明代以后的管脚榫与馒头榫构造相似但尺寸更大，明代之前的管脚榫形式更加多样化，例如北齐库狄迪洛墓中出土的八角倚柱就用八角形的直榫作为管脚榫。不论哪种形状，管脚榫都做于柱底，主要用于与童柱墩斗、柱顶石等的连接，起到固定柱子的作用。套顶榫是一种特殊的管脚榫形式，榫头尺寸远大于管脚榫，常做成贯穿柱顶石的长榫，多用于需要承受大风的长廊、亭子等建筑柱底，旨在加强柱子的稳定性。

---

①浙江省文物管理委员会.浙江省博物馆.河姆渡遗址第一期发掘报告[J].考古学报,1978(1):47.

②林寿晋.战国细木工榫接合工艺研究[M].香港:香港中文大学出版社,1981:6.

③王世襄.明代家具研究[M].北京:生活·读书·新知三联书店,2019:237.

④马炳坚.中国古建筑木作营造技术[M].北京:科学出版社,2003:120.

第二节　建筑榫卯的分类使用异同

我国的建筑依照结构的不同分为抬梁式建筑和穿斗式建筑，建筑的结构不同，所使用的榫卯自然也有区别。事实上，即便同为抬梁式或穿斗式，营造建筑时所使用的榫卯依然因地势、资助人的具体要求、时代与地域营造习俗以及工匠个人风格而区别很大。每幢建筑的构件尺度基本上都是依照个案要求进行个性化设计，榫卯的规划与设计因此也是灵活多变，是整幢建筑营造过程中最需耗费脑力的劳动，这一工序也由工匠中经验最丰富的“头首师傅”承担。

一、不同分类的建筑与榫卯

（一）抬梁式建筑

抬梁式建筑是中国传统建筑的主要形式之一，它以垂直的木柱作为房屋的最根本支撑物，然后沿房屋的进深方向在木柱顶部叠加数层木梁，层叠的木梁构成三角形梁架，相邻的屋架之间有檩，檩上置椽架起房顶。最终形成屋面下凹、两坡屋顶的造型。抬梁式建筑最早起源于唐代，经过数百年的实践总结，在宋《营造法式》和清工部《工程做法》中进行规范，形成了具有中国特色的建筑样式和一套完备的营造工艺。抬梁式建筑的样式一般适合大型的官式殿宇建筑，它在构造上主要有三个特点，一是用材粗大，对于结构的尺寸和重量有较高的要求。由于抬梁式建筑大部分属于大型建筑，梁、柱等木材更加粗大，对木材的质量要求也相应较高。二是内外柱高度一致，由于抬梁式建筑的梁由柱、斗拱以及斗拱之上的短柱层层叠加抬起，因此梁的角度与最下面沉重的大柱没有直接关系。这样一来，大柱本身仅受垂直力的影响，内外柱高度一致。这种构建方式对气候也有一定要求，较为干燥的北方气候比较适合，因为木材干湿变化不大。木材干湿变化大会导致榫卯连接处松弛，横向抗侧能力会受到影响。同时，由于建筑的平面跨度大而高度有限，适合保持室内温度不容易流失，也非常适合北方寒风凛冽的居住环境，因此它的营造多集中在黄河流域。三是营造空间很大，由于柱与短柱、梁等构件分工明确合理，榫卯的纵向、横向拉结作用分别实施，使得建筑的跨度进深可以最大程度地实现，从而巨大的空间营造成为可能。抬梁式建筑主要使用在大型宫殿的营造中，构建单层大跨度空间，小型或多层建筑较少使用。

《营造法式》是中国历史上现存首部将抬梁式建筑进行详细规范的和分类的文献，书中将抬梁式按构架和规模、等级的不同分为两类，即殿阁造和厅堂造。殿阁造一般用于北方建筑，以宫殿营造为典型，而厅堂造则更多使用于南方，多用来建造官邸、居住的厅堂部分。殿阁造与厅堂造在构架的搭建上有不同的侧重，殿阁造的柱层、铺作层层叠建构的意图非常明显，使得横向看，建筑在平面方向的整体性很强。这种强烈的层叠理念使得每一层的搭建都有严格的区分，即便明清铺作层的功能处于消退的时期，也不见有内柱升高直接支撑梁的情况出现，而是采取在四椽檩上前后立瓜柱以承托梁。厅堂造的构件更加强调若干构架纵向并列，因此垂直方向上的整体性更高一些，厅堂造建筑的内柱有时升高以便于将梁尾与柱榫卯相接。《营造法式》有“屋内柱，皆随举势定其短长”[①]的规定，这与殿阁造的显著区别。厅堂造的构建方式适合营造平面跨度不是太大但相对较高耸的建筑。

（二）穿斗式建筑

穿斗式构架是一种比抬梁式更加古老的做法，最早在广州出土的汉明器中就有发现，直到清代这种样式的建筑一直大量存在，又叫“立贴式”。

①李诫.营造法式[M].重庆:重庆出版社,2018:114.

穿斗式的屋顶重量并不由梁来承重，而是由柱加斗拱直接承受。穿斗式的枋在建筑中起到的仅仅是固定柱的位置不发生移动的作用，由于木材的拉结承受力远大于剪力，因此用来拉结的枋远比抬梁式建筑中的梁材料要求更低、用料更小，因此穿斗式构架建筑要比抬梁式建筑的造价要低。然而，由于完全由柱承担屋顶的重量，穿斗式构架中的柱承力很重，因而屋顶不可能跨度过大，这也是为什么穿斗式构架中的建筑的规模和等级往往小于抬梁式的主要原因。

穿斗式构架沿房屋的进深方向按檩数立一排柱，每柱上架一檩，檩上布椽，屋面荷载直接由檩传至柱，不用梁。穿斗的最显著特点是每檩之下都有一根承重的柱子，柱子与柱子之间使用檩、枋联系，“三檩三柱一穿”“五檩五柱二穿”“十一檩十一柱五穿”等不同构架。枋不仅固定柱子方位，也为安装木质墙壁、筑夹泥墙提供天然的划分和支撑，房顶的出檐由枋转变为挑枋作为支撑。穿斗式构架的特点，首先是用材相对较小，由于支撑屋顶重量的构件不再是梁，而是柱，所以原本是梁的部位换成了材分较小的枋，大大节省了原料。中国传统建筑的一大特征就是屋顶厚重巨大，支撑巨大的屋顶历来是建筑营造的重大问题，穿斗构架充分利用立柱支撑屋顶，立柱垂直地面，比梁架式建筑的横梁支撑更有效率。其次是柱子的密度大，由于穿斗构架使用柱来支撑屋顶，柱子的功能显然要比梁架式更为复杂，因此建筑中的柱子数量也更密集。最后是空间营造相对较小，竖的立柱相比横的梁，对屋顶的支撑虽然更有效率，但作用面积也较小，因此众多的立柱支撑较小的空间，这也是穿斗式构架的一个缺点。

（三）抬梁与穿斗的榫卯使用

穿斗构架的用材多为杉木，这种木材软硬适中，防虫防霉，材直量多。由于穿斗的柱大多使用透榫将枋和檩相接，因此柱身大量凿卯眼，这本身对木材的受力是一种破坏。因此为保证柱的结构强度，穿斗构架采用两种做法，一是柱子一律使用原木。在清代中期为了节省木材，多使用箍榫被漆，这种柱子仅使用在抬梁建筑中，穿斗极少使用。同时穿斗构架的柱身不再进行任何雕饰，以免破坏柱子的强度；二是大量采用替木、角背、撑木、雀替等辅助加强手段，增加柱子强度的同时，也为建筑装饰提供余地。

穿斗的营造方法也受到很多限制，由于枋必须以透榫穿过柱身，因此榫卯的通常装配方式，即构件逐个做好，然后进行有序装配的程序在穿斗建筑的营造中并不适用。穿斗式建筑无法在柱子立起之后装配，因此只能在平面上将所有的横向榫卯构件安装成为整榀站排框架，然后整体立起，暂时性固定之后，各方纵向榫卯穿插到位，安装檩条和辅助支撑构件，最后安装屋顶。这种整体安装体现了中国早期的模块化设计思维，但也进一步限制了传统建筑营造规模。相比之下，抬梁式建筑的榫卯构件可以事先逐个完成，然后分批进行有序安装，显得灵活得多。

二、榫卯连接体现中国建筑的设计思维

抬梁式建筑和穿斗式建筑虽然有诸多不同的榫卯特色，但其营造思想的本质是相通的，二者主要采用了以下的建构思路：

1. 由线到面、由面到体的接合逻辑

榫卯的整体设计思路就是一种由线到面、由面到体的过程，因此无论是抬梁还是穿斗的榫卯组合，柱子本身不承受弯矩，抬梁房顶的转角弯矩依靠阑额梁枋提供，穿斗则由柱头或斗拱起作用，接合点都使用榫卯的由点到线、到面再到体的思维方式。因此施工时，柱子无法独立地立在台基柱础上，而是通过梁枋阑额、斗拱、柱头等构件稳定立柱，将线型的柱转化为一个二维的面，最后再将这些二维的面构架连接成一个体，形成一个功能性的空间。

2. 材料文化的彰显

由于抬梁和穿斗都是榫卯接合的间架构成的木构建筑，整栋建筑木材料的耐腐、耐火、防虫、轻便高强度无论对哪种构建方式都非常重要，因此特别重视木材品种和质量的文化传统也就逐渐形成。

3. 灵活多变的模块化设计

榫卯穿插的建筑构架可以实现多种模块化组合可能性，例如抬梁与穿斗构架的混用，穿梁式是一种独特的融合穿斗和抬梁两种结构特点的建构方式。它的柱身部位与穿斗式相似，每一檩条之下置一个柱子，而柱子之上又似抬梁式，梁之上为瓜柱，而承重梁的一端或两端透榫插入柱身。同时，它以梁承重传递应力，局部结构又按照抬梁式间架的榫卯，而檩条直接压在柱头上，又具有穿斗式建筑的特征，组装构件的方式也与抬梁式相同，先竖立柱，再将梁檩等构件现场组装。这种类型的建筑将抬梁和穿斗的榫卯规划使用，其稳定性高于抬梁式建筑，因为其承重梁直接插入立柱之中，且用料大的梁又为房屋提供了比穿斗式更大的跨度，是一种独特又科学的营造方法。

三、建筑榫卯的典型接合类型

与家具榫卯相比，建筑榫卯的种类相对较少，使用方式也相对比较固定，它更强调连接的有效性、安全性和实用性，具有审美特征的榫卯主要集中在斗拱和雀替等构件上，下面列举一些建筑中常用榫卯的基本结构。

（一）垂直接合

垂直接合主要是通过直榫系列的构件完成的，直榫是一种可以直接插入柱内的长方形榫头，又分为透榫和半榫，透榫较长，从柱的一端穿入，又从另一端穿出，有时另一端露出部位再加固定的楔形半榫或销子。半榫较短，一般使用在无法使用透榫的部位，是一种不得已才用的构件，连接效果不好，一般只用在次要部位。

1. 透插

透插的构件主要是透榫，属于垂直接合的一种主要类型，也是具有拉结功能的榫卯，它通常使用在无法通过上起下落的方法进行安装的构件上，例如穿插枋的两端、抱头梁和金柱相交的地方，透榫的形态也是大进小出，因此也叫做大进小出榫。透榫的穿入部分是穿出部分径面的二倍，这样的做法既最大限度地保持了自身的完整性，也非常牢固美观。透榫的榫头一般为方头，有时也做成三福头或麻叫头。前者一般用在官式建筑中，简洁的方头显得庄重，后二者多用于游廊、园林建筑之中使建筑形态显得纤美丰富。

2. 半插

半榫是半插的主要构件类型，一般用在无法使用透榫穿出构件的情况下，半榫虽然在梁架构件中也承受剪力和拉结力，但其自身形态决定了它几乎没有拉结力，例如排山梁架和山柱相交处常使用半榫连接，因为二者相连之处，透榫在这里根本无法穿出。半榫在进行水平构件的连接时常使用顺接延续或十字搭交的方式，这时其榫头为燕尾形态，有的有“乍”和“溜”，也有只有“乍”没有“溜”。建筑的进深中线的柱子称为山柱和中柱，由于柱子两边的梁架都在同一高度进入柱内，因此也只能使用半榫，这种类型的半榫的做法与透榫大致相同，只是从一边穿入却不从另一边穿出，插入的深度一般为柱径的1/3，也有少数的半榫两头相通。总体来说，半榫的连接效果并不好，只是在不得已时才使用，同时为了增强其连接效果，还常配合替木或雀替以增大梁架和柱子之间的搭接面，同时栽销，或铁钉、铁箍进行加固。民宅等小建筑多用替木，宫殿等大建筑多使用雀替。

（二）拉结接合

燕尾榫和螳螂头都是通过放大榫头来实现拉结功能的构件，它们的共同特点都是一种端部宽大而根部窄小的榫卯，但是螳螂头的榫头突然放大，导致榫头的剪力受力变小，所以逐渐被淘汰。燕尾榫根部窄端部宽叫作“乍”，上面大下面小叫作“溜”，因此“乍”的作用是增强构件之间的拉结力，“溜”的作用是在构件进行下落安装时越落越紧，以增强构件的稳定性。这种形态的榫卯自战国时期就已出现，直到现在木作还在使用，是一种非常经典的榫卯形态。它的优点很多，由于外小里大，构件连接之后不会产生拔榫现象，因此大多具有拉结关系的构件都使用它，把这种榫头形态做到完全标准，就形似燕尾，也就成了燕尾榫。依据《工程做法则例》，燕尾榫的长度一般为柱径的1/4~3/10。榫的长度与同一构件上安装燕尾榫数量有关，当一个构件的同一平面内只有一个燕尾榫，则榫头尺寸较大，卯口较深。同一平面的燕尾榫越多，卯口越浅，否则破坏柱子本身的刚度，造成柱子折断。燕尾榫是古建筑中最常用的榫卯形式，尤其是枋、随梁之类的构件，在固定时几乎都使用燕尾榫。这些构件一般都具有双重功能，既辅助檩子或梁承受巨大的屋顶载荷，同时又起到围合室内空间的作用，因此它们所受的力既有重力也有拉力，这就要求燕尾榫的根部必须确保足够的断面。然而在实际操作中，这种要求对燕尾榫的制作和安装是十分困难的，榫头过大、卯眼过深会影响着本身的刚度，削弱着承受外力的能力，榫头过小时，恰巧燕尾榫的承受剪力较差的弱点就会充分暴露出来，为弥补燕尾榫根部断面不够的情况，有时需要加袖肩，这样相当于在没有更多损坏柱子的前提下，将燕尾榫根部断面增加了30%左右，由此满足成立的要求。

拉结接合还有一些特殊的结构，例如银锭扣，银锭扣实际上是类似燕尾榫的一种独立榫，它的造型外大内小、上大下小，主要使用在额枋和随梁的端头，相应的柱头卯的形状也与之吻合。这种榫卯的安装只能由上向下用力压下，在重力的作用下越插越紧，安装后可以在前后左右的方向对构件进行限制，是传统建筑中使用广泛的榫卯。

（三）角接合

角接合大部分由格肩榫及其变形的构件来完成，格肩榫的运用是衡量隔窗制作水平的重要标准，当隔窗中的格子做横竖材丁字形组合的时候，格肩榫是常用的连接方式，格肩榫又分为大格肩和小格肩，格肩处和明榫紧贴在一起叫作实肩，格肩处凿剔开口，然后与同样凿剔开口的明榫接合，叫作虚肩，实肩与虚肩在隔窗的制作中都有应用。格肩榫的虚榫的制作。格肩榫的虚榫一般都会利用在横纵两个不同方向的木料结合之处，而格肩榫又分虚实两种。虚榫就是在防止榫眼及45°格肩中心部位留一段木料不进行裁切，这样去做出榫眼的木料就会有一段夹皮，这样的牢固度也就会更高。同时榫头和榫眼的摩擦力也就会更强。

（四）搭扣接合

搭扣榫是一类榫卯的总称，它主要使用在纵横构件的搭接处，对构件的移动方向产生制约，使其不会位移，包括箍头榫、十字卡榫、十字半刻榫。其中箍头榫又分为几种样式，具有装饰功能的霸王拳就是其中一类。搭扣榫中不同类型的榫卯使用在不同部位，从大型的宫殿到民居中均有不同应用，是构件端部搭接的常用方式。十字结合榫是两个木料相交的这么一个榫卯结构，两个榫卯部件的结构相同，互相交叉，在各自的木料上面两侧开小格肩结构，中间部位开去槽口两个部件的结构完全相同，互相交叉做一个格肩榫的被损的结构。这样就组合成了一个十字，结合隼稳固性牢固度是非常不错的。

十字刻半榫主要用于平板构件的十字搭交或斜十字搭交，既可加固方形平板，也可搭交成六角、八角形板。在相交处，各榫子上下面刻去厚度的一半，刻口外侧要按宽的1/10做包掩，俗称马蜂腰，主要用于圆形构建的十字相交。

十字卡腰榫主要承受拉结力，多用于搭交檩、搭交金檩、搭交挑檐檩等连接节点处。檐檩由于檩木扣搭来自于两个方向，因此节点处的断面损失3/4左右，此时节点处的拉力虽然可以满足它的抗剪力是非常脆弱的，这样的搭交檩平时并不受剪力，因此不会出现大问题。但当出现地震或大风摇晃时，就经常出现折断现象，所以在制作这一节点时，必须仔细检查木材，没有腐朽、劈裂、虫蛀等现象，以免进一步降低强度。

（五）独立接合

独立接合多使用销这种独立构件，无论从形态上还是从名称上，给人的第一印象似乎并不属于榫卯，更像是一种木头做的钉子。但古今工匠领域和学界都把它当做榫卯来看待，这是有道理的——仔细观察销的插扣方式和它的接合目的，都属于榫卯的建构思路，可见榫卯不能仅从形态或名称上去定义，更应考察其内在的设计思路与营造思维。销子通常很少单独使用，除了做之外一般都同时，两个子组合使用的具体数目，依据构件的大小长短以及连接的具体情况而定，销子榫一般3厘米厚，5~6厘米长，斗拱中的销子相对会更小一些。销是一种小型的独立榫，栽销主要是通过将独立的木销插入卯眼，从而限制两构件位置移动的方法。安装木销时，一般两个被固定的木构件上下相叠，上面木构件的卯眼与下面的相吻合，然后将木销的小头插入塞紧。销的大小长短没有具体规定，可根据木件大小固定的实际情况以及卯口而定，木构建筑中额枋与平板枋、老角梁和直角量等处常使用栽销的方法，避免构件走形松动。销还有一种特殊形态，叫作穿销。穿销实际上是一种使用透榫的方法进行位置固定的销，原理和功能与普通销相似，不同之处在于，穿销的木榫比栽销更常需要穿透构件，有时甚至需穿透数根构件，头尾再用鎏金斗拱锁合。建筑大门上的门替就是穿销，由于穿销长度远大于栽销的榫头，透出部分需要使用另一种结构进行固定，因此可看作是销的一种变形。

第三节 建筑主要构件中的榫卯及制作

一、建筑主要构件中的榫卯

一组木构建筑由上百个木构件组合而成，其中安全至关重要，和家具榫卯相比，建筑榫卯从外观上显得更加粗糙，但它们之间形成的坚固稳定的力学特征和科学性是毋庸置疑的，除了榫卯连接，古代木构建筑还常辅以钉子和铁箍连接。建筑中的梁架构件是一层层叠起，形成一定的高度，因此每层的构件之间的接合需要水平接合的榫卯，上下层的构件之间需要垂直接合的榫卯，才能使整个梁架接合为一个整体。造成木架连接方式差异的因素有很多，有地域因素、历史因素、审美因素等，其中地域因素的风俗习惯是最重要的影响因素。譬如枋和柱身的连接就明显具有地域特色。

宋代之后的建筑柱头与梁的接合使用了更加多样化的榫卯，额枋大量使用使得联系更加稳定，这种稳定对整栋建筑的梁架构架的安全性有了巨大提升，额枋最初没有专门的榫头，而是将端头直接作为直榫的榫头插入柱的卯口，因此这对柱的材分要求较大。宋代之后，额枋两端逐渐使用燕尾榫，为了加强拉结效果，宋代之后的建筑阑额到角柱的榫头均出头，到后来普拍枋的使用，进一步改进了梁与柱的接合，进一步加强了构架的稳定性。柱身交接的节点需要在多向度使用榫卯，为传统建筑构架的稳定性提升提供了保障，总体来说，这些榫卯的最终目的就是提高整个构架的横向与纵向的连接强度。建筑的发展中最基本的榫卯形式主要有两种，木销钉是中国出现最早的榫卯构件，在新石器时代的河姆渡遗址中就发现销钉插入枋、柱的痕迹，实现拉结功能，直到如今，木作中销钉依然是最常用的榫卯构件之一。在穿斗式建筑中，立柱的柱身连接需要大量销钉配合其他的榫卯使用，同一水平高度，方材的榫接强度很大程度上依靠出榫头固定作用，榫出头相对于暗榫而言显然更加牢固，然而这也会导致方材无法处在同一水平线上，必须上下交错以实现枋头的榫透出来。柱脚的固定是建筑中的时代性、地域性差异较为明显的部位。首先南北差异明显，北方建筑的柱脚相对简单，一般深埋于封闭的墙体内，有时门槛做卯口，柱脚下端作榫头，以简单的直榫进行连接。因为北方气候相对干燥，柱可以贴地或陷入墙内部营造，经过较长时间不容易腐烂。南方地区气候湿润，这种简陋的立柱之法就无法满足，因此需要采用更加复杂的连接方式。南方建筑柱脚的连接通过横枋串联各立柱的柱脚，在柱脚之间形成良好稳固的拉接联系。这种连接方式与宋代《营造法式》中大木作“阑额”卷的记载相一致，基本上复制了穿斗建筑中立柱和枋的连接，通过方材将柱连接为一个整体，从而提高稳定性。方材之上铺地板，使得建筑和地面形成一个空间，起到了防潮避害的作用，这种做法与早期干阑式建筑的设计风格有些相似。利用管脚榫固定柱脚与柱础的做法在南北方均有，但南方明显多于北方，宋《营造法式》对这种榫卯没有做过很多解释和规定，这说明在当时北方官式建筑并没有大量使用管脚榫，南方建筑中管脚榫将柱脚牢牢固定在柱上，不仅使柱不会移动，而且相比方材联系柱脚，管脚榫的固定方式可以增加柱间的距离，便于营造更大的空间，同时也避免建筑内过多的柱子分割占用空间。

(一)柱与梁枋的榫卯

传统建筑中，柱子主要指直立承受上部载荷、支撑框架的构件，是建筑中必不可少的重要构件。柱子是古代大木作垂直承重的部分，也是建筑中最重要的构件，从柱子的位置看可分为落地和悬空两种，落地柱及柱子与地面直接连接，例如，檐柱，金柱、中柱、山柱都属此类，悬空柱也并非真的悬空，而是柱子与梁架等构件连接，梁架之下没有直接的支撑物，例如童柱、瓜柱、雷公柱等，无论落地柱还是悬空柱，都属于承重的垂直构件，而且在建筑中一般都用榫卯的形式加以固定。

柱子的分类还有很多种，按断面形态分主要有方柱、八棱柱、凹棱柱等，最常见的是圆截面的圆柱；按外形分主要有简洁的圆柱和装饰性的带有卷杀的柱子，其中又可具体分为斗接柱、抹角柱、梭柱、包镶柱、梅花柱等；按照位置和功能分，主要有檐柱、金柱、中柱、山柱、童柱、瓜柱、角柱廊柱、雷公柱等，其中瓜柱又分为金瓜柱和脊瓜柱两种。这些柱子本身绝大部分是由一根整木料构成，但是在柱头、柱脚处都有功能性和构造性的榫卯实体，一些特殊的柱子本身也有榫卯连接的数根木材构成，例如斗接柱一般由两根木料通过暗榫连接而成。而在清代建筑中较为常见的包镶柱则由中间一根较大的木料作为心柱，在这根大木料四周用多块较小的木料包镶，包镶的方法既可以使用铁箍也可以使用榫卯，算是一种最早的合成料。

一座具有一定规模的完整建筑，柱子榫卯按照柱子的位置功能来划分，分为檐柱、金柱和中柱三个部分，柱子的榫卯总体来说主要是上下位置固定，中间为横向构件起到拉结和支撑作用，但檐柱、金柱和中柱的位置与功能区别决定了他在榫卯制作方面也有微小的变化，檐柱与金柱的榫卯做法相似度较高，分别用上下榫固定柱的位置，所不同的是无论《营造法式》还是清工部《工程做法》，对檐柱的重视程度和规定远高于金柱，从力学上看这两种柱都对房屋的支撑有重要作用，不过可能由于檐柱处于建筑的外部更加显眼，所以重视程度更高一些。此外檐柱与金柱在挂角上还有微小的区别，檐柱挂角榫的柱础，卯口必须向内稍稍倾斜角度，角柱更是向两个方向的内侧倾斜，被称为侧角。金柱的挂角榫在建筑的内部，既可以做成具有内倾趋向的侧角，也可以完全直立于地面，中柱与前两者区别较大。

枋内构件的榫卯种类相对较复杂，因为它的主要功能并不像梁那样沉重，而是联系建筑中的主要构架使之成为一个整体。它的这一功能决定着枋构件中的横向榫卯主要是具有拉结作用的形式，例如燕尾榫。纵向榫卯主要是固定柱身位置防止位移，形式以半榫为主，枋子的榫尺寸以柱的尺寸或柱上开的供枋穿插穿过的卯眼尺寸决定，选择的长宽均匀且呈大头状，这样的可以最大程度地获得较好的拉结力和抗剪力。

建筑中的榫卯形态并不是很多，但是不同的位置和不同的功能却有不同的制作方法和安装步骤，例如一根柱子的安装，它本身涉及柱头榫、管脚榫、套顶榫等，这里的榫卯有些同属一个种类却有不同的安装方法，与梁枋的接合又涉及雀替、箍头榫、透榫、半榫和卯眼的布局等，它们的形态比较固定，但安装程序和做法细节多样化，这些才是榫卯中最复杂也最重要的，下面以一根柱子的安装为例，介绍相关榫卯的做法与功能。

1.柱头榫的做法

柱头榫并非一种固定形式的单个榫卯，它是指根据柱头与其他构件交接的实际情况所安排的一组功能性榫或卯，是用来固定上方、面阔、进深三个坐标轴的交点，是建筑中最重要的榫卯节点，在柱头上既有榫又有卯，连接着众多构件。柱头上的榫是上小下大的方形榫，主要固定柱上方的构件，梁的底皮。斗拱的斗座下方有时有卯眼，置于柱头榫上，柱头部位的卯眼，主要用来固定面阔和进深的构件，额枋、随梁等构件上的榫头插入柱头卯之内，为了使这些构件连接紧密，具有较强的拉结作用，柱头卯眼有时还需挖透眼以配合随梁的透榫穿入。

2.管脚榫的做法

管脚榫即固定柱脚的榫卯，其功能主要是防止柱子向前后左右偏移，造成建筑重心改变，在清《工程做法则例》中规定，“每柱径一尺，外加上下榫各长三寸。”[①]管脚榫的长度在清代被规定为柱径的1/3左右，实际操作中也可能略小。此外还有几种变形的做法，例如柱子的一侧插入卯眼中，另一侧暴露在外。有时甚至不做榫头，直接将柱子插入很大的卯眼

①(清)朝工部.工程做法[M].武英殿刻本,1734.

中。管脚榫的榫头既可圆也可方。官式建筑的榫头往往制作讲究，榫端适当收溜，榫的上部还有倒楞。当柱子的截面很大，建筑物的高度相对比较合理时，还有可能无需管脚榫，将巨大截面的柱子直接置于巨大的石础上，但是当建筑物过高或过低时，这种方法却有一定的危险性。管脚榫是一种凸接口的榫卯，主要起到固定柱脚防止位移的作用。柱是支撑建筑的主要垂直构件，首先应将柱子牢固树立于柱础上才能完全安全地支撑整个框架结构，传统建筑的柱子又分为地面柱和墩柱两种。地面上的柱子主要安放于柱础上的住处，一般为石材留有卯眼，柱子底部损做榫头插入柱础内。管脚榫的尺寸在清工部《工程做法》中有着明确的规定，为总柱径的1/5，实际操作中有时榫头也会稍大一些，达到柱径的1/4，也有不专门做管脚榫的情况，只把柱础上按照柱径凿出孔，柱子直接插入孔内，还有的将榫头一边留出一部分，成为一种大型的管脚榫，榫的中心部分在柱础内，一边露出。也有一种偏心管脚榫，即柱子一半插入柱础，另一半露在外面，这些都是管脚榫的变形。梁架上的柱子也需要使用榫卯固定，也属于管脚榫的在柱墩上的应用。

3. 套顶榫的做法

套顶榫实际上是一种放大的管脚榫，一般在有一定长度的长廊的柱子上使用，以增加建筑的稳定性，尤其当建筑的长廊质量轻且受风面积大时更常使用，它的长度一般为柱子高度的1/3~1/5，穿透屋顶直接与柱础连接，如果没有柱础，必须深插于地下并做防腐处理。柱脚榫和柱头套榫的技术与质量要求实际上是因环境条件的变化而变化的，这两种榫的功能均是防止柱的位移，因此只有在大风或地震时才会显出它们的主要功能，一般建筑中的柱脚榫合榫头尺寸是3/4~3/10柱径。当建筑歪斜或建造于多风的地区，其断面必须为3/10甚至更大同时柱头套榫也必须确保根本没有瑕疵。

4. 箍头榫的做法

箍头榫的受力机制和燕尾榫有众多相似之处，但其构造比燕尾榫更加复杂，也更加优越，其断面尺寸是柱头径的1/4~3/10之间。箍头榫中的箍头是箍住柱头的意义。顾名思义，箍头榫的功能是在枋与柱的端部或转角处所采用的一种连接形式。其做法是将枋从柱中向外延伸大约一柱径长度，枋与柱头当做榫头的套榫。柱皮之外卡住榫头，这一结构可繁可简，一般带斗拱的高级建筑使用霸王拳，不带斗拱的配房使用三岔头，无论是霸王拳还是三岔头，形状虽不同，但功能都是作为箍头来使用，因此大小相似。箍头榫又分为一面箍头榫榫和两面箍头榫，一面箍头榫指在柱头的上沿开单面卯口，两面箍头榫则开始自卯孔两个箍头在卯口内十字相交。箍头榫的功能是复合性的，既保护柱头，同时又使边柱和角柱保持良好的拉结功能，而且霸王拳自身还有装饰功能，并体现建筑规模的等级。因此箍头榫是榫卯实体中功能与审美相融合的典型。

5. 瓜柱挂角半榫的做法

悬空柱一般与梁架垂直相接，因此需要使用这种瓜柱挂角半榫，其形态也是管脚榫的一种变形。由于固定在悬空的梁架上，瓜柱常常和角背接合起来使用以增强稳定性，因此原来用在落地柱上的管脚榫变为双榫，一半连接瓜柱，一半连接角背，即瓜柱挂角半榫。这种榫卯的大小一般要比落地柱的管脚榫略小，在6~8厘米左右。这种榫卯还大量使用在梁架中水平与垂直构件相接的节点上，常见的有柱与梁、柱与排山梁架、抱头梁、挑尖梁、穿插枋及单双步梁与金柱、中柱相交部位等。其大小形状可根据实际情况调整。

(二)不同的柱子中榫卯的比较

1.檐柱

檐柱是木结构建筑檐下最外一列支撑屋檐的柱子，也叫外柱。檐柱在建筑物的前后檐都有。①宋、辽建筑檐柱由当心间向两边逐柱升高，使檐口呈一缓和曲线，曰“生起”，该法未见汉、南北朝，清已不使用。宋、辽建筑檐柱在前后檐向内倾斜一定量，山面亦向内倾斜，角柱则两方面都有倾斜，称之为“侧脚”，以使建筑有较好的稳定感。②元代建筑尚保留此种做法，明中叶已基本不用。由于柱子在建筑安全中具有重要作用，因此宋《营造法式》对柱高、柱径都作了详细的规定：“若副阶廊舍，下檐柱虽长，不越间之广”，“凡用柱之制，若殿间即径两材两架至三材；若厅堂柱即径两材一架；余屋即径一材一栔至两材。若厅堂等屋内柱，皆随举势定其短长，以下檐柱为则”。③“至角，则随间数生起角柱。若十三间殿堂，则角柱比平柱生高一尺二寸；十一间生高一尺，九间生高八寸，七间生高六寸，五间生高四寸，三间生高二寸”。④同样，清工部《工程做法》中也用大量篇幅对檐柱做了非常详细的规定和描述。檐柱的制作与固定，需要涉及数种功能性的榫卯。首先将柱料刨好，两端画十字中线且要互相平行，然后将两端的中间连起来弹在柱上。接着用柱高丈杆画出柱头、柱脚、管脚榫的长度以及梁枋卯口的位置和深度。然后计算出柱的侧角尺寸一般为柱高的1%。最后，画出柱子的卯眼线。檐柱两侧的檐枋还有透榫插入的卯眼，这个卯眼必须与地面保持垂直，枋插入后才不会歪斜。

---

①王其钧.中国建筑图解词典白金版[M].北京:机械工业出版社,2016:42.

②郑天挺 等.中国历史大辞典下卷[M].上海:上海辞书出版社,2000:3.

③李诫.营造法式[M].重庆:重庆出版社,2018:114.

④李诫.营造法式[M].重庆:重庆出版社,2018:114-115.

2.金柱

建筑物的檐柱以内，除了处在建筑物中轴线上的柱子外，其余都叫“金柱”。在有四列金柱的建筑中，室内前半部分有两列金柱。前列是外金柱，后列是里金柱，室内后半部分也有两列金柱，前列为里金柱，后列为外金柱。①首先和檐柱的做法相同，画两端的十字中线同时弹出柱的长中线。然后沿着柱长中线分别标画上、下榫、柱头、柱脚、枋卯口、梁卯口，并注意所有卯眼方向必须对正，以免构件组装歪斜。

3.中柱

中柱是指在房屋纵中轴线的柱子，实例见河北蓟县独乐寺山门和清代宫殿、坛庙的门屋或门殿。②中柱与背枋一般为燕尾榫形成的拉结关系，与前后梁无法做透榫，只能是两个半榫相对插入，再在梁下附替木、雀替等进行辅助加强。

(三)梁枋榫卯的做法

柱子是建筑中的纵向构件，而梁枋是建筑中最主要的横向构件，正是这种纵横的连接才得以构成一个具有空间的框架，因此，柱子上开的卯口、榫头往往与梁枋上的榫头、卯口是配套的。所以在进行归纳时，柱子榫卯中提到的构件在这里不再重复。按照建筑榫卯接合的递进原则，当柱与梁接合时，一般柱子开卯口，梁做榫头，除了普通的直榫之外，北方地区的梁柱接合有时还使用更加复杂的梁箍柱的做法，即柱子顶端挖出梁套，相当于为周榫开的卯口，梁上的榫头从中间开始至两侧与柱子顶端的梁套呈45°接合包住柱芯，梁底再进行额外加固。这种做法更为复杂，但也更为牢固。有时柱子如果太小，也可以在柱顶作馒头榫或朝天榫插入梁

①王其钧.中国建筑图解词典白金版[M].北京:机械工业出版社,2016:42.

②《中国土木建筑百科辞典》总编委会.中国土木建筑百科辞典[M].北京:中国建筑工业出版社,1999:225-282.

底的卯口中，这时的榫头都是半榫，甚至也可能直接将直径不大的柱子插入梁底的卯口。也就是说，并不存在所谓一成不变的递进式的榫卯接合规律，梁柱的接合以安全、施工便捷、节省材料等实际情况而定。

1. 梁上榫卯的制作

馒头榫是在梁的两端使用的常见榫卯，固定柱头与梁头，它的整体尺寸和榫径都与管脚榫相似，放置于柱的顶端，插入梁底部的海眼，海眼为八字形，上小下大以便馒头榫的安装，由于这种榫卯的作用主要限制垂直构件的水平位移，因此多使用在檐枋、额枋、随梁枋、金枋、脊枋等水平构件与栓头相交的部位。另外，燕尾榫也是用于梁枋的常见构件，这两个部位的燕尾榫一般有带袖肩和不带袖间两种，袖肩的作用是为了加强燕尾榫根部的抗剪力，燕尾榫的形态固然有很大优点，但缺点也很突出，由于根部断面小燕尾榫非常容易从根部断裂，因此袖肩就可作为一种燕尾榫的补强结构进行安装使用。袖肩长的为柱径的1/8，宽与榫的大头相等。

2. 桁碗刻榫的制作

建筑中水平或倾斜构件重叠在一起时，它们之间的位置需要固定以避免位移，这时候销子就在这方面发挥作用，而构件之间呈垂直或基本垂直的状态时，销子此时就无法固定不在同一平面上的构件，这时需要桁碗刻榫或压掌榫来承担固定位置的功能。桁碗则处于梁柱头的顶部，因此而得名，它是大木作中的重要构件，桁碗置于桁檩、柁梁、脊瓜柱相交位置，固定横梁的一端。它的碗口直径比桁檩略大，尺寸在1/3~1/2檩径之间，由于它的作用主要是固定桁檩以免移动，因此碗口中常做“鼻子”，这是一种约为两头1/4宽的两个突出物，行里插入的端头，按照鼻子的大小挖出凹形小坑，安装时将构件完全对齐吻合，脊瓜柱的柱头在桁碗中的鼻子要更小一些，约为1/5，甚至可以不做。

3.趴梁阶梯榫制作

阶梯榫主要是为了固定趴梁和檩子之间的位置，以避免其位移，平时这一节点不承受大的作用力，但是当建筑构件经过长时间而弯曲时，它就承受了剪力，因此在制作这一节点时，卯口深度不能过大，损失的断面，不得超过檩子断面的1/5，同时，阶梯榫的榫头一般也做成大头榫，进一步增强拉结力。趴梁阶梯榫一般用于趴梁、抹角梁和桁檩半叠交所形成的两个体积相交之处，这时阶梯可以有效地连接两个不完全叠加的木构件，阶梯榫一般分为三层，下层两只，深入檩之中，为其半径的1/4，上一层为燕尾榫做挂机之用，阶梯两侧有时有包掩，这种榫与人字屋架中的双齿槽很相似。

4.枋的榫卯制作

《正韵》：舫，亦作枋。《扬子·方言》：蜀人以木偃鱼曰枋。[①]枋是处在梁头与柱头之间的横木，与梁呈相互垂直的关系。枋与柱身之间的榫卯总体来说可分为抗拉力榫卯和不抗拉力的榫卯两种类型，由于枋的主要功能是固定柱头不位移，在受到外力的情况下柱头不会向四周偏移而导致柱身歪斜，因此不抗拉力的榫卯在枋中的使用通常需要销的配合。销在枋中的使用主要是增强榫卯之间的摩擦力，主要形态有直柱销和羊角销。枋中的榫卯多为露出榫头的透榫，在露出部位使用销横向插入，这样榫卯就很难脱落，柱的安全也就有了保障。这种做法在北宋《营造法式》大木作制度中有详细的图样记录。枋头上榫卯的一般做法是首先把其两端迎头画中线，四角分别再弹出滚楞线，然后以枋中线为基点居中标出榫头宽度，形状一般以直榫和燕尾榫为主，榫头与榫肩比例约为1∶4，燕尾榫榫肩底部宽度按头部宽度的1/10收拢。枋子的其他形式，穿插枋、跨空枋等构件主要承受拉结力，通常也使用透榫，由于拉结力在这些构件中的作用并不很

①康熙字典线上查询：http://tool.httpcn.com/Html/KangXi/27/PWTBUYAZMETBMEX-VB.shtml.

大，因此断面比燕尾榫头榫等承力较大的榫，一般为柱径的1/4~1/5。

5.檩的榫卯制作

《集韵》：力锦切，音凛。屋上横木。[①]它主要架在梁头处，沿建筑面阔方向的水平构件，主要作用是固定椽子结构，同时保证将屋顶荷载顺利通过梁传递至柱子。步架是指二檩之间的距离，在《营造法原》中叫作界，《营造法式》则称为椽袱。檩的榫长一般为其自身直径的3/10，做法也是将檩料迎头画十字线，两端中线相吻合，然后再将中线[②]向内标出接头燕尾榫头处的尺寸。梁的一边也要标出燕尾榫相对的卯口线。在实际操作中会发现，由于檩置于柱头之上，而多而细的柱子使得檩条和柱连接点很小，这样它就很容易滚动，因此使用横架抱榑口法和纵架连机法进一步固定。横架抱榑口主要是指半圆形槽挖在梁两端，称为"抱榑口"，檩条上的榫头与梁柱的半圆形卯口相接时受到抱榑口的限制。而连机是附属于桁檩之下的枋木，其通长与桁檩相同，与北方清式的挑檐枋和宋式的随檩枋在同一位置。[③]在北宋的《营造法式》中就已经有了记载。在木构建筑中，匠师一般会将一种长方形的木材置于檐桁、步桁与轩桁之间，这称为机，而用在两柱之间的机称之为连机。这种方法的好处是连机增加了两条横材增加了横截面积，一定程度上提高檩条的刚度。

（四）其他构件榫卯的制作

1.板材榫卯的制作

木构建筑中经常使用宽大的板材，这些板材由较小的木板拼接而成木，板材本身面积大而厚度小，不宜直接做榫头，因此需要独立的榫卯构

---

①康熙字典线上查询：http://tool.httpcn.com/Html/KangXi/28/PWMEKOAZUYTBAARN.shtml.

②在檩料各面准确标记出，檩料榫肩的大小需要依据檩子截面的面积而定，并在两端分别留出榫头长度和榫接基点位置。

③李剑平.中国古建筑名词图解词典[M].太原：山西科学技术出版社，2011：92.

件连接。一是银锭榫，它是一种体积较小、两端呈燕尾形状的独立榫，它一般在板缝之间配合胶鳔使用。二是穿带榫，卯口罩在木板之上，窗口外缝，在内宽穿带榫也是独立的长榫头，沿宽边做成燕尾状，插入卯口后相当于给木板加筋，防止其凹凸变形，若有许多块拼装而成的大板穿带榫的安装则要朝不同方向，这样使木板的拼合在各方向都松紧均匀，不至变形。穿抄手带是穿带的一种形式，但与普通穿带又有区别，首先穿抄手带需要在木板的一面正中打透眼，然后用胶鳔将打眼的木板相互黏合，透眼要对准，然后将强度很高的楔形穿抄手带打入，这种做法在实榻大门和三花板等处经常用到。

2. 雀替榫卯的制作

雀替是处在柱子与梁枋交界处的一块板状构件，它的任务原本有两个，一是增大柱与枋之间的受力面，使梁枋所受到的上部的巨大重力充分转移至柱子，同时还可以增强连接部位的抗剪力。二是进一步固定梁枋与柱的连接方向，使二者不会位移或错位。自雀替在南北朝的建筑上出现起，在以后千余年里变化出七种样式，[①]分别为：大雀替、雀替、小雀替、通雀替、骑马雀替、龙门雀替、花牙子。随着建筑技术的不断改进，明后期之后，一些建筑的雀替已经不再是必须的连接构件了，但它和斗拱一样，去功能化之后不仅没有消失，反而成为了建筑上的重要装饰物，材质也更加讲究，多用防虫辟邪的樟木制作，北方又称“檐撑木”。有承力作用的雀替制作比较讲究，需要先在柱头部位预埋质量上乘的实木，叫木砖，与柱子半榫接合，清代民居有时也用铁钉。木砖上部做榫头，半榫插入额枋底部，雀替长度为净面宽的1/4，贴于额枋底部略矮处，厚度是檐柱径的3/10，它是连接柱与梁枋的关键部位，在很多建筑榫卯的研究中，雀替本身就经常被研究者作为榫卯构件来看待。它的存在加强了木构架受力变形过程中结构的整体性，增大了榫卯节点的转动刚度，加固了梁柱节

①王其钧.中国建筑图解词典白金版[M].北京：机械工业出版社，2016：42.

点[①]。雀替可提高榫卯节点的正向转动弯矩，其幅度达61%；且在雀替与枋脱离前，可提高节点的耗散地震能量的能力[②]。与原始四边形立面形状相比，雀替演化成三角形的立面形状并不会导致受力性能降低。[③]

3. 替木榫卯的制作

替木又叫梁托，顾名思义，是在斗拱上方托住梁枋或檩木的短木形构件。汉代考古最早发现这种构件，当时是在明器中出现的，为矩形结构，因此可以推测当时的建筑已经使用它了。魏晋南北朝时期，替木形态更加科学美观，两侧逐渐收拢，与斗拱形态上下相互呼应。宋代的替木发展到极致，更加多样化，外檐的罗汉枋即为替木演化而来，随着建筑技术的成熟，这种构件在明末之后使用越来越少。[④]传统替木的长度为柱径的3倍，高和厚与椽径大致相当，魏晋以后替木两边的收杀为总宽度的1/3，放在步架卯眼下的口子内做销子榫，也可以在两端钉在梁底皮部位。

二、建筑榫卯的一般制作程序[⑤]

(一)备料

建筑榫卯的设计与制作关乎建筑的安全性，而材料的质量又是榫卯安全性的最基本保障。因此，大木作榫卯制作过程中，首先要做的重要工作即备料。备料的主要任务是准备合适的木材，针对不同功能的榫卯连接

①周乾.故宫古建筑结构分析与保护[M].北京:知识产权出版社,2019:14.

②李卫,高大峰,邓红仙.带雀替木构架榫卯节点特性的试验研究[J].文博,2013(3):80-85.

③周乾,闫维明,关宏志,等.故宫太和殿静力稳定构造研究[J].山东建筑大学学报,2013.(3):215-219.

④中国历史大辞典·科技史卷编纂委员会.中国历史大辞典·科技史卷[M].上海:上海辞书出版社,2000:2822.

⑤下文所述的建筑榫卯的一般制作程序,是由木作技术人员的口述资料,结合相关文献资料整理而成。

处，木材的选择有许多讲究。首先是木的品种和质量，楠木是最先被用来制作建筑构件的材料之一，榫卯的制作材料也多为楠木为宜。随着营造规模的扩大，生长周期较长的楠木很快无法满足建造的要求。工匠们转而选择松木，松木分为很多种，其中黄花松的耐腐蚀性和强度都较高，成为榫卯常用的材料，但它也有明显的缺点，比如密度大、干燥缓慢，尤其是在建筑完成之后，假如这种木材继续干燥且径向轮裂，非常容易产生脱榫现象，有时甚至会直接劈裂，产生许多安全隐患。最终，杉木因为缺点相对较少、产量高而成为历代工匠的首选，这种木材除纹理相对不是特别美观、质地稍松外，各种特性都非常适合榫卯的功能要求，例如防虫、防蛀、防霉，干燥过程中变形不大等，尤其在承重构件的榫卯连接中几乎是必备材料。制作榫卯的材料一般比制作构件的要求更高，要求榫卯备料正品的完好率一般在97%以上，根据榫卯使用的具体位置，这个数据还会有所变动。总体来说，直接受力的榫卯和外露显眼处的榫卯材料要求较高，构件内部以及不直接受力部位的榫卯材料要求稍低。尺寸上，材料的选择需要“备荒”，即毛料的尺寸选择需要事先考虑到加工形成的损耗。一般来说，具体榫卯材料需要预留损耗的量，预留的大小根据榫卯的材质、功能、形状的不同而不同，通常材质较差、功能重要、形状复杂的榫卯需预留更大的损耗量。

木料根据截面尺寸还分为原木和加工木，原木即从树干直接截取的圆柱体木材，一般除了制作柱子之外不能直接使用，必须加工成方形材料并经过干燥处理，这时的木材称为加工木。加工木包括板材和方材两种，宽度是厚度3倍以上的叫板材，3倍以下称为方材。其中，材质的优劣是榫卯质量的决定性影响因素，也是影响材质预留损耗值的最重要考量因素之一。材质的优劣不仅取决于树种，也取决于伐木的时机。

《左传》引周谚：“山有木，工则度之。”[①]《孟子》也说：“为巨室，

①郭丹，等.左传[M].北京：中华书局，2016：隐十一年.

则必使工师求大木。”[①]木材是古代营造建筑的根本。古代伐木，非常讲究时机，既要考虑到木材的质量，又要照顾到山林的可持续性发展。《礼记》云：“草木零落，然后入林。”后人注：“十月之中也，即山虞所谓仲冬斩阳木也。然山虞尚有仲夏斩阴木之文，疑仲夏民无暇，必官用也。”[②]《月令》也规定：“孟夏之月，毋伐大树。……仲冬之月，日短至，则伐木取竹箭。”[③]春夏正值树木生长的季节，此时伐木不仅阻碍木材长得更加高大，同时树木内残留的养分也更容易发生虫蛀现象。木材内集聚的大量水分也容易在材料干燥的过程中变形，因此不适宜取材，冬季的树木营养吸收养分很少，气候相对干燥，此时的木材显然更适合制作榫卯。况且，这个时候伐木也不会耽误农事。《周礼》记载有专门管理山林伐木的官“山虞”，有权刑罚不按规定日期入山“窃木”者。[④]《孟子》曰：“斧斤以时入山林，不时则为窃，故刑罚之。”[⑤]木料砍伐下来后，需要对其进行适当的处理，《周礼》说：“夏日至，令刊阳木而火之。冬日至，令剥阴木而水之。”“夏日至，令刊阳木而火之。冬日至，令剥阴木而水之。若欲其化也，则春秋变其水火。”[⑥]郑锷也说：“攻之之法，夏日至则刊阳木，而令燔燎以火。冬至日则剥阴木，而令浸以水。……刊剥者，除草木而空其地，或居民、或作室，未必欲为耕种之地。”[⑦]因此，当时的人们在将木料从山林里运出来之后，并不立刻使用，而是耐心地放置一段时间。《吕氏春秋·别类》记载这样一件事情，“高阳应将为室家，匠对曰：“未可也，木尚生，加涂其上，必将挠。以生为室，今虽善，后将必败。”[⑧]高阳应

①孟子[M].方勇，译注.北京：中华书局，2015：梁惠王下.

②礼记[M].胡平生，张萌，译注.北京：中华书局，2017：王制.

③薛梦潇.早期中国的月令与“政治时间”[M].上海：上海古籍出版社，2018：11.

④周礼[M].徐正英，常佩雨，译注.北京：中华书局，2014：地官.

⑤孟子[M].方勇，译注.北京：中华书局，2015：梁惠王上.

⑥周礼[M].徐正英，常佩雨，译注.北京：中华书局，2014：秋官.

⑦陈梦雷，等.钦定古今图书集成理学汇编经籍典[M].济南：齐鲁书社，2016：二十二卷周礼解义.

⑧(战国)吕不韦.吕氏春秋[M].北京：团结出版社，2019：别类.

曰："缘子之言，则室不败也——木益枯则劲，涂益干则轻，以益劲任益轻，则不败。"匠人无辞而对，受令而为之。室之始成也善，其后果败。"可见，木材潮湿对建筑营造的影响是致命的。汉代王充在《论衡量·知篇》中也提到："蒸所与众山之材干同也，伐以为蒸，熏以火，烟热究浃，光色泽润，爇之於堂，其耀浩广，火灶之效加也。"①随着营造技术的发展，人们对木材的材性了解掌握得更多，发现木材的种类不同，所砍伐的时间也有差异，唐代柳宗元《晋问》："晋之北山有异材，梓匠工师之为宫室求大木者，天下皆归焉。仲冬既至，寒气凝成，外凋内贞，沈液不行，乃坚乃良。万工举斧以入，必求诸岩崖之欹倾，涧壑之纡萦，凌巑之杪颠，漱泉源之淦溁，根绞怪石，不土而植。"②明代《物理小识》也说："凡伐木，宜四月、七月，则不虫而坚韧。榆荚下，桑葚落，亦其时也。凡非时之木，水沤一日或火煏取干，虫则不生。伐木以桐油灌之即干。买大松者，贵其色赫，则凿脑，以苏木胡椒灌之，通身皆红。"③后来，随着木材处理技术的提高，可以在很大程度上弥补这种不同季节伐木带来的材性差异，但传统上的榫卯制作还是依然会格外关注材质的季节变化。

除了时间上的规定，风水不仅对建筑营造有许多讲究，对伐木也有自己的禁忌习俗。尤其是宋代之后阴阳之术盛行，对伐木的要求更加严格繁杂。《鲁班营造正式》记载："凡伐木日辰及起工日，切不可犯穿山杀。匠入山伐木起工，且用看好木头根数，具立平坦处斫伐，不可潦草，此用人力以所为也。如或木植到场，不可堆放黄杀方，又不可犯皇帝八座、九天大座，余日皆吉。"④

对于榫卯来说，以上所涉及的各种伐木方面的规定中，最核心的还是对木材干湿问题的考虑，材质的缺陷很容易直观地辨别，因此可以比较容易避免，然而木材的干湿所导致的问题并不容易彻底排除。一方面，干湿

①黄晖.论衡校释[M].北京:中华书局,2018:641.

②(唐)柳宗元.宋本河东先生集[M].北京:国家图书馆出版社,2019.

③(明)方以智.物理小识[M].长沙:湖南科学技术出版社,2019:用木法.

④鲁般营造正式[M].天一阁藏本.上海:上海科学技术出版社,2000:67.

在木材中往往并不能凭观察立刻准确判断，有时第一印象中材料尚可，但是当构件制作中途时发现材料整体或某些部分的干湿度不够理想，这时就遇到非常尴尬的局面，干燥木材需耗费时间成本，替换木材则需更大的经济成本。因此在制作榫卯之前，工匠需对材料的干湿状况有充分的了解。另一方面，不同的树种木材干缩湿涨的特性反应不同。一般来说，软木质地的疏松容易吸收更多水分，干缩湿胀更加明显。一旦榫卯使用了变化较大的湿木材，有可能最初榫卯接合得非常紧密，然而随着木材干燥收缩，榫卯接口逐渐松弛甚至脱榫，影响木构件的连接。当材料备好之后，制作榫卯的相关构件之前还需要注意木材的纹路，木材具有各向异性，顺纹相比横纹在抗拉、抗压、抗弯方面都更加优秀，因此还要将重点承力部位或重点承力方向的榫卯构件都尽可能地安排适合顺纹制作的木材。现代木材制作，主要使用无芯材和二膘料，什么叫无芯材？什么叫二膘料？沙发的腿料由于它有直径，但是长度要求较短，所以在制作时也可以使用一些小料树杈料进行加工。但是小料、树杈料的中心部位都是有空洞的，在制作腿足之后，非常容易发生大的开裂。在使用过程中也非常容易出现炸裂情况，所以想制作更稳定的家具，尽量选择无芯材。无芯材都是大料主干料里采取中心的空洞边缘的白皮、二标部位，这种位置的木料其生长是比较紧实的，稳定性是比较高的。但是相对来讲成本也是比较高的。有经验的工匠通过截面来判断腿料的优劣，如果是半圆状的，就是无芯材。

榫卯制作白皮含量按照国家标准，在非表面部位可以不超过10%的使用。但是这是指较低端的材料而言。拿经常在装修部位使用的缅甸花梨举例，缅甸花梨的特点就是出材率高，口径大。当然口径大的一些木料价格是要偏高的。虽然木材的中心部位会有断裂，边缘会有白皮，但是除去断裂和边材以外，还是有很多的二标部位可以供工匠取料来制作榫卯的。所以买大料制作榫卯实际上是没有必要去使用这丁点白皮的。就算使用了10%的白皮含量，一件材料成本1万的材料在成本价格上无非能差1000元。对于工匠而言，肯定会选择无白皮的材料。所以当工匠是买的大料去制作的话，肯定不会使用白皮了，而有的材料内部会介绍说有5%的白皮含量。这些材料一般都是选用一些小树杈料去制作的小料，出材料小、价格低，为了避免出材率更低，也就没有办法完全避免掉白皮和开裂，也就是说，一定范围之内的白皮料本身虽然对家具没有影响，但白皮料却和烂料、小料联系紧密，这就影响榫卯的质量了。

这一要求看似简单，实际上当榫卯组合数量多、受力关系复杂时则很难做到。往往在这个时候复杂的受理系统，其材料横纹的脆弱性会充分显现出来。当榫卯组成较复杂的系统时，特定的榫头往往受到来自不同方向力的作用，例如斗拱的斗，由于顺纹部位需要与周围的拱翘进行榫卯组合，因此上下两面只能是横纹，这就造成了现在存留的古建筑中斗被压裂的几率特别大。此外一些不够科学的单榫，例如螳螂头也是如此，这种榫卯的突然放大的头部使其横纹充分暴露在受力点上，单从外形看它似乎比燕尾榫有更优秀的拉结力，但横纹的受力缺陷使它的受力性能恰恰相反不如燕尾榫，这是这种榫卯到了明代之后就逐渐被淘汰的主要原因。备料过程中，木材毕竟是天然材料，不可能永远尽善尽美，当一些材料略有瑕疵时，可以在不影响功能的前提下使用（参见表3-1）。

表3-1　瑕疵木材适用情况

木材缺陷	适用范围	具体构件使用情况
色差	不能用在能观察到的外部构件或承重构件	内部构件，外部不承重构件封闭油漆
朽木	不可用	除去朽烂部分，用于次要构件
虫眼	仅辅助构件可用，需避开虫眼处	切除虫眼部位再使用
开裂	开裂处不可用，开裂附近仅用于辅助构件	切除开裂部位再使用
弯翘	不严重的可用	用作小构件
虎斑	不能用在能观察到的外部构件	除面板外可用
乱纹	不能用在能观察到的外部构件	除面板外可用

在下好料之后，还需用火简单地烘烤矫正木料，这是木工在制作家具时的第一步，对各个构件木料进行初步处理。木材由原木开采成规格料之后，木材的木性会随着纤维生长方向有一个木性的释放，在木料烘干，特

别是经过两次烘干之后，各个构件可能会有一些弯曲变形。榫卯制作之前利用烤枪对变形部位进行烘烤、卡制，将木料矫正恢复。这样做成成品之后，榫卯才能更牢固稳定。

(二)画线与放样

根据榫卯的尺寸和形状在木料上标出榫卯的加工位置和加工形状，画线可分为平行与交叉两种方式，因为木料加工本身会破坏一开始标示的线条，所以画线时既不能太过简单也不能太精细，同时注意线与线之间需留有足够的间距，一般不少于6毫米，这样加工后的误差可以保持在3毫米左右。榫卯画线的最重要原则就是必须依照榫卯构件的尺寸和担负的受力大小去设计。例如在画腿料的榫卯时，需要将它与框料（二者都是长条形构件）拼合在一起，分左右相对画线，一次画出两根段平行线作为卯眼的两条边，再用尺沿直角将这两条边引向几个侧面，然后自然拖出卯眼的一个维度。同样的方法再画出另一个维度，四条边构成一个卯眼。

所谓放样，就是根据屋主的要求和榫卯的实际营造情况，将榫卯的各构件尺寸详细画在样板上，这是一种由双面刨光的软木制成，厚度在22~28毫米，样棒的一面画纵剖面，一面画横剖面，然后先定下榫卯的总尺寸，接着将所有榫卯实体的断面及连接关系逐个详细画出，有时工匠如果技艺水平很高，对榫卯的结构形态了如指掌，也可能不使用半榫，直接边计算各种断面尺寸边下料。

(三)粗坯加工

整个过程包括解料、下料与刨料。解料又叫解木，指把原木拆解成若干规则的木料，以备进一步加工。配料和截料也叫下料，根据榫卯的构件尺寸的计算和图样，原料尺寸以及清单进行下料。毛料一般为方材，技艺娴熟的工匠可以将榫卯构件的大小料相搭配分布在方料中。例如，将数根长料和短料统筹规划于一根方料之中，以避免造成废料太多，有时可计算得丝毫不差，甚至连边角废料都巧妙地用得干干净净。同时独立的榫卯用料一般都较小，因为树节等有微小瑕疵的木料用作连接的非受力部位影响非常大，所以用在普通构件上有时无大碍，若放在榫卯之中，细小的构件遇到瑕疵会变得脆弱不堪，因此在下料时也必须非常注意，尤其在将要开榫头、打孔、起线处予以避免。

刨料是为了将下料的构件找平，以便准确地在粗坯上确定尺寸，刨料时先粗刨再细刨，而且要注意顺纹刨，以免出现呛丝，反复操作，直到获得没有结疤虫蛀、表面平滑光泽、纹理清晰的粗坯为止。

（四）卯眼制作

打孔主要通过凿类工具完成，打孔时主要注意孔位、孔距、孔径以及孔深的参数，一般孔的形状主要是方形和圆形，有时也有椭圆形。打孔前首先需要检查基准面，表面平整，没有毛刺、崩边等问题。孔也分为单边和穿透两种，穿透孔的打眼一定要从两边向中间打，以免一面单方向用力扭曲构件。凿卯眼之前选择合适大小的凿子或刀具至关重要，首先必须从木材的背面开始下凿，当凿到近三分之一时，从正面再凿三分之一，然后从背面凿到二分之一处，从正面凿通，这样可以使凿孔均匀受力，木材不会变形。凿孔时还需特别注意按照画线操作，背面需要压住线条凿，完成后应不见线条，但也不可越过线条。正面应留出线条，这样在试插榫头时留有修改余地。卯眼内部力求平坦，遇到结疤时尤其需要小心，以免构件断裂。手工凿通眼时，还需要采取“六凿一冲”的原则，即第一次在靠线处垂直凿一下，第二次在靠线处内斜向凿一下，然后把凿反过来凿一下。翻到正面还是按照上述方法凿三下，待反复操作后卯眼基本贯通时，用冲子冲通。这期间需把握凿的次数，凿得太多费时费工，内部也不容易平整，凿得太少冲子无法顺利冲通，有时还会损坏构件。凿半通孔时按照“前凿后跟一步深”的原则，在画线内3~5毫米处下凿，凿至所需深度之后，将卯眼边垂直切齐。第一凿入木之后，凿身顺势向外一挺，将木屑挤出卯口之外，第二凿垂直向下进一步加深，凿口顺势在“地面”洗平，这样即可凿出内面光滑的卯眼。孔在作为卯眼时还需有一个试插的步骤，目的是感受榫头插入时的松紧程度。孔距方面，一般不应少于3倍孔径，板材45°切角的情况下，用作榫卯的孔距必须尽量拉大，靠抹角处外部至少预留5~10毫米以保证榫头插入时不会挣裂卯眼。此外，凿卯眼较多的构件，例如门挺、窗挺等，凿孔应在反里纹一侧操作，因为反里纹是一种多层木纹，榫头穿过多层木纹的卯眼不容易胀裂。

(五)榫头的制作

榫头的制作分开榫和拉肩两部分，开榫也称为倒卯，就是按照榫头线纵向锯开，拉肩就是去掉榫头两旁的肩头，由此步骤一个榫头制作完成，制作好的榫头一般要在卯口中试插一下，不吻合处需要小心修整，榫头的长度是考验工匠技艺的关键，必须根据不同木材的涨缩特性适当预留1~3毫米缝隙，缝隙太大会产生虚榫，大大减弱连接强度，缝隙太小或没有缝隙，容易造成卯口开裂，同样影响榫卯的质量。

(六)榫卯的拼装

榫卯的拼装一般遵循先装内后装外再装内的顺序，在所有的榫头对准卯口插入后，可用木棰或铁锤轻轻敲实，榫卯的连接不能连一个敲一个，这样会在部分榫卯敲实的时候，别的榫卯还没安装，而木料因受力不均发生变形。尤其在细小、精确的构件如窗户榫卯的拼装前，整个过程保持受力均匀非常重要。因榫头具有一定的长度，即使其在卯口中不能完全恢复到初始位置，但因为其本身有一定的长度，因而仍能搭接在卯口上，使榫卯节点本身并不会受到很严重的破坏，震后稍加修复即可正常使用。①

①周乾，杨娜.故宫古建榫卯节点典型残损问题分析[J].水利与建筑工程学报，2017(5)：12-19.

第四节　斗拱的榫卯

斗拱是中国榫卯结构中的一种非常独特的组合构件，这一构件在功能上承担房顶的重量，将巨大的屋顶重力均匀地传递到柱子，从而实现房檐向外挑出。在形式上，它一改普通榫卯结构的内隐性，呈现造型上的外显化与形象化，达到一种等级象征性的文化内涵，体现功能与审美的统一。

一、斗拱与榫卯的关系

首先需要明确，斗拱与榫卯之间的关系并非并列关系，而是一种从属关系。从构件的历史发展来看，榫卯是木结构建筑的连接方式与连接构件的总称，它负责木材之间的枢纽接合，木材在这些单个构件的接合中逐渐形成一个功能性的整体。如果将建筑比作一个有生命的有机体，那么榫卯就是这个有机体的关节，不同的是，有机体是自然物，“关节”仅代表它们的实体部位，建筑是人工物，“关节”不仅是实体，还代表其连接的方式，而斗拱相当于有机体某一特殊部位的关节组合，它虽然由榫卯构成，但严格意义上不属于榫卯。一是它是特定部位的组合结构，是结构实体而不是构造方式。我们可以说榫卯是技术，但斗拱是一种实体，不存在所谓的斗拱方式或斗拱技术。二是斗拱具有相对固定的形制特征和功能，本身已经形成一种相对独立和固定的构件体系，与榫卯之间任意相互搭配的特点有所不同。它最初的功能是用来支撑房屋的出檐部分，是梁架结构中的柱与房顶的连接物，因此可以说，斗拱是利用榫卯组成的构件体系，它集中反映了榫卯的组合方式、技术特点和审美特征，但它本身并不是榫卯。

斗拱是建筑中较为复杂的榫卯组合物，不仅具有对屋顶的支撑功能，也形成了一种具有等级意义的象征性图案。斗拱至少在战国时期就已经出现，魏晋时期已经发展得相当成熟，宋代斗拱逐渐标准化，补间铺作、柱头铺作、转角铺作在做法和建筑中的使用上都非常固定。斗拱中榫卯造型复杂而富于变化，例如如果斗拱都使用“计心造”，在制作时，匠工们减少“一计”，造型就有了变化，改成“偷心”，造型又有了不同；理论上，斗拱中铺作层数越多，斗拱形态的改变就越有大的余地，反过来，斗拱外形的不同也意味着其中榫卯的构件和组合方式也有很大差别。当然，在同一座建筑中，相同功能的斗拱更多的时候有相同的榫卯组合方式，但是，榫卯构件长度大小不同，甚至安置的位置或次序不同还会有完全不同的构件名称，这也是斗拱显得异常复杂的原因之一。例如宋式斗拱中的小斗，交互斗翘、昂下开槽让斗耳以透榫形式接合，而柱头铺作上也有完全相同的透榫穿斗耳的构造，它们的基本构件大同小异，但是因为用在不同的位置，承担的功能、名称和形态都有所不同。作为斗拱的整体也是如此，同一形制的斗拱在用作不同位置和功能时，其榫卯形状及尺寸也会有所改变，例如“丁头拱其长33分，出卯长5分。若这里跳转角者，谓之虾须拱，用股卯到心，以斜长加之。若入柱者，用双卯，长6分或7分。”[①]构造上，如果以一座三开间采用六铺作斗拱的宋式分心槽殿堂为例，建筑主体木构件约有两千件，其中斗拱占了百分之九十以上[②]，据统计，宋式六铺作重拱出单抄双下昂，里转五铺作重拱出双抄并计心中的榫卯就有98个，清式单翘重昂的榫卯高达120个。[③]形式上，斗拱的存在使得榫卯的穿插特征更加外显化和具象化，使榫卯的内在构件与抽象设计思维体现装饰性。从汉代至清代，斗拱虽然由简变繁，尺寸由大变小，但都由一斗三升的基本样式反复叠加而成。这种同质建构实际上也遵循了榫卯连接的根本样式——符合榫卯也是由简单的单体榫卯连接而成。明清斗拱完全失去实用功能，繁琐的形式使斗拱进一步连接成饰带状的装饰物，这也就将榫卯组合由功能转向审美。

---

①潘德华，等. 斗拱[M]. 南京：东南大学出版社，2020：59.

②潘德华，等. 斗拱[M]. 南京：东南大学出版社，2020：6.

③潘德华，等. 斗拱[M]. 南京：东南大学出版社，2020：53.

二、斗拱中的榫卯

（一）斗拱的概念及特征

斗拱是中国传统建筑中起特定作用的实体构件，它是传统高等级建筑中柱与屋顶的连接构件，由斗、升、拱翘、昂四部分组成。斗和升在古代同为计算粮食的专用量具，十升一斗。许慎的《说文解字》说：“十升也。象形，有柄。凡斗之属皆从斗。”[①]斗，甲骨文像有手柄的大勺，手柄是“又”的简写。在建筑营造中，斗是凿有槽口的方木垫块，为与斗拱最下方的垫块叫坐斗，也叫大斗。坐斗上承受昂翘的开口称为斗口，作为度量单位的“斗口”是指斗口的宽度。[②]建筑中三升为一斗，斗的高度与拱的长度成正比。斗所在的位置差异导致功能与名称也有相应的变化，例如“十八斗”“交互斗”“三方斗”“齐心斗”等，整个斗栱一般处于坐斗口内或跳头上的短横木。“拱”是处于柱和梁枋之间的一种弓状结构，基本形态是矩形之上有曲线、折线的混合形态，作用是托住屋檐下的枋和椽子，从而挑出屋檐。“拱”的最初形态是一种短木，从柱子或梁上伸出以支撑出挑的屋檐，一层不够再层层叠加，后来逐渐发展到与斗相接合，成为一斗三升的固定样式。与斗相仿，处于不同位置的拱也具有不同的名称，例如瓜拱、万拱、厢拱等。拱在不同的时期也有不同的叫法，如宋代称“华拱”，清代称“翘”。“昂”是斗栱中起杠杆作用的斜置构件。室外为下昂，上昂仅用于室内，平坐斗拱或斗拱里跳之上。[③]

①许慎，说文解字[M].汤可敬，译注.北京：中华书局，2018.

②潘德华，等.斗拱[M].南京：东南大学出版社，2020：82.

③潘谷西.中国建筑史[M].北京：中国建筑工业出版社，2015：261.

(二)斗拱和榫卯的相互促进与发展

从已知的实物形象看，早在商周时期的铜器中，就已经出现了斗的形象[①]，这是一种早期的栌斗，这是迄今为止发现最早的斗拱形象。而在战国时期壁画中，则出现了斗拱和用斗拱作节点的建筑形象和斗的模型，[②]春秋战国时期的《尔雅》《论语》等文献就有关于斗拱的零星描述。此外在青铜器纹样中的拱的形象也已经较为普遍，由此可知，斗拱的使用要早于战国。在这一时期的壁画中，出现了许多带斗拱结构的建筑形象，其中的斗拱都作了准确细致的描绘。同时，此前作为支撑屋檐出挑的檐柱，随着斗拱的出现被而简化为斗拱大斗上的横栱，其形式功能均类似于古希腊柱头上的垫块。梁思成先生在《清式营造则例》绪论中对斗拱的发展特征进行了准确的概括："一是由大而小；二是由简而繁；三是由雄壮而纤巧；四由结构而装饰；五由真结构而假刻的部分如昂部；六由舒朗而繁密。"[③]

至汉代时，已可在很多明器上看到明确的斗拱形象。一些画像砖中也有对其刻画。[④]柱头斗拱除战国时垫块外，还发展出夸张的横栱形象，[⑤]此外，还有一些斗拱在建筑中作为平坐或铺作而存在，无论用来支撑、还是作为铺作层，这些斗栱在明器雕刻中均显示为单向性，即便作为出檐的支撑，也仅仅直接放置于梁上，其结构也只是大斗与横栱的组合，类似替木。这一时期尚不能很好地解决转角问题，经常并用双栱。[⑥]由于斗拱出挑的部位由梁演化而来，横向由替木转化，仔细观察就会发现，前者的截

①隋龚，赵鸿铁，薛建阳，等．古建木构铺作层侧向刚度的试验研究[J]．工程力学，2010(3)：74.

②马承源．漫谈战国青铜器上的画像[J]．文物，1961(10)：26-30.

③梁思成．清式营造则例[M]．北京：清华大学出版社，2006：26-51.

④傅熹年．中国古代建筑史：第二卷：三国、两晋、南北朝、隋唐、五代建筑[M]．北京：中国建筑工业出版社，2001：278.

⑤黄学谦，杨翼，胡学元．四川乐山市中区大湾嘴崖墓清理简报[J]．考古，1991(1)：34.

⑥张勇．河南博物院．河南出土汉代建筑明器[M]．郑州：大象出版社，2002：36.

面尺寸在特定情况下会大于后者，由此区分了斗拱的足材和单材。

斗拱至南北朝时期，据文献和形象记载，除纵架斗拱层叠数增加外，[①]已出现纵横交错的斗拱。可作为参考的日本飞鸟时期建筑也已出现了较为发达的双向斗拱，[②]其实现的前提必然以斗拱的双向稳定以及构件刚度增加为前提，这一时期，斗拱水平构件下沉，从而横架得以向外伸出，也是双向斗拱形成的必要条件。正是由于具备了以上这些前提条件，斗拱结构自唐代起就已经完全成熟，它正是作为一种完整而独立的部件出现在建筑之中，直到清代，它的结构特征始终没有质的改变。例如唐代之后的柱头斗拱，斗实际上是斗拱中最简单的构件，一般放置在柱头顶上来承担檐椽等横向结构，拱主要又分为华栱与横栱，所有结构相互支撑、交错递进。大斗在柱头上的作用主要是撑托固定上面的构件，横栱的作用主要是将各级斗拱连在一体，华栱的作用则是支撑挑出的巨大屋檐。另外，最上一跳华栱还和梁连接着，反过来也就是说，梁又连接其他的斗拱系统以及柱，由此整个屋檐下的房屋间架被联系确立起来。其他的补间斗拱和转角斗拱，区别仅是安装位置和负载屋顶的部位有差别。

唐代画像中的柱头，大都纵横交错[③]其中补间斗拱也逐渐具有出跳形态，很明显这种出跳的功能意义不大，更让我们联想到它的装饰性和象征性的作用。至于纵横交错的柱头斗拱，部分由于象征性的表现而强调建筑的等级，部分也确实客观上可以支撑跨度更大的出檐。我国唐代木构实例中的补间铺作既有类似于柱头铺作的如佛光寺大殿，[④]也有类似于早期壁

①中国科学院自然科学史研究所.中国古代建筑技术史[M].北京:科学出版社,1985:64.

②日本木构建筑保护研究[Z].内部资料.

③傅熹年.中国古代建筑史:第二卷:三国、两晋、南北朝、隋唐、五代建筑[M].北京:中国建筑工业出版社,2001.12.562.

④中国科学院自然科学史研究所.中国古代建筑技术史[M].北京:科学出版社,1985:73.

画中蜀柱的大雁塔门楣、[①]柱头、角部和补间铺作共同形成完整的铺作层是在唐末。

斗拱至宋代，不但以材分这种模数化方法统一了柱头铺作、转角铺作、补间铺作的设计，且补间铺作已经发展为和柱头铺作完全一致。[②]依据《营造法式》的记载，这时还明确规定了柱和铺作交接的插柱造成缠柱造作法，[③]为多层建筑的竖向连接提供了技术支持。

元代的斗拱和宋代的显著差别就是同等级建筑中使用的材分明显下降了，根据相关研究，其截面尺寸最大下降了一半之多，但是相应梁的尺寸并未显著降低，这就造成了比例上的显著变化。[④]斗栱的去功能化逐渐凸显，装饰性逐渐成为斗拱的主要作用，最为明显的就是补间铺作中一跳华栱中有假昂开始出现。

到了明代，斗拱虽然在结构上延续了唐宋的样式，却在外部形态上有了进一步的演化，这些演化主要因为建筑营造技艺和材料的改进，使得斗拱的功能性减弱，装饰性进一步凸显造成。首先斗拱的材分继续变小，结构和数量更加繁密，这一趋势实际上从唐代以后逐渐形成。唐代的建筑及其结构将“大壮”之美表现到极致，后世建筑及其部材很难在此基础上继续扩大，逐渐缩小成为必然；其次是模数的单位由材分转为斗口，这一变化的本质是由于建筑技艺的进步导致斗拱在出檐支撑时已不再承担主要功能，因此纵横材分已无需再做区别；另外还有宋代之前，斗拱的华栱与横栱主要表现为高度的不同，而到了明代，两向面拱的高度一致，只是越接近梁，华栱就变得越宽。

---

①鲁晨海.浅析陈从周先生建筑史学研究分期与类型特征[J].时代建筑，2018(6):644.

②中国科学院自然科学史研究所.中国古代建筑技术史[M].北京:科学出版社，1985:64.

③郭黛姮.中国古代建筑史:第三卷:宋、辽、金、西夏建筑[M].北京:中国建筑工业出版社，2003:659.

④中国科学院自然科学史研究所.中国古代建筑技术史[M].北京:科学出版社，1985:119.

斗拱之所以成为一种功能与审美相接合的构件，榫卯接合是其中的关键。正是由于榫卯独特的力学特征，斗拱得以实现连接与支撑的实用功能，在遇到地震等灾害时，其中的连接部位会出现松动以消耗能量，从而极大提高了建筑的使用寿命，也正是因为榫卯的阴阳插接方式，斗拱才具有纵横交错的形态模式，与中国木雕、古希腊建筑雕刻相比，斗拱呈现出一种功能与审美的和谐统一，抽象的体块交织成富有象征性的装饰图像，代表着传统的礼仪和伦理秩序，这是任何雕刻所无法体现的形式美。而这一切，若没有榫卯的参与，都变得不可能或无意义。

第四章 榫卯文化

第一节 榫卯的文化溢出

榫卯作为一种营造领域的工艺结构，其文化意义的溢出既是中国器物文化对外延伸的结果，也是实用的技艺文化深谙社会象征的文化之要核，而对自身的意义作出一种社会性扩张。与此同时，一部分使用功能的自我消解，文化在器物中的复魅与强调，在榫卯成功走向大众的过程中展现整体意义的增殖和裂变。本章特别关注：一是传统技艺知识、文化语义是如何在榫卯传承中实现意义编码和解码的双向过程，二是传统技艺和现代功能需求如何在特定时空中达成意义的协商。研究视角延续榫卯工艺理论的脉络，并引用了视觉文化、图像学、符号学相关成果作为讨论工具。

一、榫卯从技术到文化的进化与升级

榫卯技艺在特定的时空中使用，它也在使用中具有对这一时空环境的解释权。墨子曰："居必常安，然后求乐。"[①]普列汉诺夫所说："人们最初是从功利观点来观察事物和现象，后来才站到审美的观点来看待他们。"[②]

①说苑[M].王天海，杨秀兰，译.北京：中华书局，2019：反质.

②[俄]普列汉诺夫.论艺术（没有地址的信）[M].曹葆华，译.北京：生活·读书·新知三联书店，1964：169.

"人对技术人造物的审美经验是一个从生理快感中经'功能情感'而上升为审美愉悦感的复杂的动态心理过程。"[①]透过对它的意义解读，不仅可以窥探当时的生活与文化状态，它自身也成为这一文化环境的重要组成部分。从文化层面看，榫卯的文化意义首先借由它在技艺与结构上给人的印象而生发的。技艺上的巧妙和便利，以及结构上的物件穿插与阴阳互补，这些特征逐渐由抽象的思维层面的印象转化为视觉层面的符号，而符号由其定义又可以提供一个可复制的语境。技术与事理相和谐，而事理又关涉文化的生发，这是中国古代造物技术向造物文化演进的重要依据。正如《庄子·天地》云："通于天地者，德也，行于万物者，道也。上治人者，事也；能有所艺者，技也。技兼于事，事兼于义，义兼于德，德兼于道，道兼于天。"此所谓"道通于一"。[②]郭象注："技者，万物之末用也。"[③]庄子认为技术的利用不能违背事理，人间事理最终又与自然之道相统一。榫卯在其技艺的与结构的发展达到高峰之后，其文化符号价值也逐渐随之出现并不断增殖。尤其在现代机械化生产已经早已完成了对榫卯结构的替代，且又对传统文化越来越重视之时，榫卯文化的意义随时代的召唤更加凸显，这又反过来促使人们对它使用功能的追忆与复魅，这些精神上的感受加上行为上的特征共同形塑了传统生活方式。

文化是人类在世界上的生存实践所特有的痕迹，其基本内涵为："人类文化的所有内涵要素都可归结于物质层、心物层、心理层的三个层面上。人类的任何非本能行为的结果，都能够在这三个基本层面上找到其恰当的存在位置。"[④]作为文化审美形态的榫卯，是一个有着纵横向关系的技术文化载体，纵向是指时间的延续对榫卯发展的影响，横向是指文化要素结构在社会中的反映，它涵盖了榫卯作为文化的典型意涵，超越技术的和

①张帆．当代美学新葩：技术美学与技术艺术[M]．北京：中国人民大学出版社，2000：58.

②方勇 译注．庄子[M]．北京：中华书局，2015：177-178.

③杨立华．郭象庄子注研究[M]．北京：北京大学出版社，1999.

④陈凯峰．建筑文化学[M]．上海：同济大学出版社，1996：13.

物质的层面，作为文化的榫卯，其具体特征表现为三个方面。

其一，榫卯具有符号性，它虽然是一种物质实体，虽然有特定的材质和形态，但它在使用过程中在人们心中建立了一种具有中国特色的标志性形象，这种形象代表了中国工匠的智慧，是对工艺思想、技术哲理、建构逻辑的一种想象性延伸，有助于我们对人类的建构文化从观念的角度进行归纳、整理和研究。

其二，榫卯的制作具有设计性。榫卯的制作具有创造性的特点，虽然从古至今，榫卯的样式没有大的变化，但是每件器物中榫卯的组合、构件的安排都要自己的特点，都需要能工巧匠根据现实情况进行个性化设计，都是工匠的设计思维和创新精神的物化。

其三，榫卯不是孤立的产物，它是在特定时代背景下产生的，并受到不同时期文化、经济、生产力水平、科技发展、营造观念等因素的影响。

所以对榫卯文化的考察，要联系诸多因素才能做出相对全面和符合历史的判断。可见，从社会文化的视角来对榫卯的美学特征进行剖析，是透彻认识这种木作结构必不可少的途径。

二、榫卯的营造景观

作为一个人工的复合性概念，景观是人所营造的，它是与人们日常活动密切相关的空间秩序也是技术，艺术、技术与自然的综合体，榫卯作为一种营造景观所向人们展示的，已经不再仅仅是它组成的器物，而是它的营造过程所产生的意象。随着榫卯营造的历史积累，人们深切地体验到它所建构的各种物质实体和文化观念，每当人们接触到它时，思想便会产生对文化的反射感知和想象，因此榫卯所建构的物质空间，也是社会学中的文化的个人审美体验的社会性景观。它既是物质实体，更是人类生存的精神文化空间。①

①丁宁.论建筑的审美形态及其意义[J].美与时代,2007(5)：1-16.

随着人文主义思潮的日趋强烈，许多人造物摆脱或超越它的单一物质功能，成为人类生存环境的有机组成部分，社会对其人文价值也在不断深化，物质成为景观，也就意味着成为物质文化的结合体，并在人类生活中逐渐背景化。榫卯作为一种特殊的器物组成结构，它所形成的景观形态有它自己的特点，一般来说，它通过很多组成元素与特定的空间排列次序相互发生有机联系，最终构成整体的系统，它的多样性组合不仅实现特定的功能，也反映了自然和文化空间的多样性，以及长期互相作用形成的文化、美学特质。奎帕指出：景观对人们的安定和健康以及他们在社会中的生存有着普遍的重要影响，需要强调景观形态的可欣赏性、空间结构排列的韵律性等广泛多样性与鼓舞人心的视觉特性，尤其重要的是要让人感受到各组成部分相互综合的景观整体特征。[①]人的感知是整体性的，榫卯所构成的实物-文化景观是由人类长期实践结合记忆、联想、想象对特定内容立体性感受而确立的。

景观生态学研究的核心是不同物质的景观元素构成与内在功能的关联，认为景观的结构和功能是相互依赖、相互作用的，结构形态的特征在一定程度上决定了功能，而结构的形成和发展又受到功能的影响。[②]在景观生态学中，各元素间的“有机联系”是景观的整体性原理所一贯强调的，那些具有共同属性的元素群及其独特的空间结构与周围环境形成相互影响的相邻关系，成为地域景观的特征。[③]景观实体与景观空间的哲学以康德的哲学为基础，对人类的生存状态用景观哲学理论去观察分析，用支配人的感性灵魂进行思考，全面地审视景观、文化及人的感受心理之间的关系。景观哲学认为：“美”是观察者的一种体验，与景观的质量有关；景观不是别人眼里看到的画面，是自己亲身在其中观赏、感受到的场景，是人们在特定场所与时间感受到的某种环境氛围或意境；人是景观的主

①Juliette Kuiper. A Checklist Approach to Evaluate the Contribution of Organic Farms to Landscape Quality[J]. Agriculture, Ecosystems and Environment, 77.2000:143 - 156.

②傅伯杰，等.景观生态学原理及应用[M].北京：科学出版社，2001:5

③傅伯杰，等.景观生态学原理及应用[M].北京：科学出版社，2001:4-6

体，场所与空间是景观客体中与人的感知心理发生相互作用关系的重要因素，人的精神世界是由这些景观空间培育起来的。①这里的“景观空间”包括物质元素实体的形态及其相互间共同构建的开放空间，它通常是人们为营造良好生活环境的人工场所。榫卯之所以在传统营造中产生巨大影响，主要由于它长期、大量地使用在其中。频繁的使用、可观的数量构成了一个独特的建构环境，进而在人们心中产生反应，这种被建构的连接方式成为环境、成为人们的生活背景，因此它可以被看作一种人工的营造景观。作为一种文化性的背景，榫卯的设计往往并不强调构成审美的主体物，而更注重营造一种审美氛围，使人们在接触与使用的过程中不自觉地受到感染。

图4-1为一组中式书吧的设计方案，设计者为突出空间的传统文化氛围，大量采用木材料榫卯接合的装饰和家具，暗藏的榫卯结构和外在的木质花窗、隔断，以及墙面采用的书法壁纸结合起来，显得温馨、大气而又不失含蓄，非常适合读者的品位。

图4-1　中式书吧（本设计由蚌埠学院产品设计专业学员王歧彬提供）

①藤泥和，等，景观环境论[M].东京：地球社出版，1999.

图4-2为蚌埠学院产品设计专业学员住晓风设计的户外躺椅，本设计采用的嵌套式构件灵感来源于传统榫卯，单构件本身与任何传统的榫卯差别都很明显。这种椅子可以很方便地通过对钢圈的旋转完成折叠，使其收缩成为一个圆面，便于携带。在使用时可以通过旋转形成圆形座面和椅背，显得富有实用趣味，便捷、舒适且时尚。

图4-2　户外躺椅(本设计由蚌埠学院产品设计专业学员住晓风提供)

图4-3是一款磁悬浮加湿器的设计，设计者采用数个不同类型的圆棒榫作为内部构件的连接，将悬浮子模块与加湿器模块相整合，达到整个加湿器在工作中可以悬浮旋转的效果。加湿器外观形似白兰花，形态柔美，内部可滴入香薰精油，让人们充分体验高科技带来的舒适与新奇感受。

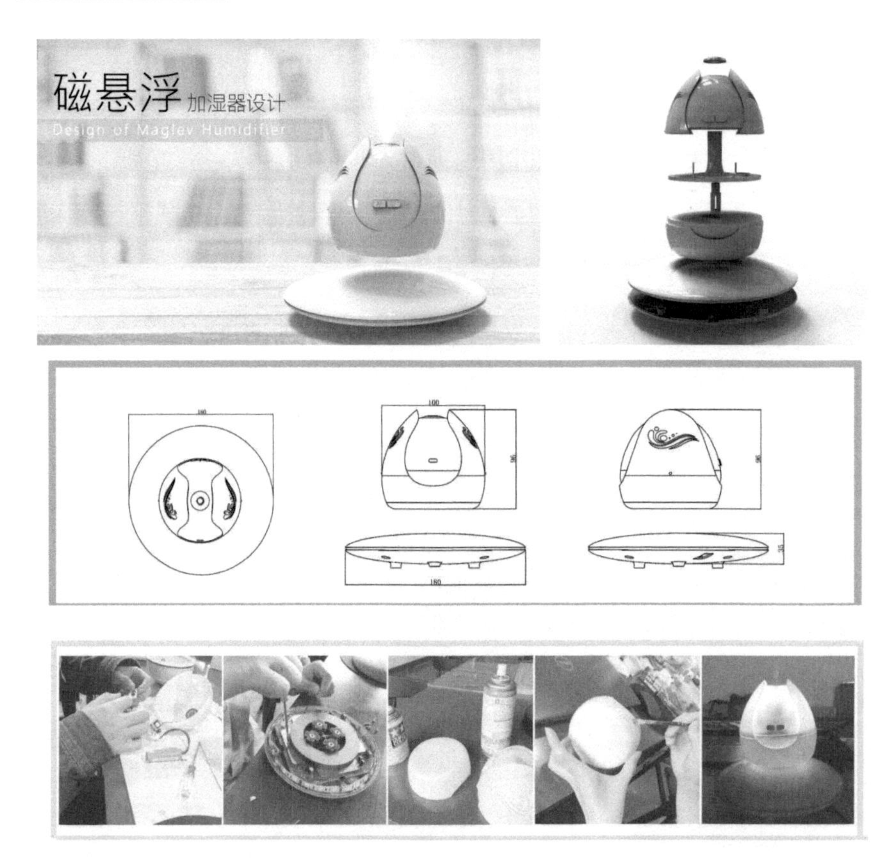

图4-3　磁悬浮加湿器（本设计由蚌埠学院产品设计专业学员汪兰兰提供）

图4-4是一款使用传统箍榫、暗榫和燕尾榫设计的木制户外花盆，它不仅有传统木作工艺的技术特点，还具有现代水景观装置的功能特点，通过内置电动水泵，水可以自上而下在几个木制花盆间循环，达到较好的观赏效果。

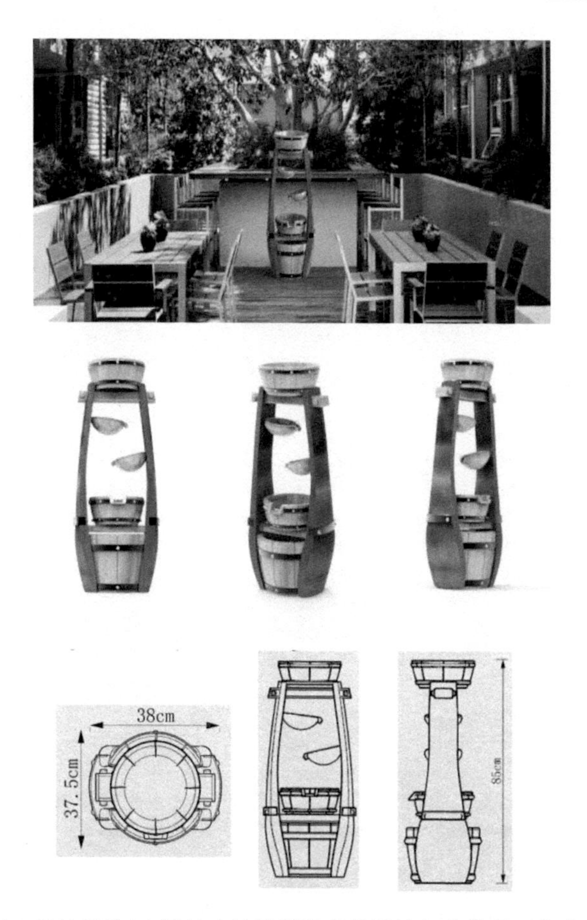

图4-4　户外花盆（本设计由蚌埠学院产品设计专业学员王伟龙提供）

图4-5是针对安徽省蚌埠市休闲公共场所的需求所设计的一款棋桌，津浦大塘是蚌埠市老城区的一个具有中国传统风格的公共休闲场所，由于处于市中心的老城区，且中间有一个面积很大的池塘，因此可供人们休闲娱乐的面积相对很小。在设计本款棋桌时在材料选择上使用木质榫卯构件，与传统风格的休闲场所相协调，为了节省空间，木凳也模仿榫卯结构嵌合的构造，将凳子嵌合在桌子内部形成一个整体，既保证了使用功能也最大限度地减少摆放空间。

图4-5　棋桌设计（本设计由蚌埠学院产品设计专业学员蔡晴晴提供）

图4-6也是一款利用形态的嵌合设计的休闲椅，所不同的是，设计者使用的材料是藤。这也提示我们，在现代设计中，对榫卯的传承使用并非拘泥于某一种木质结构，也并非拘泥于构件的连接或产品全部的创意内容，它的传承有时只是产品某一局部对榫卯的某一种特点的模仿甚至是启示，只有这样才能够把传统的设计思想与现代设计真正地、灵活地结合起来。

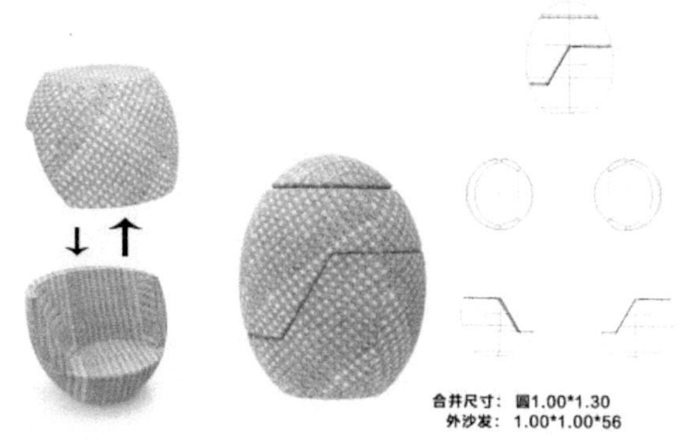

图4-6　藤编户外座椅（本设计由蚌埠学院产品设计专业学员李卫提供）

第二节　榫卯的文化特征与文化隐喻

一、榫卯中的“天道”

钱锺书在《谈艺录》中曾对中国传统文化思想以“圆”进行概括，榫卯是一种以方形为主要造型的技术结构，方形的匠作结构与圆形的文化理念似乎没有什么关系，榫卯作为一种具体物，它的形成、发展与使用需要遵循一个固定的理念，而理念是一种普遍的文化观念，可重用的知识，当它被广泛认可后即可成为具体物表象之下的抽象本质，这种本质与《道德经》中“道生一，一生二，二生三，三生万物”[①]有异曲同工之妙：它能不断衍生、增殖，从而形成一个整体性的文化场。在传统观念上，人与自然和谐互动构成一个天人合一的“圆”，而人的生产活动都必须符合这个“圆”的规律，而榫卯作为人的创造物，在经过长期的观念磨合之后也具有一些“圆”哲学的本质特征，这是一个必然。

榫卯作为一种文化活动，在它的营造实践中，工匠们在实践着致用原则和科学规律的时候，必须遵循一定的思维方式。榫卯工艺技艺在体现“圆”文化特质方面呈现自己的特征，至少表现在两个方面。一是注重工艺中的生命整体美，包括对象各要素或功能之间相生互化、融通合一所形成的“圆”理念；二是对宇宙运行规律和对象物之间关系的和谐、相融体现“圆”之美，这两种“圆”之美，都在榫卯中得到了集中展现。

榫卯的制作材料是木，材料取于自然，所以它在本性上通达宇宙万物。当这些材料通过匠人的劳动成为建筑或家具，器物也就能够贯通天人。因此，在中国社会早期，木构器物常常被赋予了不同的观念和文化属性。在中国建筑和家具史上，榫卯因为自身特征和与木结构系统的双重关联成为一种蕴含文化观念的连接形式。但从工艺史的发展看，这种连接形式的选择与确定并非营造技艺的自觉选择，而是来自中国传统木结构的外在需求。榫卯自出现之初，就不仅具有连接木器的实用功能，它作为一种人工制作，带有人的观念意义，其中包括象征、装饰等。榫卯本身的凹凸形象就代表着阴阳两极，在中国，木构器物比作天地人神之论比比皆是，例如《淮南鸿烈·览冥训》中高诱注：“宇，屋檐也；宙，栋梁也。”[②]中国的建筑和家具的营造过程本质上是一种结构的复制过程，木是中国木构的最基本因素，两块木材的相互穿插构成了榫卯的最基础形态——单榫，单榫继续增加结构，成为复榫，如此反复叠加，最终形成具有功能性的建筑和家具。因此建筑、家具就是一个个复杂庞大的榫卯系统，中国木构器

①道德经[M].王弼,注.楼宇烈,校释.北京:中华书局,2011:120.

②刘文典.淮南鸿烈集解[M].北京:中华书局,2017:236.

具与榫卯有很强的互文性。建筑和家具与宇宙规律相通，实际上也意味着榫卯的组合理念与宇宙规律相通。此外，因为榫卯处于木构器物的隐蔽位置，它常常能够比外置的器物更直接地体现工匠乃至使用者内心深处对于世界的看法，从而逐渐作为一种象征意义被推向文化价值的领域。譬如“凿枘”是古代对榫卯的称呼，它也常被用在说明事物之间相互容纳、相互和谐的状态。明代吾邱瑞所作昆曲《运甓记弃官就辟》有语：“枘凿方圆迕世情，一官寥落误儒绅。”可见，这既是一种工艺上的结构系统，也是一个意义的阐释系统。由此，从最普遍的天道到器物的隐蔽深处，就存在着一条阴阳圆融的观念通道，它们共同构成了榫卯的价值体系。

(一)线造型与顺应自然的间架思维

线造型是榫卯构成空间的主要形态元素，通过若干线型构件插接、穿透或咬合，将分散的结构连成一个整体，虽然建构元素也有点、面或体，然而榫卯所解决的主要还是间架的连接，而间架相对于建筑整体属于线性结构，因此线是构成整体结构的最基本形式语言。受榫卯建构的直接影响，木构体系中柱、枋、檩条都是线形的构件形态，建筑框架也呈现出有力的构造线条，不仅有直线的形式表现，也有如月梁、屋脊、飞檐这样曲线形态的表达，这些都类似于书画一样刚柔相济的线条艺术。

不仅线造型的形态构成与中国文化观念密切相连，线造型的构成方式也同样如此。在榫卯中空间与时间是相互转换、相互融合的。榫卯安装总是预留一些空间，随时间流逝，这些空间在半刚性结构的作用下为热胀冷缩、震动、压力等留下足够的延展空间，这是一种非常独特的用时间转换成空间的思维模式，这种思维模式的前提，与实践、空间的融合是分不开的。与此相类似，书法空间也包括字内空间与字形空间，结字有“横画宽结”，取离心的宽博之势，“斜画紧结”取向心的凝聚之势，这个感悟过程与人们面对榫卯构成的器物等所感受的审美实质上相一致。

(二)两极兼容与多元合一的传统形态

榫与卯的形态代表着阳与阴的两极。蔡钟翔曾提出从“中国传统思维模式”角度提出“两极兼容”问题的。该文说：“两极兼容”是中国传统思维模式，它决定了中国文化有别于西方的特色。”榫卯的凹与凸显然是相互兼容的两极阴阳。从现存文献可知，早在西周时期，阴阳观念已被史官用来解释地震等自然现象。先秦不少哲学、史学著作，如《道德经》《孙子》《管子》《左传》《国语》等，都有关于阴阳的论述，诸子百家中还专门有阴阳一家，比如“易以道阴阳”《庄子·天下》将“道”解释为阴阳[①]，朱熹《周易本义》也认为“易者，阴阳之变”。《系辞上》也认为“一阴一阳之谓道”。[②]《说卦》称“立天之道曰阴与阳，立地之道曰柔与刚，立人之道曰仁与义”，[③]可见在《周易》中，天文、地文、人文是统一的，阴阳是原动力，因此，天、地、人以及宇宙间的一切事物，都可分为阴、阳两类。关于阴阳的本义，历来说法不一，但有一点是都认可的，在一定条件下，阴阳是可以互相融合、互相转化的。在传统实践中，“两极”或不同层面、不同质的相关对待因素均可以并存、兼容或统一。这又成为传统“尚中”哲学的基础。榫卯的结合目的就是将“多”合而为“一”，这里的“多”和“一”既指多种榫卯构件合而为一，也指榫卯接合方式的多样统一。榫卯接合思想构件的中国建筑也体现“中轴”的特征。[④]

中国榫卯结构的半刚性决定其最大的特征在于榫卯从安装到使用都体现对器物的动态把握。由于榫头总是从一个方向插入卯口，所以它们都有一个可以拆解的方向，这虽然使器物具备了拆装的可能，但也影响了器物整体的牢固度。在榫卯的发展初期，人们常用销钉乃至捆绑来弥补这种缺陷，随着技术的逐渐成熟，工匠们懂得利用一种木结构的动态的制约关系

①庄子[M].方勇，译注.北京：中华书局，2017：566-591.

②(宋)朱熹.周易本义[M].廖名春，点校.北京：中华书局，2009：1.

③黄寿祺，张善文.周易译注[M].上海：上海古籍出版社，2010：429.

④德雷侯.万物[M].北京：生活·读书·新知三联书店，2020：14-16.

来达到加固构件连接的目的。例如在建筑的柱子上安装梁架时，通常将卯口开成纵向的长条状，然后把梁头处的直榫榫舌压入卯口，并依靠重力下落，再在下落时留出的上方空隙中安装另一透榫堵住缺口。这样不仅梁柱在不使用其他材料的情况下还能连成一个整体，而且由于重力等因素，随着时间的流逝越来越坚固。此外，大多数榫头的形状都是一头大一头小，这样方便安装的同时也能达到随着器物的使用越来越深入、连接越来越紧密的目的。榫卯在发展过程中出现很多经过优化的构件，这些构件同样体现了人们对于材料和结构的深刻认识。例如在众多燕尾榫的衍生形态中，有一种带有袖肩的燕尾榫构件。从形态上看，它是螳螂头、燕尾榫合二为一的一种样式，它综合了螳螂头与燕尾榫各自的优点，既不会因为螳螂头断面暴露在外而减弱榫卯的拉结作用，也不会由于燕尾形态导致根部细小而弱化了抗剪力。同样，在一些建筑的柱檩交接处，单独看檩条和檩条之间是燕尾榫的连接关系，而如果将檩条的组合看作一个整体，它和大梁之间则是刻半榫的连接。这样檩和梁、檩与檩之间，原来都有位移的可能，但它们的移动方向不同又造成构件与构件之间的一种巧妙的限制，最终固定了整个木构架。以上这些榫卯的例子虽然都是构造性的，但文化上依然有其依据，那就是把木器当作一个相生相克的生命体，采用形态互补、构件组合等手段，达到一种动态的平衡关系。这是一种典型的生命性的文化建构手法。有学者指出，中国建筑和家具与中国的汉字艺术是互为一体的，因此构成中国建筑和家具的榫卯结构在很多情况下也类似于构成汉字的笔画结构。这里需要强调的是，榫卯结构与汉字结构的组成方式都是一种复制组合的构件思维。德雷侯在他的《万物》中就对这种中国的构件思维进行了详细的分析，他说，这种模件化和规模化的生产，并不仅仅体现在艺术方面，它还以多种方式塑造了中国社会的结构。[①]

①德雷侯.万物[M].北京:生活·读书·新知三联书店,2020:14-16.

二、榫卯的文化隐喻

榫卯作为中国器物连接的重要方式，是中国文化区别于其他文化的根本原因之一。榫卯作为固定于时空中的一种民族性技艺和记忆，成为一种符号化与象征化的传统文化，在中国象征传统的艺术性修辞下，以一种诠释者的身份进行传统知识的等级化输出。榫卯由功能性的实物逐渐成为象征体，其符号化进程不可忽视。榫卯在呈现象征意义之前，三个符号层次的内涵都有一定程度的影响。图像层面，榫卯的复杂与巧妙往往具有强烈的形式感染力，成为技术感极强的视觉符号。符号表征层面，榫卯的穿插与避让显示出人们的阴阳互构的思维逻辑，从而反映人对世界的认识。指示层面，榫卯通过不同的组合在建筑中形成不同等级的符号性规定，斗拱就是这样的一种极端，这种结构在发展中等级符号的意义最终远大于其功能意义。这三个层面的符号内涵最终为榫卯结构获得象征性意象提供重要的前期准备。

中国传统文化注重表意，榫卯结构作为文化的一种重要的物质载体，它不仅具有一定的实用功能，也是一种表意的文化符号。众所周知，中国的建筑、家具以及器物都有社会的文化意涵，所谓物以载道。榫卯作为其中重要的组成结构，实际上是一种组成生命的肢体。中国的家具和建筑在结构上有许多的相似性，这种结构上的相似性，其根源就是由于组成它们的榫卯结构，具有很强的关联性。榫卯结构由单榫逐渐组成一组复榫，然后再组成具有功能性的家具和建筑，这些家具和建筑就是一个具有实用性的榫卯系统，家具和建筑具有文化的隐喻和表征性，这种文化的表征很大程度上也来源于榫卯。首先，建筑的体量具有文化的象征性，高等级建筑体量更大，随着建筑体量逐渐减小，等级也逐渐降低。显然，体量必须由榫卯的数量获得，榫卯数量的多寡在很大程度上也是一种配合建筑体量的象征意义的表达。“是故先王之制礼也，不可多也，不可寡也，唯其称也。”[①]其次，榫卯结构本身也用来表达一定的文化内涵，例如，斗拱结构、替木、家具的抹头等都是建筑中的重点装饰部位，也是体现屋主人身份、阶层等级的重要标志。这构成了榫卯符号象征层面的组合规则。更深层次的指示符号层面上，榫卯的营造技艺和制作过程，长期以来形成了一个标准化的程式，这个程式在营造法式中得到了一种正式的官方认可。因此本质上，榫卯既是中国木构结构的连接构件，也由于木结构在中国历史的特殊地位而表现为一种文化的本质符号。

榫卯符号的文化指向，首先是中国的和合文化，榫是木构连接处的突出部分，卯是木构连接处的凹入部分。榫卯连接本就取自自然界中阴阳相合的规律而设计的。榫卯的阴阳相合也就意味着器物的完成，即一个人造物的完整与圆满。和合文化不仅是中国最古老的文化之一，也是中国古典哲学的总纲。《周易》有阴阳和合之说；《诗经》有和羹之述；《国语》有和实生物之言，孔子有“礼之用，和为贵”之论；孟子有“地利不如人和”之见；荀子则说“万物各得其和以生”；佛教讲“因缘和合”，而道教则说“乐乃可和合阴阳”，和合文化正是在中国诸多古典思想的延伸下，成为中国人道德文化、政治、经济等多方面的社会活动规范。当然它也成为中国工艺营造的本质思维规律。“土与金木水火杂，以成百物”，因此古人认为声音是由五音和合而成，图像和文字是由五色和合而成，食物是由五味和合而成。由此中国古代的社会科学与自然科学都离不开朴素的和合思想。和合理念还是中国古典建筑的设计原则之一，它对建筑的选址，规划，布局，形制都有深远的影响，《考工记》记载：“匠人营国，方九里，旁三门。国中九经九纬，经涂九轨。左祖右社，面朝市，市朝一夫”[②]，说明当时对于建筑的选址和营造必须考虑到气候特征、地形地貌、社会文化等各方面因素的和谐。而榫卯作为建筑和家具的主要构件之一，其体现和合思想不仅仅在于它形态层面的阴阳相合，也在于功能理念方面的一种

①礼记[M].胡平生，张萌，译注.北京：中华书局，2017：100.

②关增建.《考工记》翻译与译注[M].上海：上海交通大学出版社，2014：35.

和谐思想的表达。榫卯对于构件的连接，不在于绳索的捆绑这样一种柔性连接，也不同于钉胶那样的刚性连接，而是一种刚柔相合的锁的理念。这种锁的结合一方面讲究你中有我、我中有你的和合精神。另一方面，整个构件的牢固度依靠两个连接构件共同的相互支撑而完成。因此，它具有一种半刚性的连接效果。

在长期的技艺传承和文化传播下，榫卯结构体现了以下几个艺术审美特点。

(一)技术关于理性的隐喻

中国木结构系统中的榫卯设计不同于传统手工艺品如陶瓷、漆器等，完全凭借纯熟的技巧取悦于人们的视觉快感，木结构系统中的榫卯设计必须在满足人们的视觉美感前，首先满足科学合理性，使其长久耐用。对于古代的木作工匠来说，准确地判断榫卯的形态、尺寸及组合方式是一项基本的专业技能，有时一根木料要从不同的角度、方位和三至四个木料相互穿插。例如明代常见的家具半页梅花凳，因凳面设计采用自然中梅花叶瓣而得名，这种形制的家具外观简洁明快，同时具有贴近自然的意象特征。凳腿由明榫连接，构成的梯形支撑系统，有效降低重心，大大提高稳定性。最独特之处在于连接腿部的三根横枨上，每根横枨端头与腿柱做明榫相交，而端尾与另一横杖2/3处做明榫相交，在腿部中心形成内角60°的三角形支点，使凳子的压力均匀分散到横枨上，大大加强了木结构系统的牢固性，从视觉上看，环环相扣的横枨组成的几何图案也十分美观。无束腰罗锅枨方凳，复杂的榫卯结构如同现代公路的立交桥，环环相接，四通八达。首先每个腿与腰部牙板成45°相交，大边和抹头做阴阳粽榫，面板又通过穿带使其受力均匀传到大边抹头，然后再集中到腿柱，非常科学合理。

(二)结构关于内隐的隐喻

当榫卯最初作为一种功能性的结构时，其目的是连接或加固木结构，同时不破坏木材的整体纹理特征，因此它的设计具有内隐性的倾向。木结构系统所产生的美感主要由外形、纹理、色彩等因素来表达。随着榫卯结构的符号化，榫卯本身既是一种功能性结构，也是一种视觉符号，它逐渐形成了自身的审美特质，外显性的需求也就相应地增强了。例如典型的徽式脸盆架，整个脸盆架造型简洁，所有功能结构全都是直线，唯独在脸盆的镜框周围用榫卯结构组合成为四朵牡丹，这是一个用榫卯制作的一个纯装饰性的结构，通过将这种功能性的、内隐的结构外显，使得人们在洗脸时一抬头就可遇见灵透秀美的木雕作品，从而达到装饰性的效果。徽式的衣架设计也同样如此，数十根木条精确无误地通过榫卯连接成为一个实用的整体，同时这种连接也构成了一种窗花式的图案，既满足了衣架的功能性要求，同时也使榫卯的连接更加符合视觉的审美需求。

(三)构成关于多变的隐喻

据初步统计，中国传统榫卯结构有几十种之多，而且每个名称的榫头卯眼在制作中根据外观的造型不同又可以派生出多种榫卯，不同地域的工匠们因自然与环境的不同，又有自己独特的榫卯结构。中国的榫卯如同中国汉字构成的书法艺术一般变化万千，耐人寻味。粗略统计有楔钉榫，粽角榫，明、闷榫，通榫，半榫，托角榫，长短榫，抱肩榫，夹头榫，削丁榫，燕尾榫，挖烟袋锅榫，抄手榫，穿带榫，透榫，卡子花栽榫，单插榫，双插榫，夹角榫，对角榫，委角榫，平压榫，挂榫，走马榫，盖头榫等。例如古代的圆凳主要分为三足和五足两种，三足圆凳的三根横枨端头与凳腿明榫相交，横枨端尾三根横杖重叠榫卯相交，在腿部中心形成三角形；五足圆凳则五根横枨相交，产生五角星形的图案，这个五角星实际上是由15个不等边三角形组成，三角形的个数越多，承受的压力越均匀。无论是三角形的横枨组合还是五角星的横枨组合结构，不仅最终把来自座面的压力均匀分布在凳腿，在符合力学要求的前提下，横枨复杂的榫卯组合构成了整个圆凳的视觉中心，展现出花瓣似的几何图案，成为一种复杂多变的装饰结构。

(四)观念关于生命的隐喻

榫卯的制作材料是木，木在中国古代本身就是一种生命性的材料。木的材料取自于植物，而植物是有生命的，因此，木材做成的建筑，被认为也具有生命性。与之相对，中国的棺椁自汉代之后，大部分由石头做成，石头是没有生命的，因此，以石制作成棺椁被认为是永恒的。《太平广记》记载：在凤翔佛寺有个叫作郭朦的智客僧人，有一次锯木头，几经尝试都无从下手，郭朦怀疑这木头里面有铁石，于是就换了一把新锯子，还焚香祈祷，然后成功地锯入。分开木头时，居然发现里面的木纹生成两匹马的形象，一红一黑互相啃咬，口鼻鬃尾，蹄脚筋骨，皆栩栩如生。[①]马是一种性欲旺盛和生殖能力很强的动物，《尚书》说：伏羲氏王天下，仰观天上日月星辰之象；俯察地内山川陵谷之形，高下原隰之宜；中观万物鸟兽羽毛之文，飞潜动植之殊，见理总不外于阴阳。于是画一奇以象阳，画一偶以象阴，以奇偶二画加成八卦。[②]由此可见，木材作为植物的一部分，它和有生命的动物即生命之物，是完全等同的。另外木材本身的生长性和生命的终结性在中国古人眼里并非这种材料的缺点，恰恰相反，它是一种生命的象征。再来看当匠人将木材制作成榫和卯，这就进一步体现了木材的生命属性，榫卯的阴阳形态本身就与远古的生殖崇拜有关，古人很早就认为只有阴阳相合才能使生命得到延续。除了它的形态之外，榫卯的功能，也体现了生命，从远古时代人们就认为，人和动物的重要区别就是人可以在居所生活和繁衍后代。例如传统建筑中，将“鸳鸯榫”“鱼衔梁”，

---

①(宋)李昉.太平广记[M].北京:中华书局,2020:卷四〇六.

②尚书[M].王世舜,王翠叶,译注.北京:中华书局,2012.

将静态的榫卯间架结构类比为一种宏观的宇宙与生命，将传统建筑的间架类化为“类生命意识流”，并将“类意识”物化和人的本质力量对象化，这样可以从传统建筑榫卯间架结构中演绎出伟大的生命逻辑。此外，除了榫卯的材料、形态这些静态层面所体现出的生命特征之外，榫卯还在动态层面也体现出一种独特的生命性。榫卯在连接建筑构件之时总是会预留少许空间，当建筑受到外力的挤压时，这些榫卯空间就会给整个建筑结构提供宝贵的缓冲余地，随着建筑物长期的使用，这些榫卯结构会越来越紧密，从而使整个建筑不会随时间的流逝而变得脆弱。

第五章　榫卯的现代应用

第一节　现代榫卯、产品模块化接口及其制作工具

一、产品的模块化接口与榫卯

产品模块化设计是指通过模块的划分、选择与组合，搭配成为具有系列性的标准化产品族，从而快速响应市场需求，增强市场竞争力。各模块需要通过标准化的接口满足模块的连接功能，接口的标准化和通用性直接关系到产品模块化的设计生产效率和功能实现，因此大多数设计者都在产品模块化设计之初将模块化接口作为功能单元组合的依据，通过接口的定位来确定模块之间的连接方式，进而进行模块划分与设计，由此可见，接口的设计与规划会直接影响模块化产品的实施。所谓模块化的接口，是指产品功能单元之间的标准化介质，它具有重复使用性与共通适用性的特征，在产品的功能单元之间起到连接、组合、传递、交换等作用。其重复使用性在于，同一个接口可以在不影响其功能的前提下进行反复的组合与拆分操作，在一定的限度下不会影响它的连接强度和紧密度，因此需要插入口与插入构件有可逆的“锁住”和“解锁”功能；共通适用性在于接口必须是标准化模块，可以接受许多不同功能的单元进行连接，因此需要插

入口与插入构件实现标准化。由此可以发现，产品模块化接口与榫卯在这些要求上有很强的互通性。

接口标准属于产品标准的重要组成部分，但是它又区别于产品规范类标准[①]和品种系列类标准[②]。接口在产品模块化生产中的重要性非常突出，因为它属于产品各功能模块之间的共同界面，决定着两个功能模块是否能够实现指定性能的关键环节。

产品接口按照连接位置，分为内部接口和外部接口。内部接口是指产品内部各模块之间的拆装连接部位，它的作用主要是便于产品构建的分解和组合，这种接口可以是可反复拆装的，也可以是一次性组装后不可拆解的或有损拆解的固定接口，例如，需要焊接和胶接配合的接口。外部接口是指能够为产品提供功能拓展和信息交换的，这种接口必须是可反复拆装的，这属于一种交互接口。按接口形态可分为硬、软和软硬相接的接口。按技术的专业门类可分为机械接口、电力接口、电气接口、信息接口、气体接口、液体接口、光学接口、化学接口软件接口、人机接口等等。按物质性可分为实物接口与信息接口。榫卯实际上属于物质性、结构化的机械接口，但是对于现代产品而言，人们运用于建筑家具构件连接的榫卯接口，仅仅专注于连接和拆装层面，如果直接照搬使用，显然无法满足产品多样的功能要求。因此必须在此基础上取长补短，加工改进，才能够满足现代产品模块化设计的接口要求。仅就现代产品模块中的物质性、结构性机械接口而言，其功能要求也是多样的，例如需要满足软、硬接口的不同材料，需要具有方便耐用、趣味实用的功能，需要具有标准化和通用性，需要降低成本、方便加工生产、适合大规模机械化制造，需要为电气、信息、气体、液体、人机等其他接口预留有一定的拓展空间等。

榫卯应用与产品模块化接口包括单向接口与系统接口应用两种，单向接口的榫卯应用是指使用榫卯结构只改良一种单一功能的接口，一般将榫

①麦绿波.产品标准的研制方法[J].标准科学,2014(5):6-10.

②麦绿波.产品品种规格类标准的研制方法[J].标准科学,2014(8):6-10.

卯中的结构形态和拆装方法直接应用于产品接口中，使其更加便捷通用，富有趣味性。系统接口的榫卯应用是指，多个单项产品接口所组成的接口模块在榫卯应用于其中时，一般有两种情况，一是使用榫卯组合以强调拆装的顺序性，达到产品功能模块必须按一定顺序编码进行拆装的目的，另一种是单体榫卯的变形与拓展以使信息、电气、软件等定向流通，即榫卯的自身形态可以连接固定产品构件，同时为预留其他连接提供更多空间。例如在灯具的结构设计中，灯杆和灯底座构件的连接接口可以以燕尾或螳螂头的形式处理，然而这两种形式的榫头必须经过变形，预留灯头穿过灯柱而到灯底座的电流线路规划，如有必要甚至还需要在这一套接口处镶嵌声控接收模块，拓展灯具的功能。

二、榫卯模块化接口的设计特点

榫卯接口的应用特点，榫卯结构的产品接口是一种结构连接关系的接口，它的设计主要内容，围绕接口的结构形式、连接方式、尺寸、连接性能等，利用榫卯所设计的产品接口，首先属于一种物质性的机械接口，同时应满足通用化程度高、拆装方便等要求。

常见的机械接口包括插拔接口、螺纹接口、法兰接口、沟槽连接接口，勾圈连接接口，机架连接接口等，它们分别有相同功能的榫卯予以对应，再利用榫卯的连接形式对接口进行优化或改变时所需要达到的要求包括力学性能通用性、质量特性、经济性、重量、体积等，其中力学性能是接口的基础性能，也是榫卯结构最有优势的特性之一。它主要赋予产品功能构件之间牢固稳定且可靠的连接，而力学性能的实现主要依靠连接的接口的材料以及榫卯的间接形态来完成的，当使用榫卯结构设计接口时，还应尽可能发挥榫卯结构的独特优势，例如模数化的通用性、拆装的无损与便携性、拆装的程序性，使得产品的结构拆装具有一定的趣味性，满足产品个性化设计的需求，同时也能够进一步确保连接安全，让以前需要专业人员拆装的部位变得简单，方便非专业人员自助拆装。此外，榫卯结构应用于模块化接口时，不仅要注意接口形态与榫卯形态的特性是否相通，同时需要充分考虑接口的目的。一般来说，机械接口的连接目的包括结构连接与固定，电路连接、液路连接，汽路或气路连接、拖拉连接，其中有些连接如液路连接、汽路连接或气路连接属于密封连接。因此，榫卯接口往往要配螺纹形态或弹性密封材料来实现密闭性，有时榫卯结构还需采用中空的形式保证液体气体的流通，同时在材料选择上还需要有抵抗内部压力的防泄漏功能和抵抗外部压力的防渗入功能。以电路连接结构固定和拖拉为目的的接口，榫卯结构的应用往往不需要考虑密封性，但是需要注意接口连接的紧密性与持续性，因此在设计接口时除了主结构的接口榫卯，常常还需要附加一些附属的榫卯结构帮助固定，例如销、楔等，有时也可以附属螺钉。

榫卯虽然可以在现代产品中展现出优秀的连接功能，但在生产中也有很多弊端。其中最突出的是一些榫卯构件形态不仅复杂，而且变化微妙，加工很不方便。例如，粽角榫、霸王拳之类的构件由很多细小结构组成，在加工时需要分几次才能成型，且每个零件的精度要求都很高，这样就大大增加了生产成本。此外，现代榫卯与传统榫卯在构成产品时区别很大。传统榫卯在使用时排斥异质连接件，而现代榫卯使用时，往往把榫卯与其他连接方式混搭使用，这就形成原本在传统器物中的榫卯，在现代产品中因为异质零件的介入变得更加复杂。例如现代榫卯家具的制作时，往往会配合使用大量外露的专用螺丝，这就使家具连接部位的力学分布变得更加多样化，在概念上也突破了传统榫卯的一般认识。由于大量异质件的介入，实木现代家具制作中，这种做法虽然当时起到辅助加固、节省工时成本的作用，但过渡不当的使用会因木材的湿涨干缩损坏连接部位，一段时间使用后容易发生结构连接松弛的现象。

三、现代榫卯的主要制作工具

榫卯自古以来就不仅仅只是木材料，例如北魏丹扬王墓地出土的冬忍纹石雕，呈青石质，直径72厘米，高52厘米，底座正方形，上截面圆鼓形，正面开成八棱状，中心有小坑，是和上面幢柱相吻合的榫卯结构。[①]除了石质榫卯之外，玉质、金属以及多种材料相互衔接的榫卯在古代器物中也都很常见。

(一)现代榫卯材料的多样化

1.金属榫卯的应用

王世襄在论及我国传统家具材料的应用上提出："材料的使用，力求不悖其本性，善于展现其长而隐蔽其短。"[②]传统榫卯也并非完美的木构件连接的解决方案。当构件做成榫头和卯眼时，需要削掉或凿掉很多木材，这本身就会大大降低木材的刚度，况且，当许多构件集中连接一处时，需要凿出许多卯眼，整个家具的强度也会受到很大影响。现代产品材料中可以找到更好的解决方案，金属具有高强度的特点，且可塑性强，在连接构件时，即便很小的连接件也可以保持构件的完整，降低材料的加工损耗，比较适合制作构件之间的榫卯接口。然而，古代由于在工艺上对金属的锻造和浇铸工艺都达不到榫卯精确的要求，且又很难解决材料锈蚀的问题，再加上当时金属的冶炼成本要比天然木材高得多，这些使得古代木作匠工们很少使用金属固定来做榫卯。即便使用，也只是配合木榫卯进行外部的加固，不会将它做成内部的连接构件。但是在现代产品制造中就完全不同了，在自然资源如此紧张的背景下，天然的优秀木材比金属更难以获得，且合金在刚度、韧度和加工工艺方面都比以前高得多，加工成本也显著降

①李玉明，王雅安.三晋石刻大全：朔州市怀仁县卷[M]北京：中华书局，2019：342.

②王世襄.明式家具研究[M]北京：生活·读书·新知三联书店，2013：230.

低，因此将金属按照榫卯逻辑进行制作和使用也越来越普遍。一些传统工匠认为这似乎已经超出了传统榫卯的范围，因为它和异质构件相连接，不符合榫卯同质连接的特点，这是有一定道理的。事实上，现代工艺的多样化确实在很大程度上模糊了传统榫卯的概念边界，然而无论如何，它的凹凸插接的基本逻辑还是和传统榫卯有传承关系的。而且也可以想象，假如条件允许，我们务实的祖先也完全可能大量使用各种异质的凹凸插接。图5-1是一个金属与木材的形成透榫安装的例子。两个纵向并列的木质支撑杆，相互贴合特殊形态的横截面形成卯眼，而金属横枨的截面与之相吻合，属于传统的银锭榫这种形状可以有效约束纵横构件的侧向滚动，同时金属的运用也大大增强了横枨的刚度和韧性，使其能在跨度很大的情况下也非常耐用。

图5-1 金属与木材的榫卯

（资料来源https://mr.baidu.com/r/Drt1gXEd6E?f=cp&u=9dd07ace30237056）

T型钢榫卯是建筑构件中常使用的连接件之一，gmp事务所设计的巴伐利亚州基督教教会档案馆就大量使用了这种榫卯，T型的榫头与楔形槽把建筑构件紧紧连接在一起。(图5-2)

图5-2　gmp事务所设计的巴伐利亚州基督教教会档案馆（资料来源：https://m.sohu.com/a/445526549_120117538/?pvid=000115_3w_a&strategyid=00014）

图5-3是一种带金属托尼的家具腿部结构，这种结构在传统家具中经常使用，但是木质托尼经长期使用后不仅容易松脱，底部在与地面反复拖拉、重压和潮湿环境的作用下容易损耗、变形和腐朽，不锈钢制作的托泥榫卯在原理上与传统完全一样，但材质要耐用得多，即便长期使用，也光亮如新。

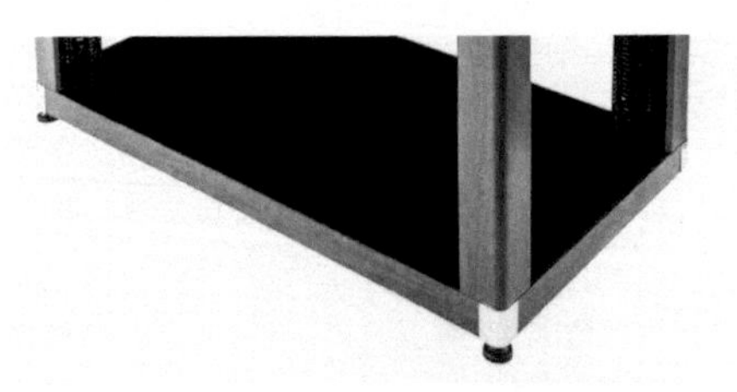

图5-3　金属托尼（资料来源：健行网官网）

2.其他材料的榫卯

除了金属之外，现代材料学的发展也促进了多种人造材料以榫卯的方式使用。例如，各种塑料榫卯构件大量使用在产品中，塑料有加工方便、成本低廉、质轻材美以及多种不同力学特性的特点。可以适应各种不同的功能指标和使用环境。橡胶制品具有很强的弹性，在需要密封防水、防止气体泄漏的产品中，构件接口中也经常使用。有学者提出，可在榫卯连接处嵌入磁铁，通过磁铁的吸附力增强零部件之间的连接，或者之间通过磁铁的吸附力代替榫卯的咬合，实现零部件之间的连接。无疑对新材料的正确应用会使榫卯连接更加方便快捷，降低加固难度，增大设计师的设计空间。[①]此外，玻璃、陶瓷这种人造复合材料等，都可以通过凹凸插接的榫卯方式使用在不同的产品中，大大丰富了榫卯的使用材料。

我国传统类型的家具，大多都是固定的框架式结构，尽管具有更加安全与稳定的特点，但却不利于现代化的装配、搬运以及自动化生产。[②]图5-4是通过陶瓷材料制作的管状榫卯与片状榫卯。这些榫卯由于是陶瓷制作，在连接产品构件时都有自己特殊的防电、防热和闭水功能，是其他材料的榫卯很难替代的。技术上，数控加工技术以及3D打印技术在产品制造中的使用也极大拓展了榫卯的形态，并使榫卯构件的标准化有了很大的提升。“3D打印技术（3 Dimensional Printing），又被称为快速成型技术（RP，Rapid Prototyping）或增材制造技术（AM，Additive Manufacturing），它是一种以三维数字模型文件为前提基础，运用多种粉末状、线状或液态的金属、塑料等具有高可塑性、可黏性材料，通过逐层叠加打印的方式，最终将计算机上的虚拟三维模型实现实体制造的技术。”[③]与传统技术相比，数控加工与3D打印可以更加精准地实现复杂结构的榫卯，非常适合大规模生产。图5-5是一种用塑料制作的类似中角榫的结构，这种三项的榫卯构件，原来在木材的加工让难度较大，但是使用了塑料以后模具浇铸即可一次成型，生产成本与加工时间都大大降低，在大量生产时也更容易实现标准化的形制尺寸。这种塑料榫卯不仅可以连接木构件，也可以连接金属和塑料等构件。

---

①丁霞辉，李军．成组技术提高实木餐椅椭圆榫卯生产效率[J].家具，2019(3)：33-39.

②沈诗怡，徐伟．折装式榫卯结构实木家具现状与趋势[J].艺术科技，2019(11)：68-69.

③皱芸鹏．“随物赋形聚万象”——3D打印技术在室内设计中的创新应用研究[D].长沙：湖南师范大学，2016.

图5-4　陶瓷连接件（资料来源：左图：https://mr.baidu.com/r/DrtMPK6Zdm?f=cp&u=3bbe06ba161943e8；右图：https://mr.baidu.com/r/Dru3bKXAgE?f=cp&u=b2dac92ca3b7e797）

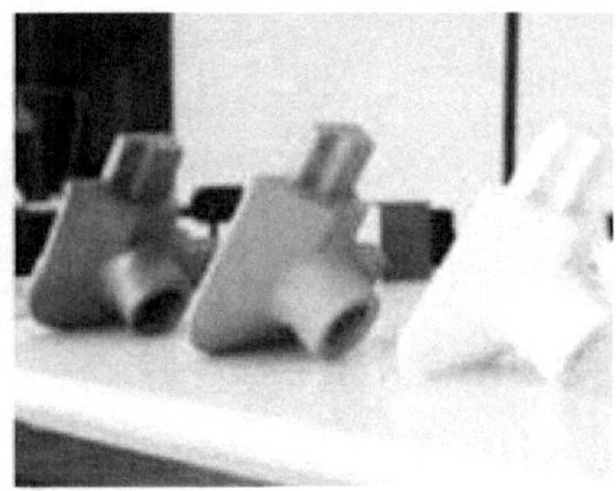

图5-5　3D打印成的连接件（资料来源：左图https://mr.baidu.com/r/DrufnwOcqQ?f=cp&u=5b96447beb1391ac；右图https://mr.baidu.com/r/DruHAJiUrm?f=cp&u=a333aada80f0a5f8）

图5-6也是一种类似粽角榫的构件，它是3D打印成的，通过对电脑中构件数据的改变可以很方便地 改变构建的形制尺寸，不仅可以实现标准化、大规模低成本制造，还可以为系列产品的开发与设计提供基础。

图5-6　类似粽角榫的构件

（资料来源：https://mr.baidu.com/r/DsyNRUaBzy?f=cp&u=210bd69de76c7a2e）

图5-7是木材和软木在榫卯中的运用，腿足上部与环形的曲木半榫相接，中间再用软木嵌入环形的铁圈之中，固定原木不够牢固的半榫，不仅结构非常巧妙，而且可以随着凳子的使用越坐越结实。

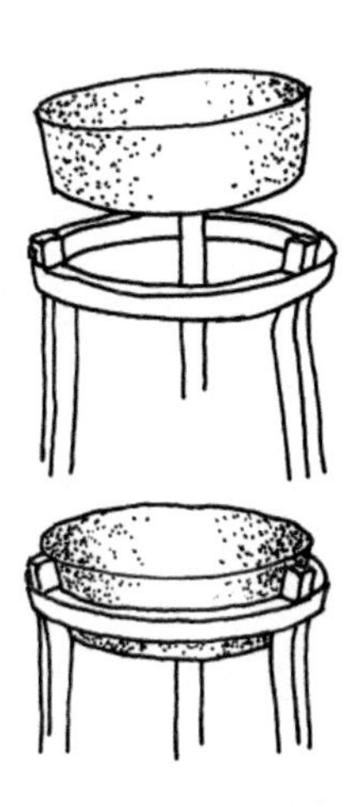

图5-7　软木在榫卯中的运用（资料来源：alibaba.com：酒吧椅）

图5-8是一些橡胶垫圈，主要用来配合榫卯的接合，增大构件之间的摩擦力，同样的材料也经常使用在密封接口之中。

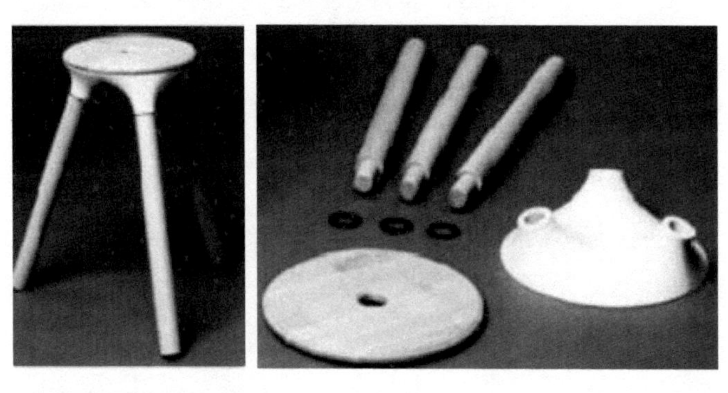

图5-8　橡胶垫圈在榫卯中的应用（资料来源：https://mr.baidu.com/r/DsyNRU-aBzy?f=cp&u=210bd69de76c7a2e）

（二）榫卯与胶黏剂的接合使用

传统榫卯的技术理论是排斥用胶的，即便为了增强连接的强度不得已使用胶，一般也使用鳔胶，最初是用鱼鳔经过熬制的胶，有胶的粘性，但遇水可以融化，这样的胶基本上不会特别影响拆解。在拆解构件前，将接口保持湿润一段时间后，胶就会融化松脱。至于传统木匠一般不提倡在榫卯中使用钉和胶的原因，推测一是由于对自己榫卯技艺的自信和严格要求，只有制作精巧严丝合缝的榫卯才可能不需要用胶粘，用不用胶逐渐从工匠水平的衡量标准转移到榫卯的制作标准，毕竟没有哪个工匠愿意承认自己水平不能满足这个要求。二就是拆装的需要，用于拆装的榫卯构件一般主要分为三个部分：独立的榫体部分、拆装构件A以及拆装构件B。而榫体也可分为两种，其中一种是将其自身分为固定端与活动端，固定端栽入到一个拆装体中，与该对象不分离，而活动端则作为拆装的接口，另一株榫体便有一定的自由性，可以随意活动，利用其他部件对其进行固定，进而实现对榫卯结构的拆装。[①]在古代资源匮乏的年代，损坏的东西直接换新的有些奢侈，最好的办法是将损坏部位拆下来维修或局部替换。现代榫卯使用胶的情况比较普遍，一般为无法溶于水的化工胶，近代木匠还流行过使用牛皮胶。“造物作为人类生存能力的延续，从本质上来说，是人和工具的关系，是人类以技术在和自然相处中如何把握自己的问题。”[②]使用胶的榫卯一般分为两种，一是它的连接部位都位于不需要拆装或不考虑今后拆装的部位，加胶可以使构件连接更加牢固，对榫卯的精确程度也可以适当放松一些，况且要求的适当宽松有利于加快制作速度，提高制作效率。二是复杂形态的榫卯构件被分为若干简单的构件分别制作，然后再用胶粘成为整体，这种情况在现代产品加工中也很常见。由于传统榫卯形态过于复杂，不利于一次成型，现代的常见处理方式，要么将整体构件分成若干次加工成型，要么将其分割为若干一次成型的散件，再将这些散件黏合为一个整体。第二种方式不可避免要使用黏合剂，这使得传统的技艺要

①张晓云，徐伟．拆装式榫卯结构实木家具设计研究[J]．艺术科技，2019(10)：35-37.

②杨雪，徐伟．拆装式实木桌几的榫卯结构创新设计实践[J]．家具与室内装饰，2019(7)：30-31.

求显著降低，更适合现代机械化的大规模生产和加工，保留了传统榫卯构件的形态特征。但是在内在的榫卯逻辑、技艺精神和工匠文化方面确实有所缺失，这也提醒我们，在传承传统工艺之时，不能只关注外部的结构和形态，还要对内部的文化精神与思维逻辑多多关注。

总体而言，榫卯在现代设计中既可传承传统的构件形态，又可以根据榫卯的接合原理进行再设计。现代设计中，设计师在应用榫卯时不仅注重构件连接的有效性，他更将榫卯作为产品形态塑造的重要组成部分加以关注，在设计作品中他们常常更倾向于把榫卯作为一个设计亮点，表现其在产品的使用体验与审美体验。

四、现代常用的榫卯构件的形态种类与拆装要点

(一)榫卯的种类

1.构件榫头的形态的分类

从构件榫头的形态来看，有方形榫、斜形榫和圆榫。其中，方形榫是榫卯构件中应用最广泛的一种，因为其制作与安装都相对简便，斜榫一般都是非常有特点的构件，燕尾榫是其中优秀的典型，由于榫肩有一定的倾斜度，所以有明显的拉结作用。无论哪种斜榫，榫肩斜度都很少大于10°，这是因为过大的斜度会大大减小构件的抗剪力。圆榫主要特点是支撑滚动且节省木料，在制作时不需要专门开榫和切割榫肩。

2.榫头与卯眼的接合方式的分类

按照榫头与卯眼的接合方式，可以分为开口、半闭口与闭口半榫与透榫等，开口榫的主要特征是从接合部位可以看到榫头的全部形态，现代设计中经常使用开口与半开口的方法来显示榫接构件的优美图案和精湛工艺。闭口榫的榫头从外部无法看到，连接着构件浑然一体，这在明清家具

中非常流行使用。当时人们普遍认为，开口与半开口的榫卯做工不够细腻，并没有意识到暴露在外榫形的形式美。而现代产品中，几种类型的榫卯都有使用。半榫与透榫之间的差别是榫头在卯孔中插入时是否从另一头露出来。半榫的连接效果明显不如透榫，但一些构件另一头被其他构件封住，根本无法使用透榫时，也只能使用半榫，且半榫的形态也相对更美观一些。因此，二者都在各自的场合有使用的机会。

3.榫卯的拆装性的分类

从榫卯的拆装性上来看，可以分为可拆装榫卯和永久固定的榫卯，虽然榫卯的基本特征都是可拆装的，但从中国传统木作器物发展史上看，无论是建筑还是家具，真正频繁使用榫卯进行拆装的机会并不多。因此在实际操作中，榫卯的安装尽管是通过插接而相连接的，匠工们常常并不去过多考虑今后的二次拆装，那么，榫卯的制作也就被自然地分为可拆装榫卯和固定榫卯，被用来经常拆装的榫卯大多结构简单，主要有销类榫、片榫类、栓类榫和插条榫四大类。

（1）销类榫

“栽销”是榫卯中的常用手法，指的是将榫舌或榫头的两端分别放在两个需要连接的构件中，实现将其整合的目的。销的种类很多，它们的共同特点是卯眼一端窄一端宽，这样榫头从开口大了一侧进入，深入小的一端，逐渐扣紧。由于销的体积比较小，它既可单独使用，也可多个接合起来使用，或者配合其他榫卯使用，而且便于拆解。拆解前，需要将销榫原路退回到开口大的一端即可轻松取出。正是由于它的使用极其方便。现代制作中有许多销类的五金件，它们实际上就是金属材质的销类榫，连接强度比木材更高，使用原理与木销一致。

（2）片榫类

片榫与销榫比较相似，它的形态一般为薄片状，有时一端厚一端薄，有时完全一样厚，有方形和圆形，当片榫厚度均匀时，需要在片榫四周另开细小的槽口，将其与连接的构件相互咬合。一端厚一端薄的片榫一般配合燕尾榫或直榫使用，起辅助的补强加固作用，无论哪种片榫拆装都比较方便，只需按照安装程序逆向操作即可。拆解独立的片榫相连的构件可以直接掰开，拆解补强的加固的片榫，意味着与其相配合的直榫或燕尾榫就会变得非常松动，便于构件的进一步拆解。

（3）栓类榫

这种榫卯是一种专门用来实现拆装的，功能原理和传统的门闩类似，即通过在两个构件之间进行穿插，实现这两个构件的整合。这种固定和整合往往是暂时性的，它可以非常方便地随时拆解，例如拔步床的床围子就常用到这种榫。

（4）插条榫

插条榫实际上是一种异形的栓榫，它的一端呈弧形，另一端呈矩形。矩形端用来固定构件，弧形端用来连接另一构件，这样通过弧形端的水平移动可以随时拆解闭合两个构件，这种榫一般多在用在箱内家具中。

（二）拆装式榫卯设计的技术要点

传统榫卯虽然大部分都有拆装功能，但在技术上并不是特别注重发挥榫卯的拆装特性，在现代产品设计中并不是这样，除了一些特异表现榫卯优美形态的设计，大部分产品在使用榫卯时都或多或少地涉及这一特性。现代产品设计中，可拆装的榫卯一般主要分为两类构件，一是拆装的榫卯连接构件，二是两个相互独立的产品功能构件。也就是说，大部分的可拆装榫卯虽然都是独立榫，独立榫是带有固定端和活动端的榫，固定端与一个功能构件永久连接，活动端用作与另一功能构件的可逆式接合。这种独立榫从外观上看是附属于功能构件之上的，也可以是完全独立的活动榫，安装时直接固定在两个功能构件相接处。此外，现代设计中对新型榫卯的发明也集中在拆装功能上，不仅要注重拆装方便，还要注意拆装构件多次使用不会损坏，因为，大多数具有拆装功能的现代产品，在产品的周期内，一般需要对其进行四次预组装，之后才可完成最终组装。木工加工完成后进行预组装，再将其进行拆分送进半成品仓库，然后在表面涂饰前进行预组装，之后拆分再次对表面进行处理；当表面处理完成之后再进行预组装，在此基础上可拆分打包入成品仓库。当有客户订货之后还要进行预组装，再将其拆分以及打包，通过物流发货后，进客户家中进行最后一次终组装，最后该家具产品才可以正式投入使用。①

(三)栅格系统

榫卯的栅格化设计，一般是指利用榫卯凹凸形态的矛盾关系进行平面或立体的反复排列组合，最终形成一个平面或空间的过程。它的本质是将传统的点线结构延伸至面和体。图5-9是建筑师Margolin设计的栅格化建筑，通过榫卯连接的两套三格构件，成为一种富有机器美学风格的建筑和一套可以呈现波浪状的动态雕塑。图5-10是设计师Tom Kundig设计的通过板材的栅格化做成了一个可以活动的建筑，他将平面通过折叠形成一个立体有效地支撑了整个建筑框架，同时还让这个结构产生一种优美的韵律。

图5-9　Margolin设计作品（资料来源：https://m.sohu.com/a/221852165_165440/?pvid=000115_3w_a&strategyid=00014）

①杭闻.设计大讲堂——原乡设计[M]重庆：重庆大学出版社，2009：147.

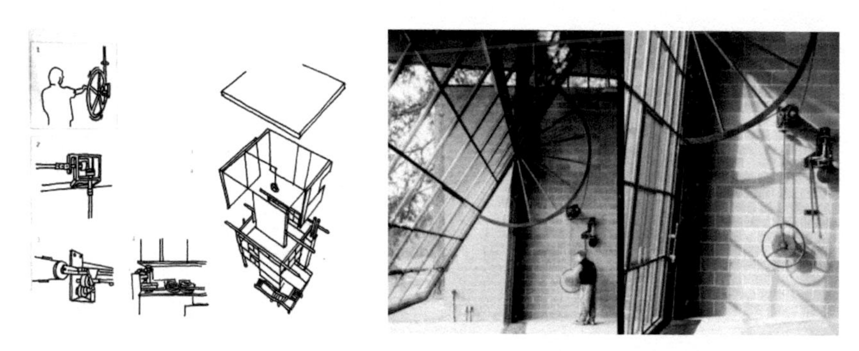

图5-10　Tom Kundig设计作品

（资料来源：https://mr.baidu.com/r/DsA7f3GyA0?f=cp&u=b790f2800b25fdd4）

第二节　榫卯的特点及现代优化原则

一、榫卯的技术特征

榫卯在历经几千年的历史发展中积累了中国工匠的集体智慧和社会文化的精髓，器物构件的连接原本是一个不起眼的事件，随着营造技艺和历史文化的发展，却凝结了中国历代的工匠精神，反映了中国独特的逻辑思维方式和构成方式，也折射出中国古人的造物态度。因此榫卯在现代设计中的应用，很大程度上也是中国文化在现代设计中的应用的一个典型代表。榫卯在现代设计中的应用与它的特点是分不开的，其特点主要包括以下技术性特点和文化性的特点。

（一）平衡

榫卯在形态上保持一种秩序性和规律性。传统榫卯的形态大多从一个中轴线或一个中心点开始向两边保持一种对称关系。例如各种椅类就往往以正方形的对角线为中心形成一种对称关系，这种对称关系又进一步延伸使得中国家具和建筑也相应地成为一种对称的功能结构。对称的形态有利于结构的平衡、稳定和统一。

（二）闭合

榫卯的两两相接本身就是一种连接和闭合。而建构家具和建筑的目的也就是形成闭合的功能空间，使其具有居住和容纳物体的效果。某种程度上可以说，榫卯结构就是一种为闭合而生的结构。

（三）梯度

榫卯的框架接合一般都有下大上小的内缩倾向，叫作收分或侧角，这使得整个木构架呈现一种梯度的节奏。无论是从形态上还是结构上，都给人一种稳定的效果。“侧脚”，《营造法式》解释为“凡立柱，并令柱首微收向内，柱脚微出向外，谓之侧脚”。[①]这种“侧脚”由于使整个框架结构呈现一种向中心集中的状态，从而其稳固性与完全垂直的框架相比大幅度增强，也形成中国传统框架结构上小下大的趋势。

（四）呼应

榫卯连接还呈现一种呼应关系。由于中国的建筑和家具，一般都是对称结构，所以，它的前后左右往往是相同的榫卯进行连接。同时，由于榫卯大多都是单向的插接关系，因此要对这种单向的运动有所约束，也需要方向相反的榫卯进行配合，由此呼应和互补关系在榫卯中显得非常重要。

（五）灵动

榫卯所形成的木结构中，往往有绝大多数的直线形态加上少许的曲线形态所形成的一种造型系统。这将对称与非对称、直线与曲线、静态与动态巧妙地结合在一起使得木结构显得非常轻盈。

---

①李诫.营造法式[M].重庆:重庆出版社,2018:115-116.

二、榫卯的功能特征

(一)易搬运

榫卯所形成的木构架连接，首先非常有利于移动或运输。由于榫卯可以继续拆解，因此过大的构件可以拆解成许多小构件进行搬运。

(二)多功能

榫卯接合样式灵活，这给家具和建筑的功能划分带来了非常多的选择余地。古代的一些坐具和卧具就在长期的历史演变中逐渐发展为多功能的坐卧兼备的家具，这些多功能的实现与榫卯结构的灵活连接是分不开的，榫卯的复杂性和多样性成就了中国家具设计的灵活性与多功能性。

(三)易收纳

榫卯营造一般也具有套叠的概念，便于收纳物品，古代有许多用榫卯材质做的专门用于收纳的家具，小到化妆盒大到木棺椁，它们的连接都主要使用榫卯。榫卯便于拆卸，构件也就容易被收纳存放。比如《清代家具流变》中提及的乾隆时期“铁梨木小折脚桌一张”与“紫檀书桌面一张，桌腿四条”则通过拆卸进行收纳，即所谓的“活腿桌”。[①]

(四)补长

榫卯接合既可以用来制作框架，也可以将小型材通过补长作用连接成为大型材，节省用料成本。例如清代就有一种集成材做成的大柱。即由许多小木材通过榫卯连接和捆绑成为粗大的木材，极大地节省了当时大木材的用量。

---

①潘谷西，何建中.营造法式解读[M].南京：东南大学出版社，2017：106-122.

(五)修复

榫卯制作的物品由于可以拆卸，因此可以非常方便地进行局部修复。当一个构件损坏时，不需要进行整体的加固，只需要将损坏构件拆卸下来换成新构件安装即可，非常方便。

三、榫卯连接技术的现代优化方向及其优化原则

二维榫卯和三维榫卯由于榫卯结构样式比较复杂，不同的榫卯在进行优化时有不同的特点，因此将榫卯按照空间维度进行分类，二维榫卯主要指榫卯接合形成一个平面的空间，分为点接合和线接合。三维榫卯是指接合起来可以形成独立空间的榫卯，具体分为面接合和体接合。

(一)二维榫卯

二维榫卯虽然在空间接合时只有两个维度，但是使用却非常广泛。首先线型木材的连接一般都是点状连接，这就属于二维连接，另外面板和面板的接合一般为一字形接合，也是典型的二维空间的接合。这种连接主要通过斜角接合，包括十字和丁字形接合。此外，三维箱体的接合有时也呈现二维的接长和垂直相交的形态。在二维形态的连接中，燕尾榫和嵌入榫是其中最常用的连接结构，燕尾榫的榫头具有向两边撑开的形态，具有良好的抗剪力的特征，有效地增强接合处的构件强度。同时燕尾榫形似燕尾的造型也起到了很好的装饰效果。真正做到了美观和功能相统一。嵌入榫的使用非常广泛，不仅可以用在一型、T型、十字型的连接上，罕见的垂直连接甚至箱体连接都可以使用嵌入式进行接合。同时嵌入榫也不同于方榫、圆榫等暗榫，并非完全处在结构内部而无法看见，嵌入式本身也具有很强的装饰性，交叉连接的嵌入式好像一个抽象的现代雕塑在家具中显得非常美观。

（二）三维榫卯

主要指抱肩榫、粽角榫、斗拱、裹腿等具有三维特征的木构件连接结构。三维榫卯一般结构复杂但形态美观。随着木结构营造逐渐成熟，很多三维榫卯逐渐被群组成为一个固定的构件模块。这样做既有利于制作效率的提高，也有利于家具和建筑的标准化。在现代工业中，三维榫卯也更加讲究一体化的设计与制作，这些构件往往被当成一个整体来进行制作，完成之后按照简单的二维榫卯进行安装。

四、榫卯的具体使用方式

（一）燕尾榫

燕尾榫的榫头呈梯形的燕尾状，多用于面板与面板之间的相接，线型构件之间的连接也经常使用。在现代工业中，燕尾榫多用于装饰性的结构连接，既充分展现其优良的多向限制的连接功能，又充分表现出它优美的形态。在现代家具中，燕尾榫依然是一种普遍使用的榫卯结构，现代产品设计中，燕尾榫也经常以不同的材料呈现，用于多种构件的固定方向的组合之中。

（二）走马销

与嵌榫不同，走马销一般处于构件与构件之间连接的内部。它虽然没有美观的形态，但是作为一种广泛应用的木销构件，它具有非常灵活的拆装特点。它的隐秘性，又使得家具不同构件之间的连接浑然一体，显得非常完整。正是由于它的内隐形态和灵活的拆装功能，走马销一直是现代产品中非常常用的制作构件。

(三)栓和楔钉

拴在传统的木作营造中就具有管而不死、拆装灵活的特点。同时，栓的形态也具有非常强烈的民族文化的特征，因此，经常使用在传统风格的现代家具中以及传统风格的产品设计中，在设计中栓经常被设计成一种装饰性的构件予以特别的突出与强调，有时甚至在色彩上予以强调。楔钉在拆装灵活性方面稍弱于栓，但是它强调木构件之间的互锁关系，具有非常强的连接逻辑性，因此这种结构常备用于现代产品中，彰显中国文化中的智慧。

(四)嵌入榫

嵌入榫的形态，主要来自于传统榫卯中的燕尾榫。在现代产品连接结构中，由于嵌入榫材料利用率高、体积小、连接效率高等特点，被广泛运用。现代嵌入式主要有圆棒榫和片销。圆棒榫的形态像一个小圆棒，直接插入产品构建的圆洞形卯口中，起到一种单向连接的效果。同时圆棒有时还具有轴的作用，可以使相连接的构件沿轴心运动。例如片销就是嵌榫的一种，瑞士Lamello公司的柠檬片这是一种典型的片销榫。这种圆形的薄片状榫四周有多个插入点，用来固定构件的连接体积小，但是可以多向固定构件，限制构件多个方向的移动。Lamello公司生产的“柠檬片”是这种嵌入榫的代表，所谓“柠檬片”是一种经过干燥压缩的木片，膨胀之后可以将榫槽挤得非常紧密。柠檬片槽深度、角度及位置可以通过相应的压板来调整。

(五)榫卯改装优化的五金件

拆装已经成为现代产品和现代家具中一个重要的特点和功能，但是拆装的划分也需要相对整体。过于零散的拆装会破坏产品的整体感，其产品制作和研发也会因为构件太过零散而变得非常复杂，使用也会很不方便。

这个时候需要将传统的榫卯和五金构件接合起来，发挥它们各自的优势，使得拆装既方便又不至于过于分散和繁琐。典型的做法是，先使用榫卯的钩挂限制两个方向的构件的自由度，然后再使用五金件限制第三个方向的自由度，从而使构件牢固连接。这样只需要采取很少的五金件拆卸即可将构件完全拆开，大大减少了五金件的使用，起到了连接构件优化的效果。此外还有使用走马销原理设计的五金件，例如花帽销，它在圆销的基础上增加了带螺口的花帽，基本原理就是一种金属材质的走马销的构件。图5-11解决了传统走马销木质结构强度低不利于反复拆装的缺点，同时也增加了走马销的抗拔性。合页结构指金属合页的这种轴，一般沿预设的方向旋转一定的角度，并且能够停留在预设的一个位置上，在现代产品的一些盒状结构中也常使用到这种合页结构。

图5-11　榫卯优化的五金件(资料来源:https://mr.baidu.com/r/DsAnGFoYA8?f=cp&u=28eff6f48e204606)

五、榫卯的旧法新用

传统用具和工艺承载着中国的传统文化，因此，传统榫卯结构的使用，不仅仅是一种技术上的传承，更重要的是，这种技术背后所隐含的一种文化价值。它可以在现代产品中有效地提升产品的文化品位，达到一种传统风格的装饰效果。

(一)连接合理性的设计

在现代产品设计中，任何产品构件的连接主要是组合拆卸和承力功能，它需要榫与卯相互合理的配合来实现，榫与卯合理的连接，意味着可以将产品构件所受的力相互限制，既能保持稳固耐用，又为日后产品构件的修理提供便捷的更换和拆装功能。

在设计师的组合灯具设计作品中，我们可以看到各个灯具的拆装，以及它的高度的自由调节都是由一些榫卯的插拔来实现的。而且整个灯具的构件识别性非常高，消费者完全不需要专门的指导或专业图纸即可自主组装。同时这些器具的所有构件都可以被拆成若干个小灯具，包装在很小的包装盒内，非常便于收藏和运输。从家具的加工和制作上来看，所有的构件以及穿销都是机械化、标准化加工的，非常符合现代工业批量生产的要求。(图5–12)

图5–12　台灯设计

图5–13是意大利设计师Francesco Faccin设计的桌子，桌面正中有一个惹人注目的穿带榫，与中国传统穿带榫在功能上完全一致，主要是用来给较大面板进行加固，防止变形。不同的是，中国传统的穿带榫被隐藏在面板底面，这符合中国榫卯隐形的特征。而Francesco Faccin发现了这种榫卯所带来的美感，把它安放在桌面正中，作为对色彩单一的桌面的一种跳色手段，既有很强的功能性，也发挥了它的装饰方面的特点。

图5-13　穿带

（资料来源：https://m.sohu.com/a/229515957_99929000）

（二）装饰性的设计

明清时期是中国传统家具真正形成自己成熟的独特设计风格的时期，也正是在这个时候，榫卯才真正从一种普通的内在的技术结构逐渐作为一种设计文化，逐渐被人们关注。随着榫卯逐渐进入人们的审美视野，它也由一种纯技术的设计知识逐渐发展为一种具有装饰性和文化性的设计思想。因此在现代家具设计中，对于榫卯的装饰性也越来越重视，而由装饰所带来的榫卯设计位置的变化也越来越明显。也就是说，从以往的内隐性的结构逐渐转为越来越外露的一种设计样式。例如日本设计师金太郎就经常通过一些精细的对榫卯的雕刻工艺凸显榫卯的装饰效果。在他的作品中（图5-14），我们可以看到在厚板拼合的时候，他使用了燕尾榫，但是这种燕尾榫已经被设计成一种手掌的形状，并通过赋予它与构件不同的色彩来加强这一装饰性的效果。在其他的作品中，他也经常使用一些梳齿状、植物图案、字母等作为装饰榫卯形态的一些元素，这些设计虽然也考虑到了榫卯的力学作用和约束功能，但同时也更凸显了它的装饰性，为现代设计师对榫卯装饰性的研究提供了一种新的思路。

图5-14　金太郎设计作品
（资料来源：https://m.weibo.cn/2521995502/4013052515452097）

（三）简化的再设计

解构与重构是现代设计中常用的创新手段，所谓对榫卯的减法，即是将榫卯构件结构并分析其每一部分的功能，在对局部功能加以利用的一种设计方法。榫卯中，一些复榫构件有多向约束和实现多种功能的内容，它们形态太过复杂，用在产品的单向接口中既不美观也没有必要，因此提取其中部分构件加以改进，成为一种简化的结构。图5-15是对传统破头榫和片状半榫的再设计，片状半榫的作用原理是，通过对透榫榫头上开槽口，增大透榫与卯孔之间的咬合度，但片状半榫的榫头实现的张力有很大的不确定性，这和榫头的木质、木楔的大小、木楔插入的深度以及榫肩的强度都有很大的关系。图5-16中，设计师将传统的夹头榫和片状半榫进行简化再设计，利用Y型和F型的组合构件形态分别约束椅腿的前后和上下两个方向的位置，同时，Y型结构又能够有效地将椅面的承重转移至椅腿，使得榫卯样式既时尚又科学。现代产品中使用片状半榫时更倾向于对木材料的韧性和强度有更精确的把控，设计师在这件家具中对片状半榫进行再设计时，利用了榫头的分叉特征，整个腿足结构的构件安排非常严谨，有效地将椅面的承重向下传递，大大增强了椅子腿的形式感和耐用性。

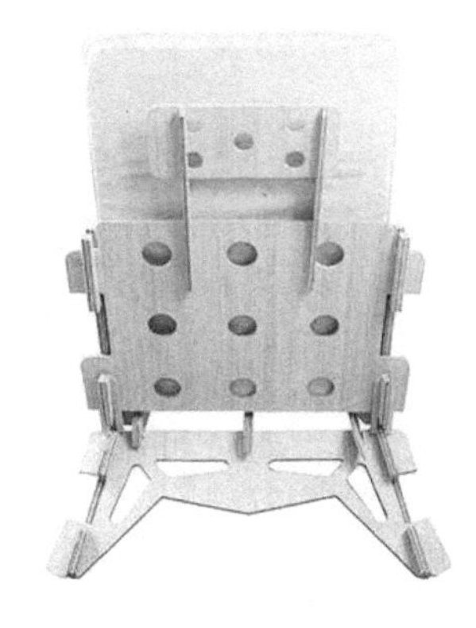

图5-15　片榫的应用

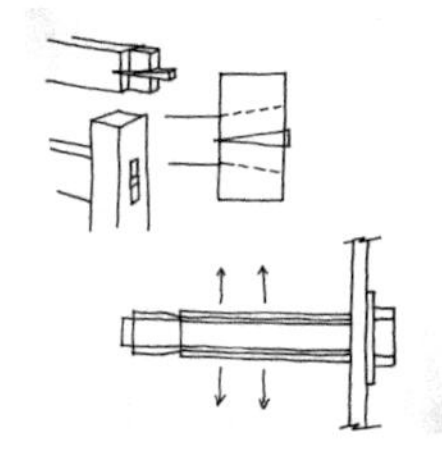

图5-16　简化榫的应用

(四)隐匿与外露的设计

设计师通过将原本传统器物中外露的榫卯隐藏起来，或将原本隐藏的榫卯外露出来，达到榫卯创新的目的。这样的手法在现代设计创新中也经常使用，一般来说，当产品构件需要用榫卯来实现拆装功能，且外观又需要尽可能简洁时，设计师往往在设计时千方百计地将所使用的榫卯隐藏起来。实际上，明清时期的家具基本上都是这个设计思路，在设计上的考虑与现代设计中的榫卯隐匿创新基本一致，既可以实现榫卯的功能，产品外观上又看不到任何连接的痕迹，浑然一体。另外，在设计师需要将榫卯作为一种产品的外形识别特征加以利用时，则会尽可能使用榫卯外露，外露创新的情况也同样很常见。设计时榫卯可以部分地外露出来，也可以完全外露，甚至可以将榫卯组合本身作为产品造型，例如鲁班锁、斗拱等，都有作为产品造型的例子。

因此，合理搭配榫卯构件是家具制作的重点，这里所说的合理，也就是上文所论述的承力和抗变形的质量指标。一方面，榫卯的设计搭配要考虑到受力的分散与聚合，使得家具的每一部分均匀受力，局部不至于过多承力而过早损坏，从而延长使用寿命。另一方面，榫卯的设计搭配又要使构件相互牵制、相互约束，不容易发生变形。

第三节　榫卯的设计原则

在讨论榫卯在现代机械化生产中的使用之前，首先，必须确保拟使用的榫卯及连接构件具有结构的合理性，具有通过精致的机构实现构件之间微妙的力学关系的可能性。现代产品设计中的榫卯创新，必须建立在对模块与模块之间接口机制的充分分析之上，充分利用榫卯原理，适当创新优化传统榫卯构件的样式、尺寸和材料，从而将其利用到产品模块化接口设计当中，使产品各模块实现拆装自由、动态平衡的效果。其次，需要充分发挥榫卯的拼合思想。一种普遍的观点认为，榫卯接合是一种同质材料的接合。虽然传统榫卯绝大多数使用在木器之中，采用的是木与木相同材料的连接，但这实际上与木器自身的特点和历史上技术发展的实际状况有关。在古代，木材一般是相对容易获取、价格相对低廉、加工比较方便的材质，木器之中，能用木材料之处尽量使用木材料，这是由当时的环境与技术状况决定的。把木器之中的木材料普遍使用的现象，延伸到榫卯必须使用木材或同质材料，这一推断缺乏科学依据。恰恰相反，从其他古代工艺品中可以发现，古代匠人使用榫卯接合时，并不在乎材料是否同质，例如汉代墓葬中就发现了玉器与木质底座之间的榫卯连接，此外，玉和金属、木材和金属、木材和石材之间采用榫卯接合的方式，构成工艺或家具的装饰部位也非常很多见。古代工匠使用榫卯时，对材料的选择是相当自由的，同样，我们在进行榫卯的现代化创新传承时，也不应对材料刻意设限。榫卯的技术思维特征在产品设计中是预制模块通过特定方式的拼装，即不需要用皮带缠绕、捆绑、黏合剂黏接、螺钉紧固等附加手段，通过模块端部特殊的形态实现连接功能，这样的设计优点在于模块安装具有可逆性，也不需要过多细小的连接零件，便于大规模机械化生产和个性化产品族的开发。在使用维护上，由于模块拆解后相对独立，维护更加便捷，因此有助于降低维护成本，榫卯在产品设计中的优势可以充分体现。最后，榫卯在产品设计中应用的目的在于它的环保性。由于科技不发达，古代器物制作只能使用天然材料，没有人工材料可以选择，因此这不能成为榫卯接合注重环保的充分理由。榫卯设计具有环保性并不在于它在古代使用天然材料，而是由于它的拆装特点决定的，当建筑或家具中一个物件损坏了，并非进行整体修理或更换，而是把损坏部位拆下进行局部调整。另外，利用榫卯设计中的产品，如形态特征相同或相近的构件可以通过不同的组合形成完全不同特征的产品。古代建筑的斗拱就是这种典型设计思维，尤其在现代产品设计中，这对降低设计和制造成本有很大的优势。现代榫卯体现了对合成材料的开放性应用。现代榫卯应用不仅不强调材料的同质化，反而应灵活搭配各种不同的材质，实现更加灵活的效果。榫卯在传统建筑中的使用，其中一个重要目的是将小材接合在一起，成为大材来利用，清代更有将小材用箍榫拼合成大柱的例子，这样可以最大程度地利用小木材，节省原材料。以上述及的这些环保理念往往不是榫卯的表面现象，而是隐藏在榫卯技艺的背后，根植于古代匠人的心中，同时也应成为榫卯在产品设计中的使用中努力达到的目的。

一、榫卯视觉层面的设计原则

木材是榫卯的主要用材，它的优点很多，质感温和适宜人居、纹理美观、强度高、密度相对较小、便于运输。但它的缺点也同样明显，由于它是天然材料，受自然环境和树木生长周期的影响很大，不同的干湿环境对它的质量有明显影响，树干受光与背光部位质地不匀导致木材具有显著的各向异性等。此外，当今天然材料价格高昂，人们的环保意识增强，优质的自然资源越来越难以获得，很多木材也逐渐成为较为昂贵的原材料。因此，现代产品在使用榫卯时，更多采用榫卯的连接形式与连接特性，而不是对于它最初使用的木材进行模仿或传承。即使在非常讲究木材材质的家具产品设计中，榫卯的使用材料也尽可能遵循混搭原则。首先需要明确的是榫卯为什么要在现代产品设计中传承使用，它的应用必须在现代产品中体现自身的意义和价值，而不仅仅是简单地复制或者作为传统样式的保留而使用。也就是说，当榫卯思维、榫卯结构与榫卯技艺应用在产品设计之中时，应对现在的产品设计带来某些方面的显著提升作用。从现代产品设计中应用榫卯的实际情况来看，设计师们主要从两个方面来挖掘榫卯在设计之中的优势：一是榫卯的精巧样式。榫卯复杂的结构固然给机械化加工带来困难，但它也展示了做工的精细与一丝不苟，许多现代家具，例如灯具等器物产品在使用榫卯时往往突出它的复杂外形与巧妙安装，以此向消费者展现设计的巧思与工艺的精良，从而提升产品的价值。二是榫卯的应用突出拆装特点。现代产品设计中，利用榫卯的拆装功能有不同的目的，有时是为了便于包装和运输，有时是为了便于维修和更换，有时是为了实现产品的多功能和趣味性。无论怎样的目的，插接的榫卯构件可以方便逆向拆解，这是榫卯的重要特点，也是现代产品对榫卯最关注的部分。

根据这些设计目的，榫卯在文化方面的设计应遵循三个总体要求，即显性要求、审美要求以及形式感要求。首先，与传统榫卯尽可能将连接构件隐藏起来不同，现代产品在隐藏连接构件时的方法很多，效果也很好，因此隐藏形态的榫卯有时在现代不具备很强的实用性。当设计师需要利用榫卯时，他往往希望将其作为一种具有传统文化意义的特殊的连接方式。因此在处理时，非但不将其隐藏在内部，反而可能显露在外表。其次，显露于外表的榫卯，在设计师对材质色彩的精心安排下构成一种装饰性纹样，这种情况使用比较多的有燕尾榫的榫头线性排列、粽角榫以及走马销等的显性设计。传统带有装饰性的榫卯构件，如斗拱、雀替、霸王拳等等，由于造型与现代产品形式不够协调，使用得反而相对较少。最后，从传统榫卯的发展来看，虽然总体趋势越来越简单，但现代机械化生产中，在构件形态规则的前提下，控制在一定范围的复杂度并不会显著影响生产和加工的效率，反而可以使产品看起来更加精致且富有装饰感。因此，榫卯在现代产品中的使用并非简洁实用，有时也会刻意展现一定的复杂性。根据以上要求，榫卯的装饰性设计原则有以下几点。

（一）材料混搭原则

产品模块接口在使用榫卯接合时所采取的材料混搭一般有两种方式。一是不同材料的混搭，既可以是木材与其他材料之间的搭配，也可以是两种非木材之间的搭配。二是不同材质木材之间的相互搭配，即根据产品不同部位的材料强度、性质，既考虑木材的色彩、纹理等美感特征，也考虑木材的材质，例如一些高档实木家具品，产品采用榫卯接合时往往采用浅色中性木面板与深色硬木腿足搭配，突出榫头深浅相间连接所带来的美感，同时面板柔和的质感与腿足的坚固相结合，从而体现优良的设计性。此外，一些仿木的人工复合材料由于性价比更高，加工更便捷，在榫卯连接时经常成为木材的替代品，与木材搭配使用。

（二）造型可选原则

现代产品设计中，榫卯形态的选择首先依据产品的模块结构的连接要求来决定，其次就要考虑加工和材料的成本。由于榫卯连接的构件有时较复杂，机械化生产中进行加工的成本较高、难度较大，因此榫卯形态的参数的选择需要适当的标准化修改，以便于在机械加工时降低加工成本。同时，相同的榫卯可以连接多个不同模块构件，有时这也是降低加工成本的一种方法，当然，这种设计一般只用在不会混淆构件的条件下。总之，灵活选择榫卯形态是其应用在产品设计中的必要方式。

（三）装饰性元素的应用原则

榫卯结构的本质功能是连接，只要达到连接强度要求，榫卯自身的形态可以做出改变以适应加工要求和审美要求。随着加工技术的日新月异，新工艺和新材料带来了更多可能性，相应地，现代产品在审美方面也提出了更高的要求，例如，燕尾榫这种典型的象形榫，通过对榫颊形状和尺寸的变化，可以拼接成各种不同的纹样形式。现代产品生产中，类似燕尾榫之类的构件已经完全可以利用数控机床加工完成，而它的形态也从以前的功能性向装饰性和趣味性方向转化，然而更加复杂的组合榫卯，例如粽角榫等结构，数控机床也很难处理，这时候需要将构件进行拆分，并使用3D打印技术完成。“计算机、互联网、数字化是我们这个时代的特点，它正在革命性地改变我们的生活、文化和社会。可以设想的是，这种改变将与日俱增。”①

（四）灵活拆装原则

榫卯的基本特性之一就是可以自由拆装，现代产品中的可拆装榫卯大多结合传统榫卯和现代工艺的双重特点，同时设计师也明白，产品并非每个连接部件都需要做榫卯拆装，只有在可以减小体积、简化结构的关键节点处才配合模块化设计使用现在产品的拆装接口。现代设计中的榫卯接合方式多以插接或搭接为主，例如木制家具利用拆装主要为了减少体积、方便收纳、便于运输或增加功能。

（五）形式上的放大与夸张原则

现代产品在满足功能需求的同时，特别注重形式美和文化底蕴的彰

---

①袁烽.从图解思维到数字建造[M]上海：同济大学出版社，2016：2.

显。在使用榫卯时，榫卯的机构功能不仅可以为产品构件中起到连接的效果，也在形式上给人以美感，而放大与夸张的设计手法就在于突出这种美感。在对榫卯进行放大与夸张处理时应特别注意三点，一是对榫卯形态的夸张一般需配合材质的夸张才能达到更好的效果，对产品材质的选择应以木质或仿木质材料的使用为主，榫卯形态只有和木质材料搭配起来才更加相得益彰。二是对榫卯形态的夸张设计必须考虑制作的需求，一般使用具有一定强度的材料制作，在使用机器制作时注重构件的标准化。三是为了榫卯的夸张效果更加明显，一般使用不同的颜色、肌理突显其外形。

总之，由于现代产品和传统器物在形制、功能与制造手段上已经有了巨大的差异，所谓榫卯的传统，不可能是对传统榫卯的简单的复制，更多的是在对传统结构和技艺系统整理的基础上加以改良，结合现代技术、新工艺和新材料，并遵循结构力学和现代美学的设计方法，加快其现代化设计进程。

二、榫卯的文化性设计原则

（一）传承性

榫卯是中国工匠们在千百年劳动中不断优化而成的建构方式，在它内部保留了中国传统文化和技术的基因，也存留了中国人对自然事物的处理方式。这些思想性的内容是榫卯设计必须体现的。尽管现代机械、数字加工技术已经得到很大的发展，在利用这些先进技术传承榫卯工艺时，其内部的营造思想与现代技术之间实际上并没有本质的冲突，一定程度上还会互补。因此所谓传承并不是对旧形态的仿制，而是传统营造思想和现代科技的碰撞与融合。

(二)装饰性

装饰性是榫卯自出现以来就有的功能。从传统的榫卯使用情况来看，榫卯的装饰性主要体现在两个方面，一是榫卯接合构件时表现的内隐性，即通过榫卯为中介将构件接合为一个整体时，榫卯自身的隐匿为产品提供了一种整体美，尤其在榫卯从唐代到明清时期发展成熟时表现出的显著倾向。二是榫卯自身的形式与技术审美，即通过榫卯接合的独特形式与巧思向消费者传达的一种装饰感，这两种功能都在现代产品设计中传承了下来，尤其值得肯定的是，现代设计师并没有拘泥于明清以来将榫卯尽可能隐藏的传统，而是根据现代文化的审美需要，将隐形美与显性美都给予同样的关注。

(三)象征性

象征性是中国器物设计的一个普遍特征，不仅有专门的礼器，即便日常使用的器物也同样具有一定的象征。榫卯所传达的象征有多方面的内容，既有斗拱、雀替等在建筑中表达的使用者等级身份象征，也有窗棱、栏杆等处使用的富有吉祥寓意的象征。这些内容作为文化符号，也都自然而然地传承在现代产品中。

三、榫卯技术性层面的设计原则

除了在榫卯文化层面上的设计原则，在技术层面的原则也不容忽视。纵向的结构传力需求，因为它要有可以平稳放置和支撑承接的功能。这也就要求产品中的结构需要将自身的荷载通过一定的榫卯关节处传递到支撑面。例如，案几类家具的制作中，当插肩榫连接面板和腿足的构件关节点时，需要将面板和面板上承受的外力通过平行与垂直构件分散到腿足上部的周围，实现多向固定后再把重力集中垂直向下延伸至地面，这是典型的通过结构将构件的荷载由榫卯的巧妙组织分散与集中的例子。夹头榫也是这样，通过牙头和牙条表面并从腿足的顶端伸出来的榫头与案板之下所开的卯口相接。同时腿足榫头与牙条、牙头相接合的部位还需要开槽口进一步与案板相固定。这样的构造使得面板的整体荷载均匀地通过牙子构件向案板之下的四周均匀分散，然后再通过腿足将这些来自上部的荷载力集中延伸至地面。在现代设计中，这种构造也时常出现在家具的面板中，只是在现代家具中的夹头榫与传统的夹头榫有些微妙的不同，为了美观，现代家具减小了腿足上端的槽口长度，留有牙条并将牙头略去，这样可以使得桌子显得更加简洁，但它们对于家具整体荷载的分散与集中的原理是相通的。

当然这样省去牙头不做，使得桌子的牢固性有所降低，所以现代家具中，牙条两侧的距离一般来说要比传统的牙条之间的距离要小。此外，在产品中一般被认为是装饰构件的榫卯也同样承担着一些重要的承力功能，例如家具中作为装饰的牙子、霸王撑、托泥等，它们分别从横向、竖向或斜向等不同部位来为腿足分散荷载，也就是说，在传统家具榫卯中，实际上没有完全多余的构件，即便这个榫卯构件有很强的装饰性，也在一定程度上发挥着一些承力的作用。

榫卯不仅在纵向上组织家具构件更有效地承接荷载，在横向上也可以约束家具构件使之不容易变形。在家具中，构件的转角处是最容易受到破坏的部位，而且直角或水平在连接处更容易弯曲变形。因此，榫卯很多构件成45°角企口接合，这样就把直角或水平的接合处变为若干锐角，从而有效地约束了家具横材部位的抗弯强度，这样的典型榫卯例如丁字接合的格肩榫、攒边打槽做法中也大量使用企口相接。除此之外，榫卯还常用嵌板和穿带进一步约束大面积的板材，正是通过各种榫卯接合使得构件之间的接触面大大增加，从而优化了家具的整体结构。总之，将现代基于人体工程学和更具有人性化设计的理念引入到榫卯结构的设计，同时借鉴当代设计方法中的时尚元素，使榫卯结构更符合当代人的审美和生活方式。[①]

四、榫卯的设计案例简析

如图5-17，这套家具的构件咬合会随着桌椅自身的重力作用越用越牢固，同时，设计师大胆地把所有榫头的接合处作为装饰，突出了一种构成美和秩序美。这把明式风格的餐椅是“自在工坊”品牌的作品，这个椅子的整体结构沿用明式座椅的风格和结构，因此主要的连接部位都使用榫卯，同时在材料上予以大胆创新。尤其是椅座部位采用一次成型的透明材料，展现了与传统明式家具完全不同的流畅线条与视觉上的空间感，也巧妙地使用榫卯完全透明的方式暴露于外，凸显其装饰性。

图5-17　“自在工坊”品牌的作品（资料来源：自在工坊官网）

图5-18是一个受到鲁班锁的启发而设计的桌子，鲁班锁种类较多，简单的鲁班锁是由三杆穿插形成立体的十字结构，最常见的鲁班锁是由六杆条棍组成，而在家具上应用的鲁班锁一般为三杆结构[②]。鲁班锁给人的感受是几何感很强，形态复杂而巧妙，并可以实现构件与构件之间的相互约束。保加利亚设计师Petar Zaharinov设计的桌子就是将这些特点融入现代家具中。首先，这款桌将鲁班锁的尺寸进行夸大处理，整个锁的造型成为

①穆瑶，杨琳．可拆装实木榫卯结构在儿童家具上的设计应用［J］．设计，2020(6)：152-154.

②欧阳方雄．基于可拆式结构技术的实木椅子设计［D］．长沙：中南林业科技大学，2018：17-18.

桌子的支撑，并将透明的玻璃材料作为桌面，下面的鲁班锁复杂的榫卯关系作为一种装置展现给消费者。这种复杂的榫卯不仅在视觉上非常有特点，在功能上也进行拓展，互锁的构件可以赋予收纳功能，这样就把观赏性、趣味性、实用性和拆装便捷性有机地融为一体。朱小杰的设计作品（图5-19）也同样将家具中的榫卯全部设计成贯通榫，并使之暴露在外部。实际上，家具中的榫卯自唐代开始就逐渐被隐藏在内部，尽可能地使用家具看起来宛如没有接口一般，到了明清时期，大部分家具几乎做到了完全将榫卯隐藏起来。但是随着人们对中国家具风格的关注，又重新发现了榫卯的美感。于是在家具设计中，榫卯又逐渐回到了消费者的视野，不能不说这是一种时代对榫卯文化的呼唤。

图5-18　侯启全的“鲁班锁结构系列之六合桌”
（资料来源：快资讯：《鲁班锁的榫卯结构》）

图5-19　朱小杰设计作品
（资料来源：http://www.fidchina.com/V2/Show.Asp?ID=1885）

图5-20榫卯制作的灯罩被拼成了耀眼的钻石形状，它的所有材料是由

一块木板切割后拼装而成，整个过程最大限度地利用了材料，几乎没有留下废料。

图5-20　榫卯制作的灯罩
（资料来源：https://mr.baidu.com/r/DraYhOJhcY?f=cp&u=0d05cdb021c6dbc6）

上海世博会中的山东馆，如图5-21，这是一个利用榫卯元素构建的雕塑型建筑，与世博会斗拱形式的中国馆不同的是，山东馆使用LED材料搭建了一个鲁班锁，把现代科技与传统工艺放在一起对比。

图5-21　上海世博会中的山东馆的雕塑型建筑（资料来源：https://news.sina.cn/sa/2010-04-21/detail-ikmxzfmi9943215.d.html?from=wap）

图5-22是美国推特总部的办公室房间家具，设计师尽可能采用原木的榫卯制作，榫头外露，木结构刻意纵横相交，给人以自然粗旷之美的同时，也激发人们的想象力。

图5-22　美国推特总部的办公室房间家具
（资料来源：http://blog.sina.cn/dpool/blog/s/blog_49958c0d0102vpzx.html）

第四节　榫卯应用的设计方法

一、榫卯设计方法

归根结底，榫卯应用的设计主要表现为以下三个特征，传承性、装饰性和象征性。对于榫卯在现代产品文化层面的应用，虽然尽可能形态夸张和复杂化，在技术层面也应该讲究一定的传承性，因为在它之中的榫卯技术特点才是传统文化的精髓，只有对这些精髓特征进行传承，才能够在实质上继承榫卯。当然，所谓传承并非原封不动地对传统样式的挪用，而是在此基础上把技术吃透，并加以批判性的创新。尤其在现代产品设计中，还要结合现代的新材料、新工艺和新技术，遵循科学的结构力学和现代美学规律，对传统的榫卯技术进行优化，这样才能使它在现代产品设计中发挥自己的优势。榫卯无论在文化层面还是在技术层面，装饰性的传承实际上都很重要。一是因为古代营造过程中，技术性与装饰性往往并不对立，而是融合为一体的，而且，虽然榫卯最初的使用在技术上有很多优势，但是随着现代工艺材料和技术的不断提高，已经可以在很大程度上代替榫卯的这种技术优势，那么对于它的装饰性的传承也就更加凸显出来。实际上不仅是榫卯，某种程度上，可以说任何传统的工艺结构的现代传承都需要把形式感和装饰性作为它的主要传承对象，只有这样，才可以在现代技术大量替代传统工艺的背景以下得以找到自己的独特位置。当然，对于装饰性的强调，不代表对于传统榫卯连接功能性关注的削弱，在一定程度上，功能性的体现有时候也是对装饰性的一种隐性的呈现。除此之外。榫卯作为一种传统的技术和文化象征，它的象征性也应该在传承中给予充分的体现。从设计角度看，对榫卯技艺的象征性设计一般主要分为三个步骤，首先是对榫卯本身形态的结构进行梳理分类，其次是对榫卯形态的筛选，以及它的特征元素的符号转化，最后是对这些形态造型符号的进一步调整。

一般来说，榫卯在现代产品的设计应用中主要可以分为模块化设计和科技创新设计两个部分。下面以灯具设计为例具体介绍。

例如，如果我们希望把榫卯运用在灯具设计中，我们最初的设计规划就要考虑到整个系列的灯具造型以及灯具的结构模块，这样灯具内部的模块和灯具外部造型之间的模块连接就有可能针对性地选择榫卯结构来实现。首先对灯具模块的单体形态进行解构，根据单体模块的形态特征来确定相似的适用的榫卯结构，然后以榫卯结构的单元体为中心，对灯具模块进行重新的组合设计，并据此衍生出其他模块的连接结构，一个产品中的榫卯结构可以比较复杂，但是种类不应过多。因为在现代机械化生产中，当尽可能把连接模块按照标准化原件来设计生产时，可以大大提高效率降低成本，过于多样化的榫卯构件不适合机械化大规模生产。当灯具的内部模块被整合为1个至3个榫卯构件之后，就可以根据灯具的实际效果进行整体调整。

灯具榫卯设计的科技创新需要在产品的模块化之后进行，因为此时灯具产品的整体造型以及功能已经有了初步的确定。在此基础上，就需要根据其中的榫卯连接进行进一步的深入设计。在这里首先要对灯具榫卯构件作进一步的区分，要确定哪些构件仅仅只能起到连接作用，哪些构件可以在起到连接作用的同时，还可以拓展出其他的一些功能。对只能起到连接作用的榫卯构件需要作进一步的标准化设计，而对于拓展功能的榫卯构件则是创新设计的重点。这时候可以通过技术领域中具有一定可行性的创新成果进行选择利用，争取在榫卯构件中取得一种新的技术进步，然后再根据其效果进行整体调整，这样就完成了整个榫卯在现代产品设计运用的全过程。

二、榫卯有代表性的设计内容

榫卯因其接合巧妙精致，成为趣味性产品设计中的重要参考利用对象，从当前市场上与榫卯相关的趣味性产品现状来看，主要分为三大类，包括：益智类玩具产品、趣味型家具产品和文创型日用品。其中益智类玩具产品又包括模型制作类、儿童启智类、成人脑力类和学习辅导类等系列的产品，趣味型家具主要集中在儿童家具和多功能家具这两这个领域。文创型日用品主要以新奇、富有创意的各种产品为主，包括日用小家电、灯具、学习办公用品、家居用品等，种类十分丰富。下面对一些代表性的产品进行分析。

（一）益智类玩具产品

1.鲁班锁

这类产品最具代表性的是鲁班锁。传为木工祖师鲁班所创，民间传说已将大部分木器的发明创造都归于这位神话的工匠身上，鲁班锁的来历究竟如何已不可考。鲁班锁的历史悠久，形状和内部的构造各不相同，一般都是易拆难装。拼装时需要仔细观察认真思考，分析其内部结构，有利于开发智力，灵活手指，既是一种玩具也是木匠学徒学习榫卯技艺的练手方式。长期以来，发展成为很多不同类型，鲁班锁的种类很多。其中以六块和九块构件的组合居多。六根鲁班锁又按照地区、设计理念的不同，在构造上也不同。现代市场上，六块构件的组合又分为两种完全不同的内部构造。但实际上六块构件的鲁班锁的榫形是远远不止这两种。九块构件的鲁班锁与六块构件组合不同，并非指永远都必须使用所有的九块构件进行拼装，只要使用九块之中的构件，八块、六块甚至四块都可以进行拼装，挑选其中的若干根可以完成“六合榫”“七星结”“八达扣”“鲁班锁”等，九种鲁班锁榫形要同时满足不同数量实现四种咬合结构，需要更强的脑力。如今市场上的益智玩具中，鲁班锁因其悠久的历史文化积淀，巧妙有趣的拼接方式以及环保的材质，深受各年龄阶段的人群的喜爱。据了解。现代鲁班锁的制造已全部实现数字机械化加工，具备一定规模的厂家，每天能够生产上千件，材料大部分以木材为主，有的是原木材料，有的是木材上色并少量喷清漆或色漆。作为传统益智类产品，鲁班锁产品利润不高，一般不是厂家的主营产品，家具厂或玩具厂在生产主营产品的同时附带生产鲁班锁，因而各厂家鲁班锁形制尺寸并不统一，设计创新也不是特别强，在形式上以传承为主，大同小异。这类产品所谓的创新大多集中于材质、包装和色彩上。

2. 榫卯模型

这类产品的销量一般不大，但种类十分丰富，有现代国内外著名建筑、各型舰船、车辆、航空器模型，且随着社会的发展热点不断更新。它们的材质有木质、塑料、合金等多种，绝大部分都采用传统榫卯或现代改良榫卯接合。其卖点在于让人们亲自动手实践，利用厂家规划好的半成品，通过自己的努力建构成一个完美的模型，体验成功的快乐。由于外形丰富多样，内在的榫卯创新也必不可少，无论哪种材质，都能够根据结构需要把传统榫卯与现代榫卯有机地结合起来。为了增加趣味性，这些模型绝大部分都采用单一的构件凹凸拼插接合的办法，基本不使用胶水等传统榫卯制作排斥的方式，而构件的接合部位也都采用精确的数字化设计，各部位衔接非常精密。此外，一些传统形制的模型在使用传统榫卯时也非常讲究，有较高的实物还原度。例如，宋式五铺作补间斗拱模型、担梁式垂花门模型等，极具传统的榫卯工艺特征。

3. 其他玩具

儿童玩具中使用榫卯的有很多，例如市场上的儿童字母拼插玩具、拨浪鼓、木制的各种动物模型等，它们大部分都使用了经过改良的现代榫卯，有时是为了达到拼插的功能，有时是为了实现玩具中动物肢体的活动和旋转，有时只是为了避免使用小的独立连接的构件，以免对儿童造成伤害。功能不同，玩具中的榫卯制作要求也完全不同，有的可以机械化生产，有的则需要一定的手工制作，有的尺寸公差要求不高，有的则需要特别精确。无论发挥了榫卯哪一方面的功能，都是对这一传统技艺的传承和创新。

（二）趣味型家具

1. 儿童趣味家具

这类家具大多采用环保材料，榫卯尤其经常使用在木质构件中。榫卯外露部分作为一种文化符号，体现材质的天然与做工的优良，此外，榫卯在这类家具构件中的运用，有时还有损坏时方便替换或拆解收纳功能，比较有代表性的产品有儿童木马椅、儿童木床等。这些产品并没有将榫卯作为其产品的卖点，但榫卯的外露部分暗示了家具天然的材料和优良的工艺，一定程度上显示了产品的安全性与舒适性。

2. 多功能家具

比较典型的有德国品牌的拼插系列产品，这些产品大多为收纳型办公家具、日常生活小家具。家具分为若干模块，有简单的榫卯连接机构和橡胶圈的辅助固定。产品强调趣味性的自由拆装，给消费者与产品的互动留有很大的发挥空间。材料上，这些产品大量运用木材的边角料合成的可降解复合材料，虽然在设计理念上并没有研究和应用中国工艺文化的传统，但他们这种设计思想在整体凹凸接合、自由拆装材料的环保应用等方面，都与榫卯思想不谋而合。类似的国外优秀设计还有很多，例如前文提到的德国的柠檬片家具设计，其设计思路与榫卯中的片销也非常一致。可见优秀的设计理念不仅在中国受欢迎，在全世界各地也都为人们所喜爱。榫卯虽然是中国特有的概念，也是工匠实践衍生出来的工艺思想，它的创新火花可以在更广阔的范围内散发光彩与魅力。

三、设计实例

(一)榫卯的整体创新应用

图5-23是一款利用孔明锁形态设计的灯具，本设计沿用了孔明锁完全由榫卯构成的做法，材料也选择传统的木材，使用者可以将其拆解成很小的构件进行收纳，在使用时也可以自行安装，安装的榫卯有一定的顺序，适当增加安装者的操作难度和趣味性。此外，灯具整体的造型也与传统孔明锁有一定相似性，给人以传统文化的视觉效果、审美效果。

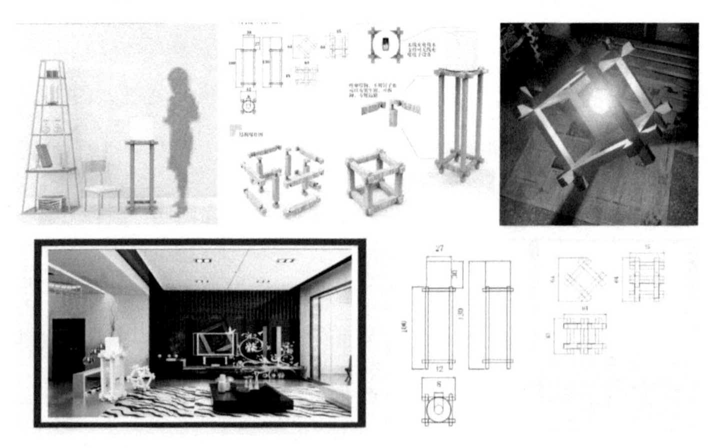

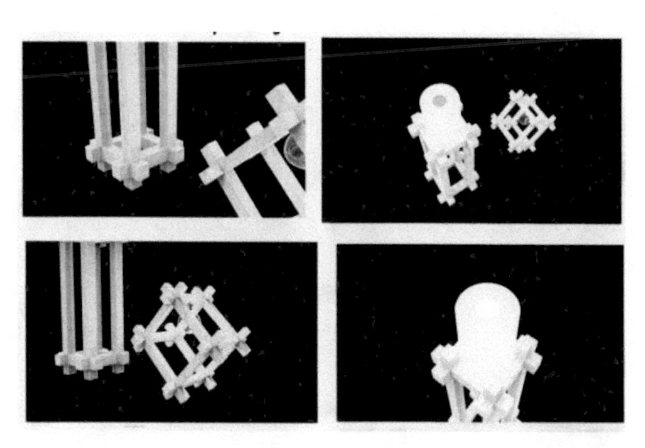

图5-23　孔明锁灯具
（本设计由蚌埠学院产品设计专业学员汪琳提供）

图5-24是一组由改良的燕尾形木销组装而成的多功能家具，传统木销一般为一端大一端小的楔形木片，插入木器中以固定构件。而燕尾榫多数是木构件一端特殊形状的榫头，传统中使用燕尾形木销的情况很少见。本设计别出心裁地设计了一种燕尾形木销，并将它作为家具组合中的模块化接口来使用，使这种家具既有一定的传统文化特征，又有现代构成主义的设计风格，在功能上也有趣多变。

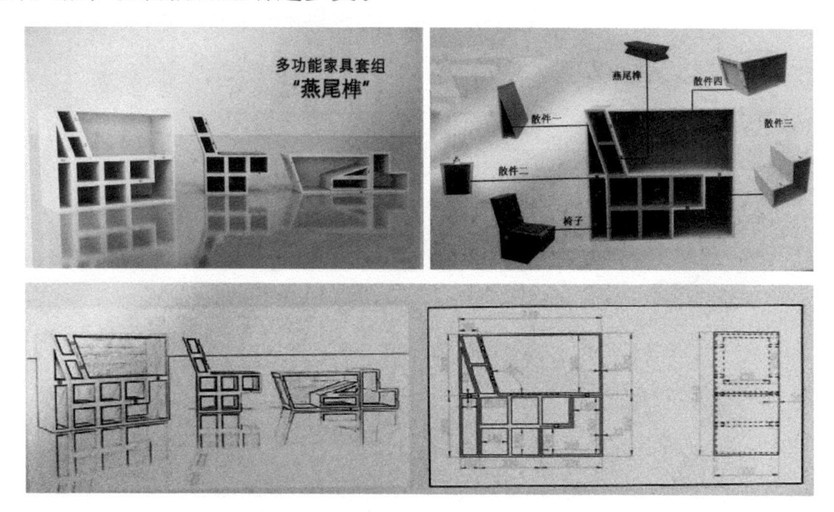

图5-24　“燕尾榫”多功能家具套组
（本设计由蚌埠学院产品设计专业学员汪琳提供）

图5-25是一种利用榫卯的模块化拼合思想来设计的鞋柜，鞋柜的各模块呈简洁的几何体，黑白相间的色彩体现干净简约的现代之美，可以随意组合的外形变化多端，既方便了用户使用，也便于收纳。鞋柜模块之间的接合由四个一组的圆柱直榫完成，让人联想到孩子经常玩的拼插玩具，显得轻松愉悦。

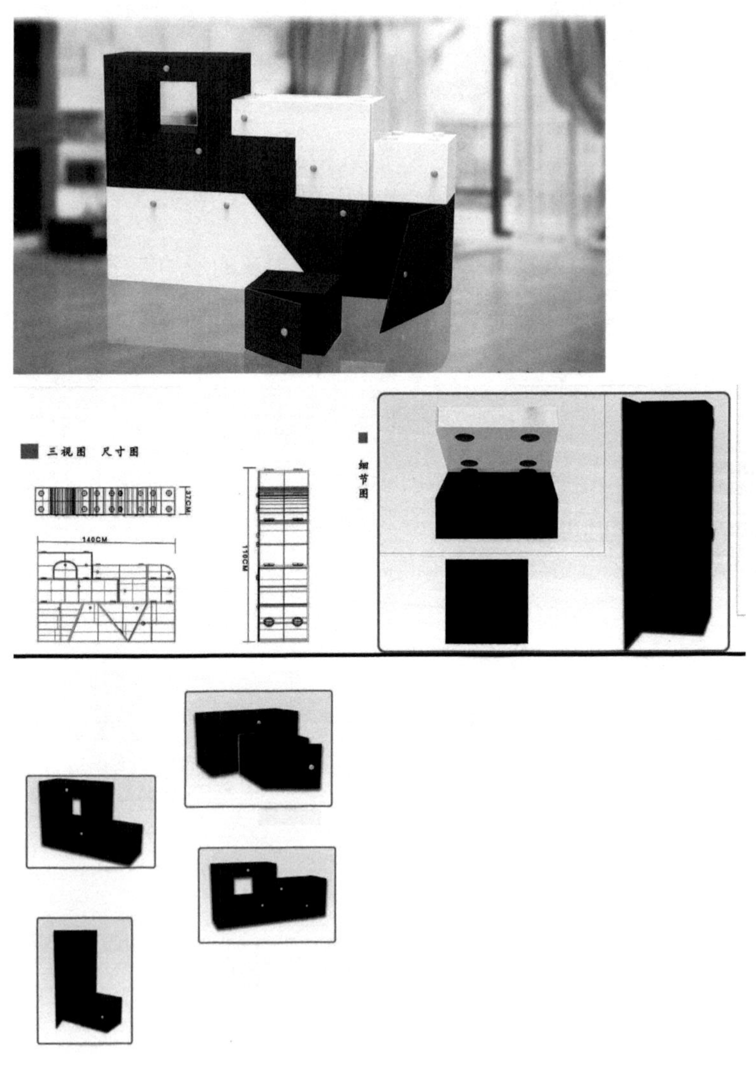

图5-25 模块化鞋柜

（本设计由蚌埠学院产品设计专业学员曹友莉提供）

图5-26为一组有趣的玩具式的儿童收纳产品，产品外形为凹凸形态，用来训练儿童的归纳收藏物品的能力，整个过程具有启智功能，丰富鲜艳的色彩也非常惹人喜爱。

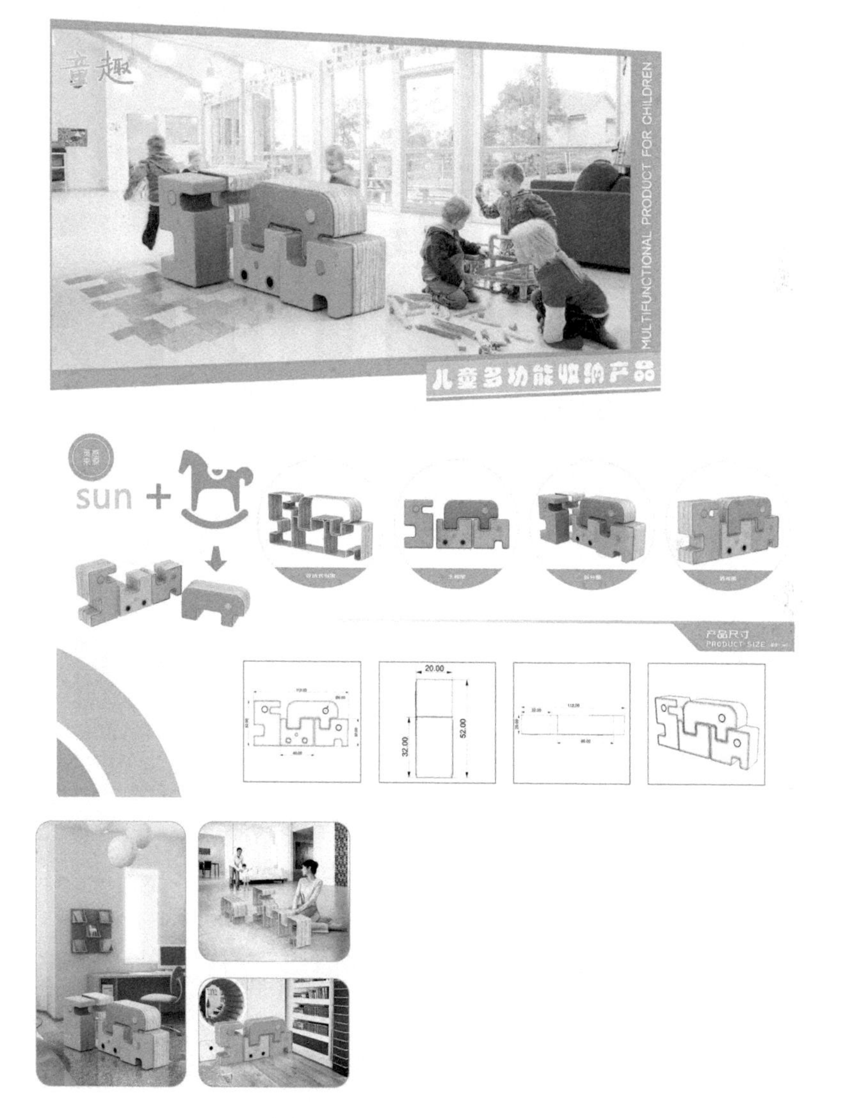

图5-26　儿童多功能收纳产品
（本设计由蚌埠学院产品设计专业学员于文静提供）

图5-27是利用简单的半开放直榫制作的书架，结构简单、收纳方便，

整个书架的隔断可以根据用户的需要进行自由选择，适合放置各种开本的图书。

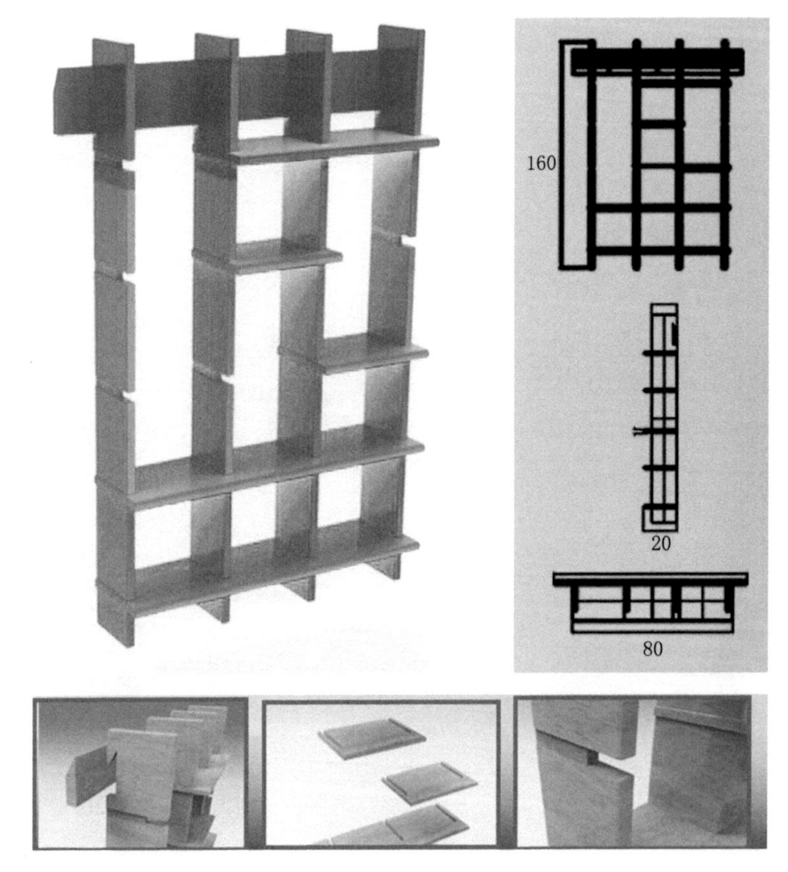

图5-27　模块化书架

（本设计由蚌埠学院产品设计专业学员汤敏提供）

图5-28是一款由板材的开放榫插接而成的几种座椅，设计者将开放榫的型号与类型尽可能标准化，便于机械化加工生产，整个座椅的拼接有效利用板材不同角度的相互受力特征，使得柔弱的复合板成为了一个坚固耐用的椅子，对现代设计中如何合理利用材料具有很好的启发性。

图5-28　复合环保板材家具（本设计由蚌埠学院产品设计专业学员孙松提供）

（二）榫卯的局部创新应用

图5-29所示的这款垃圾收集器并不是直接放置在桌面上，而是利用了传统的开口直榫插在桌边，开口处在一定范围内可调，不仅节约了桌面空间，增加了产品放置的稳定性，也增强产品放置位置的灵活性。此外，它还整合了刨笔刀、清理笔屑的毛刷和笔屑桶，非常小巧实用，产品使用了塑料和橡胶，不仅确保垃圾收集器与桌面接合的牢固性，也增加了用手拿取的舒适性和防滑性。

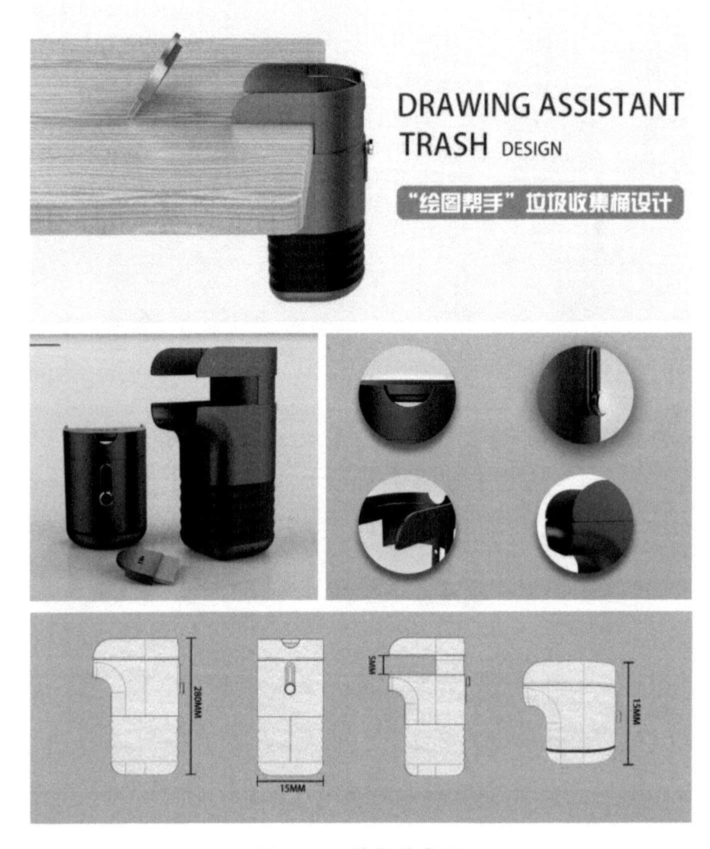

图5-29　垃圾收集器

图5-30是一款局部利用圆棒榫的创新设计的多功能插座，这款趣味性的多功能插座主要包括一个浅口圆柱的空心底座，和底座盒中容纳的蓄电池和电控装置，这些零部件共同构成插座的底层结构。中层结构分为内外两层，内层与电控装置相连插口模块与充电模块，外层是一圈带有防滑齿槽的外壳，产品上层是可旋转的圆形插座盖，圆形插座盖有一个60°的扇形缺口插入该模块，与下层底座模块采用圆棒榫连接，可以任意角度做二维空间旋转，其中电控装置包括pcb电路板、电源模块以及充电、放电电路，电源模块与蓄电池进行连接。本设计方案具有创新性的部分是圆棒榫连接的下层底座模块与上层插座盖模块，插座盖可以通过此连接进行旋

转。圆柱形榫卯在传统榫卯系统中比较常见，建筑的管脚榫以及座椅的腿足系统有许多就是圆柱形榫卯。为了约束圆柱形腿足使其不会旋转，管脚榫的插入部分一般是方形的透榫，有时也用圆形或直接置于柱础之上，依靠房屋自身的重力约束其位移与旋转，而桌椅的腿足则用牙板系统约束。本设计方案中的圆柱榫也需要一定程度的固定，圆柱榫与插座盖需要完全固定，方案中采用塑料一次性加工成型的方法进行制造，圆柱榫和底座的连接就无法完全固定，因为它需要在插座盒中旋转，既不能和周围的线路发生缠绕，也不能产生位移，当然也不能带动底座的转动。因此。这个圆柱榫在方案中与底座的一组半固定齿轮相接合，最终完成局部构件有条件的旋转功能。

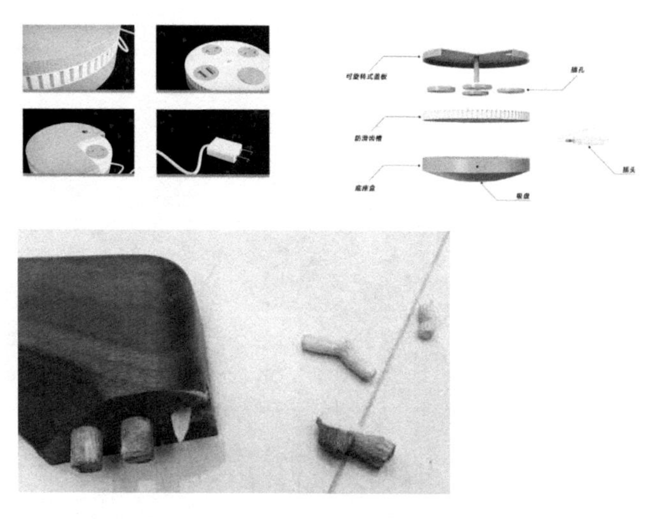

图5-30　趣味多功能插座

图5-31是一款适合小型住宅空间的可变性家具设计，这组家具使用滑槽与滑轨连接了两组具有嵌入形态的家具，而这种嵌入-暗藏的设计灵感就来自于传统的榫卯思维，使得柜、桌、椅三个常用家具得以整合，方便了收纳。整组家具符合人机工程学，大小完全符合正常的使用要求，但当它们并入柜子中时，所占的总体面积大大缩小，非常适合小型逼仄的住宅使用。

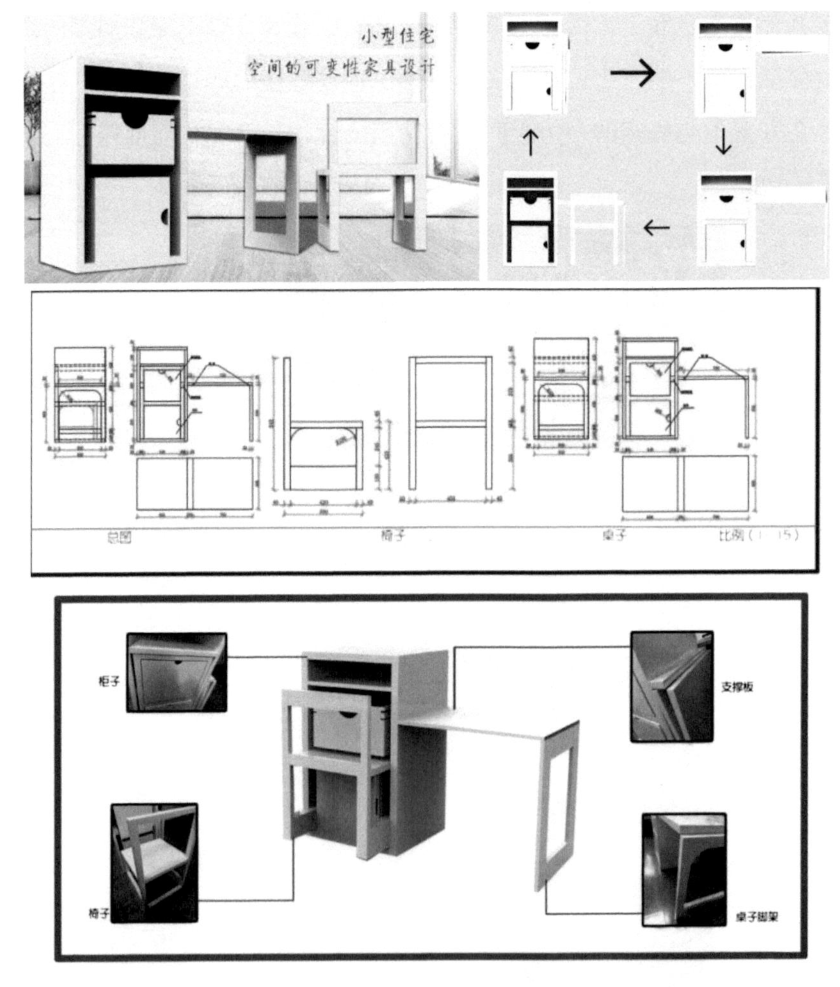

图5-31　可变性家具(本设计由蚌埠学院产品设计专业学员郑晓琦提供)

图5-32这种折叠凳的凳腿设计也是在局部受到了榫卯的启发，为了将

凳子折叠成一个扁圆，设计师受到榫卯可以自由插进取出的特点启发，先将凳腿设计成可伸缩的，将凳腿的长度缩短，然后利用弯折将凳腿与凳面折叠起来，这样避免了传统折叠凳要么凳腿过长而不能充分缩小，要么凳腿很短可以缩小但人坐在上面很不舒适的尴尬。

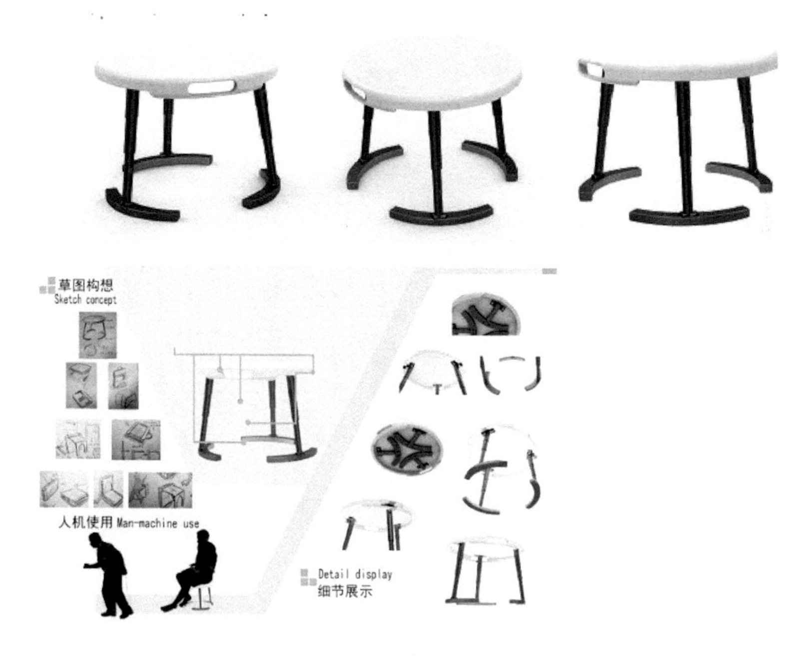

图5-32　折叠凳设计（本设计由蚌埠学院产品设计专业学员高敏提供）

（三）榫卯在仿生设计中的局部结构启示与应用

图5-33是一款依靠腿足的活动机构来完成构件拼合的桌椅，设计者模仿自然界花朵的形态进行设计，其花瓣状的凳子与花蕊状的桌子之间的拼合受到榫卯的启发。

图5-33　折叠桌椅（本设计由蚌埠学院产品设计专业学员陈芳芳提供）

图5-34是一款仿竹子造型的灯具，竹节之间的连接也是传统最常见的直榫接合。

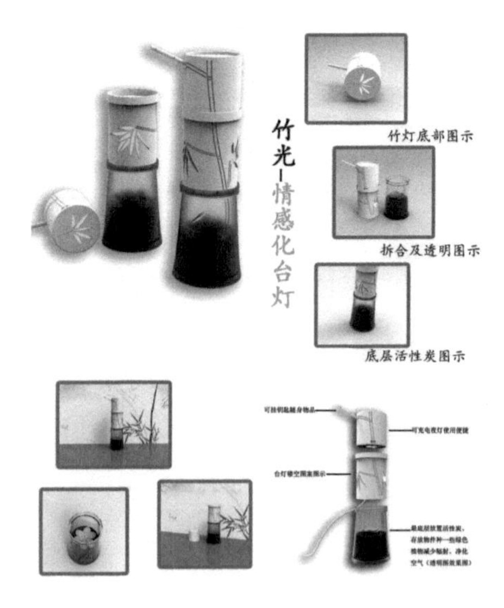

图5-34　“竹光”情感化台灯（本设计由蚌埠学院产品设计专业学员李帅提供）

图5-36是一款名为“破茧”的灯具，灯具中部有一个蝉形态的亮度调控装置，为了使调控装置不会过分下落，设计者在下半部设计了一个楔形榫阻断构件，当调控装置滑到阻断构件处即为灯具的最小亮度。灯具设计的构件虽然都是塑料，但楔形榫的阻断功能在传统木器中是比较常见的，设计者将它使用在这里，和“蝉”形的调控装置形态相吻合，显得非常巧妙。

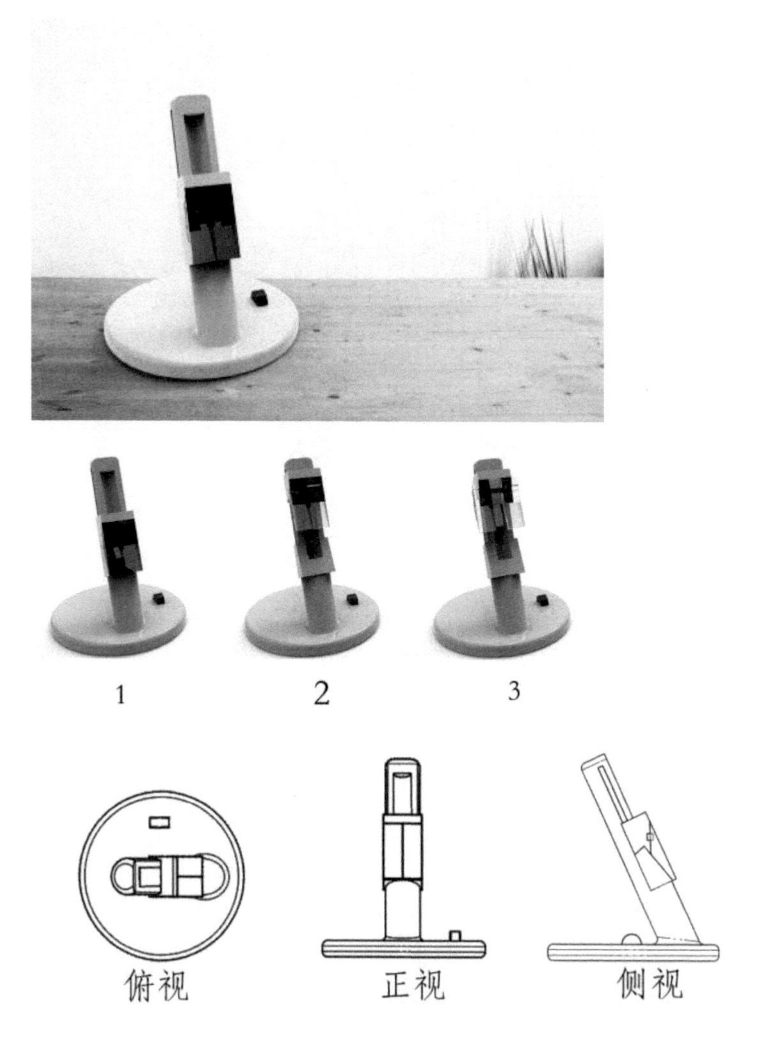

图5-35　“破茧”壁灯（本设计由蚌埠学院产品设计专业学员吴德提供）

图5-36为一款自行车公共停放装置。本设计提供了自行车公共停放装置，包括水平布置的长条形底板，设沿底板长度方向一侧为前、另一侧为后，沿底板宽度方向一侧为左、另一侧为右；底板的前侧设有竖直布置的长条形立板，立板长度方向走向为竖直向，立板宽度方向走向与底板宽度方向走向一致，且底板宽度方向两侧和立板的宽度方向两侧对应平齐。在立板右侧设有水平向右延伸的第一连接杆，第一连接杆的左侧与立板铰接且铰接轴轴向为前后向，第一连接杆右部的下侧设有向下延伸的榫头；立板左侧设有水平向左延伸的第二连接杆，第二连接杆上侧与第一连接杆下侧平齐，第二连接杆左部的上侧设有与榫头相匹配的榫槽。

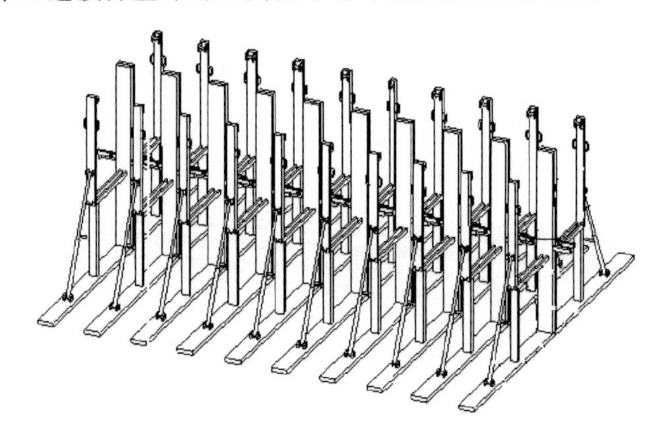

图5-36 公共自行车停放装置

(四)榫卯思维的创新应用

图5-37是一款益智玩具的设计。本方案包括一个基座和多个齿轮圆柱，圆柱体的基座形成一个可供齿轮安放的空腔，齿轮组里包括了三个主动齿轮和一系列被动齿轮，三个主动齿轮分别属于三个游戏阵营。齿轮的个数可以由游戏生产商根据客户要求自行调整，所有的齿轮都可以在基座上盖所开的卵孔中插入和拔出。当进行这种对抗游戏时，游戏者需要仔细分析对手插入被动齿轮的顺序逻辑，最终哪一方将主动齿轮插入成功带动

对手的所有被动齿轮，即获得了游戏的胜利。本游戏类似于棋类运动，有一定的对抗性。游戏者需分为三个阵营，并在参与过程中仔细分析其中的逻辑顺序方能获得胜利，所有的齿轮下均有用于插入卯孔的榫头，具有标准的尺寸，可以方便地插入和取出。

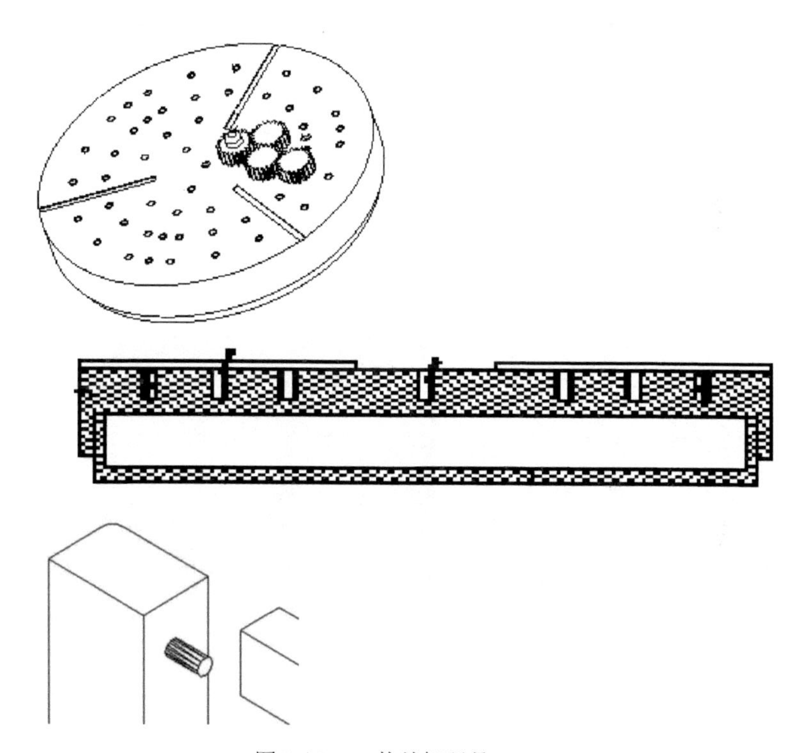

图5-37　一款益智玩具

图5-38是一种切边压力机的设计。压力机是机械制造和加工领域常用的装置，它主要依靠无固定下死点的模锻锤对模锻件进行单打、多打或寸动等打击，对其形成模锻、冲裁、拉深等效果，应用十分广泛。有的压力机还安装有加热管或可拆装的热电偶，可以对模锻件先进行一定程度的加热，待其可塑性达到加工要求之后再进行加工。本方案包括机体和支撑作用，其中机体是压力机的核心构件，分为上、下两个部分，上部设有压力臂和上模锻锤，这两个构件按照透榫的方式接合在一起，即压力臂的顶端

从上模连接处伸出。但这种结构的内部与传统透榫有区别，传统透榫一般为直榫或燕尾榫，而本方案中的上膜材料为钢材，压力臂与其连接无法使用这样的简单的接合形态，因此使用了螺旋结构的内外丝的铰接。下部设有工作台，工作台上端设有电磁吸盘，型号为XDA-50-27，电磁吸盘与下模呈半榫连接，即电磁吸盘向下凹形成卯槽，下模凸起落在卯槽之内，防止位移，这也是传统榫卯的常用功能之一。下模设有落料孔，加工废料可以从落料孔下落，孔下设有伸缩杆与自动毛刷，可自动清洁废料至废料收集盒内，不会再反复击打后形成废料堆积。工作台下设置气缸，型号为TDA25，电磁吸盘与气缸均为已有的成熟产品。

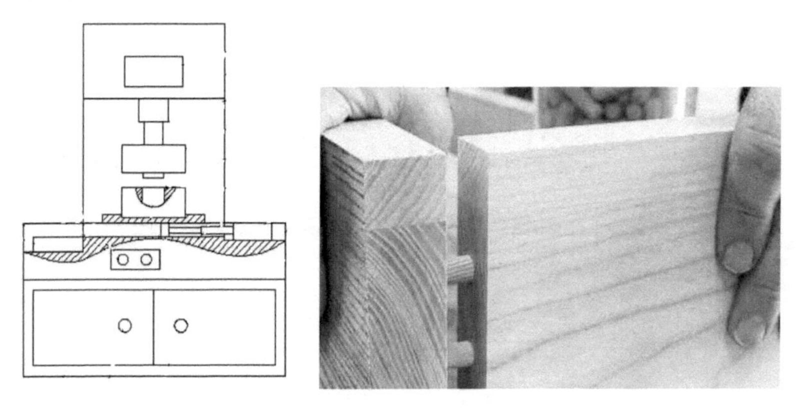

图5-38　切边压力机

资料来源:(左)作者自绘　(右)http://www.savedolphins.org/

图5-39这款旋转给袋包装机在设计之初，希望通过两个轮盘相抵间歇式转动给予的压力，配合辅热实现包装袋的自动化密封，这一技术与市面上的其他包装袋密封机的工作原理基本相同。这款设计的不同之处在于，两个轮盘的间歇性重复转动使得包装的自动化得到了提升，没有轮盘的转动式挤压，使用者就只能反复手工操作把袋子放在密封区的动作。但是，轮盘的转动带来的最大问题是包装袋无法随着转动有序供给，为了解决这个问题，设计者通过长期思索，最终通过传统榫头插入卯口的动作得到了设计启示，在支撑板的下部开了一个小孔，每次转盘的豁口与支撑板上的

小孔相遇时，包装袋口从两孔内插入，从而为实现包装袋的自动装填提供技术可能。

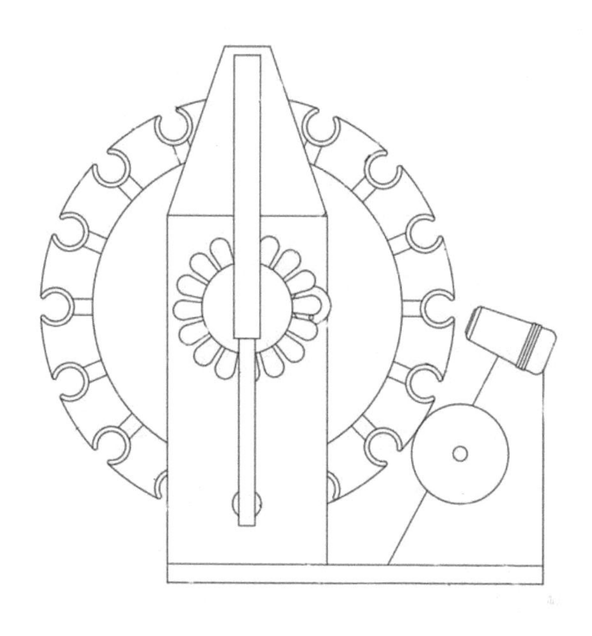

图5-39　旋转给袋包装机

图5-40这款汽车上车梯所主要解决的根本问题是，在底盘较高的车上如何安装一个方便收放的临时梯，供儿童轻松登车。在对上车梯如何收放这一关键机构的设计中，设计者最初提出了数种方案，一是折叠式，二是充气式，然后受到传统榫卯的安装特征的启发，又提出抽插式和旋转式。通过实际的模型操作使用发现折叠式依然占有较大空间，且收放并不方便。充气式在这方面要好一些，但使用寿命不高，尤其高跟鞋和鞋底有硬钉的情况下，上下车时反而容易发生危险。而抽插式的维护比较麻烦，鞋子上带的灰尘很容易使其发生故障。最终选择旋转式的收放形式，同时设计者还将旋转轴设计成一个储水罐，用来将上车乘客鞋底清洗干净，保持了车内环境的整洁卫生。

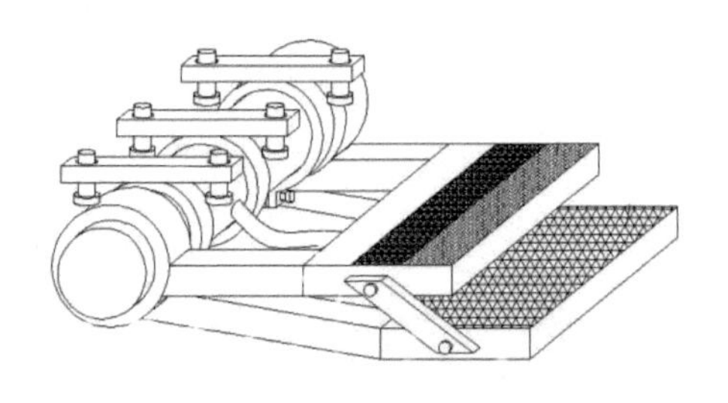

图5-40　旋转式汽车上车梯

(五)榫卯的象征创新应用

凹凸是榫卯的重要特征，设计者抓住形象特点设计了一款亲子椅（图5-41)，较好地展现了座椅使用者之间的亲密关系，也增加了座椅的使用趣味。这一设计并没有在结构上利用榫卯，而是充分利用了榫卯的形态特征进行深入挖掘，也向人们昭示着，榫卯并非仅指传统的建筑、家具结构，而是一种中国式的设计思想和设计文化。

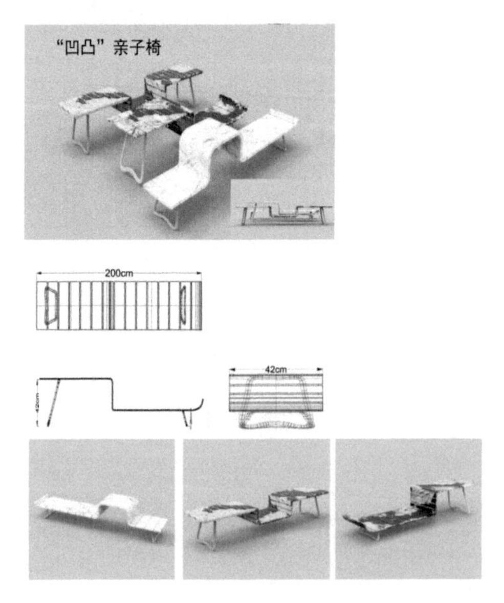

图5-41　凹凸亲子椅(本设计由蚌埠学院产品设计专业学员黄玉轩提供)

图5-42也是一款根据榫卯形态特征进行设计的座椅，传统榫卯的一个重要特点就是对形态的包容，无论在结构上卯口对榫头的包容，还是暗榫在家具形态中的隐藏，都可以理解为形态的容纳。本设计的结构虽然也没有使用榫卯的连接构件，但是形态与形态巧妙的穿插关系还是很容易让人联想到榫卯之间的插接关系，本座椅利用形态的相互容纳，达到了不同功能家具之间的视觉和谐与空间节约。

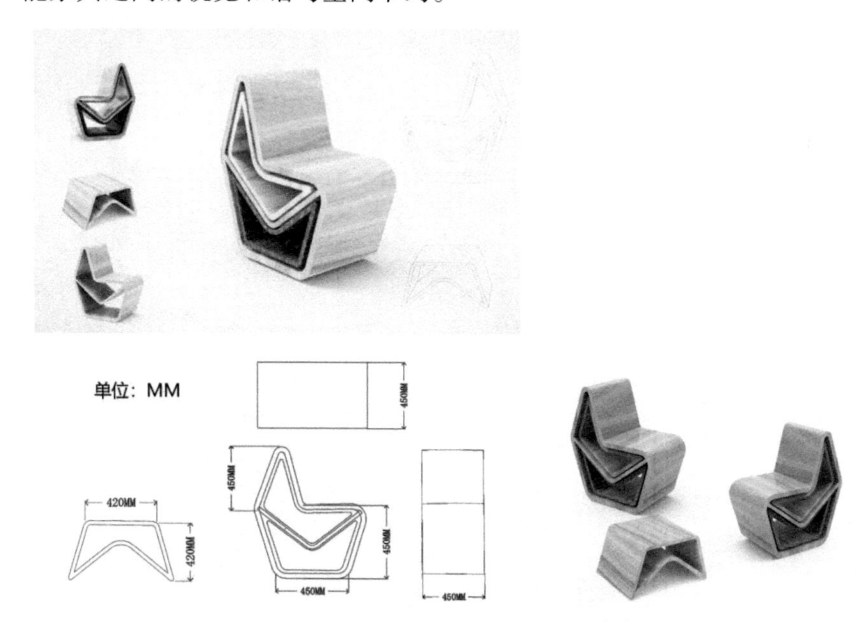

图5-42　形•容座椅(本设计由蚌埠学院产品设计专业学员韩雪提供)

图5-43是一组可收纳的椅子，通过椅子的独特外形凹凸结合，可以拼装成不同功能的家具，也方便了加工、运输和储藏。

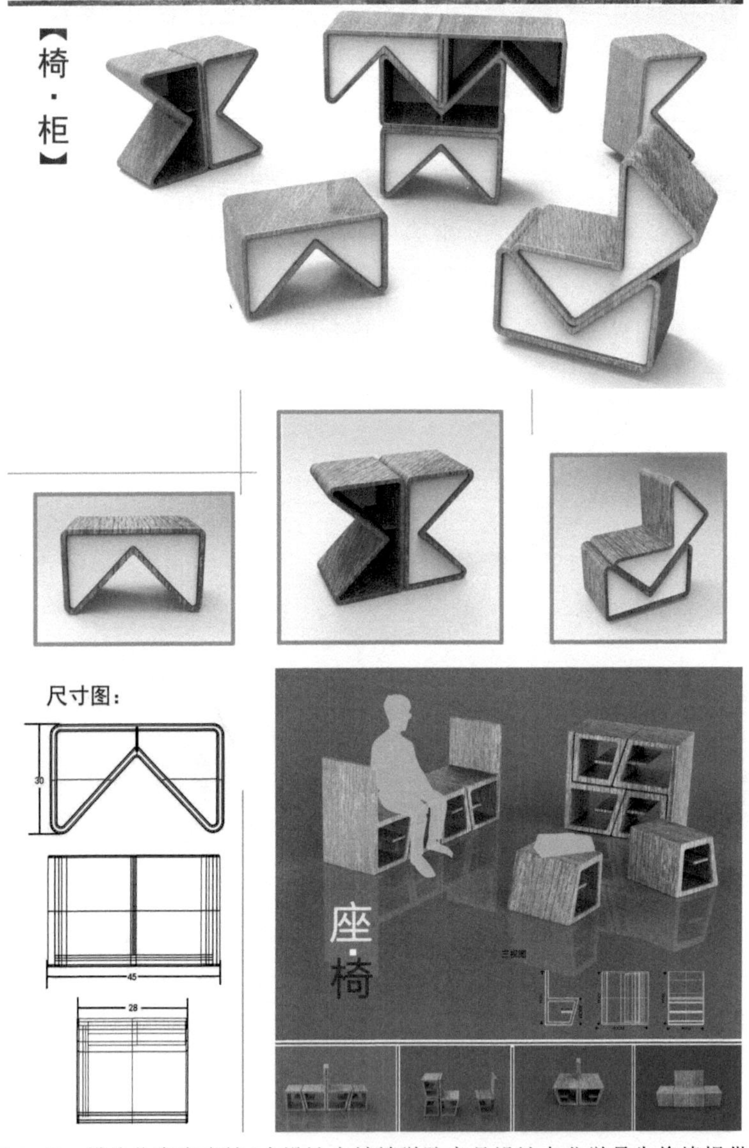

图5-43　模块化家庭座椅（本设计由蚌埠学院产品设计专业学员朱俊峰提供）

图5-44这款椅子的材料是传统木材，椅子完全使用传统的暗榫接合，所不同的是椅子的外形更具有后现代风格，线性材料的创意排列组成面板和靠背，具有解构主义和构成主义的设计特征。

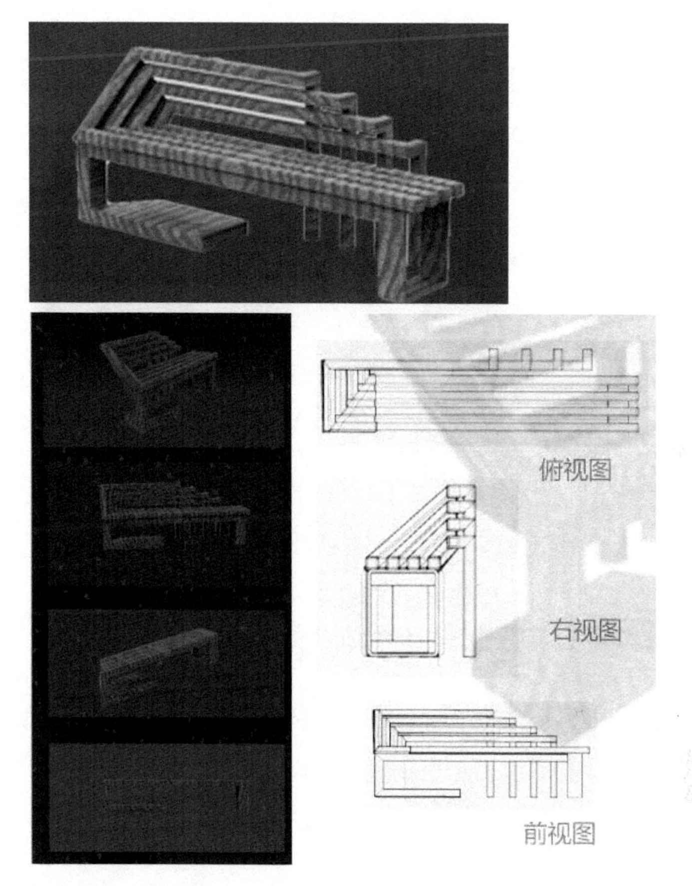

图5-44　户外创意长椅(本设计由蚌埠学院产品设计专业学员陈慧琴提供)

形态的互补和拼接是榫卯接合功能的主要方式，但是互补与拼接仅仅作为形态的整合在榫卯中比较少见，但是一些搭掌榫有时就有此功能。图5-45这款壁挂式收纳盒也是通过形态的互补与拼接实现一种蜂窝状的整体感，它可以由使用者根据墙壁的大小和形状来自行调整。

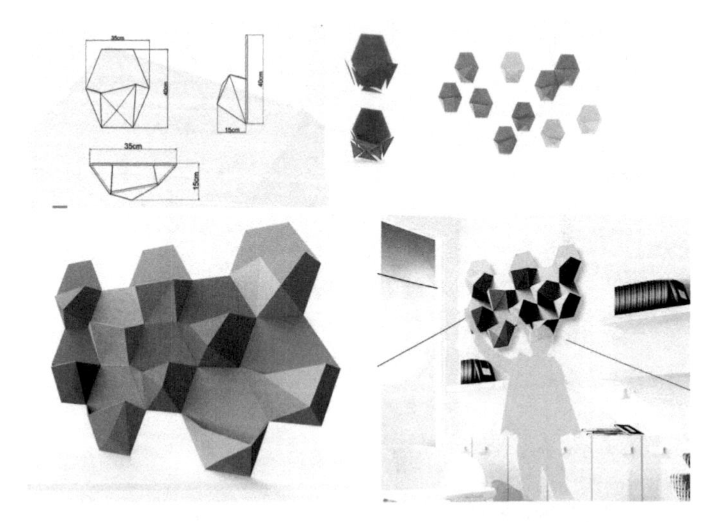

图5-45　壁挂式收纳盒（本设计由蚌埠学院产品设计专业学员王刚提供）

（六）榫卯传统与现代设计相结合的应用

图5-46是一款燕尾榫与暗直榫设计制作的婴儿床，设计者考虑到婴儿用品的健康环保与耐用，使用天然木材制作中床，木材构件之间的接合用燕尾榫与暗直榫接合，床的外部使用热塑性材料制作企鹅造型。

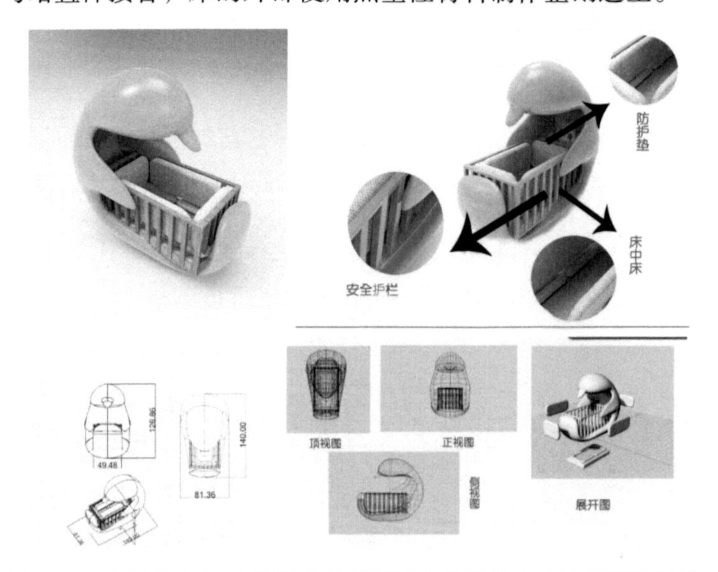

图5-46　海豚婴儿床（本设计由蚌埠学院产品设计专业学员崔强提供）

再看一款可组装置物凳。设计者在对置物凳设计时，主要考虑通过结构的合理安排使其兼具稳固性、可堆叠性与拆装性。为达到此目的，设计者通过榫卯的变形进行了三个方案的设计，分别为：

方案1：

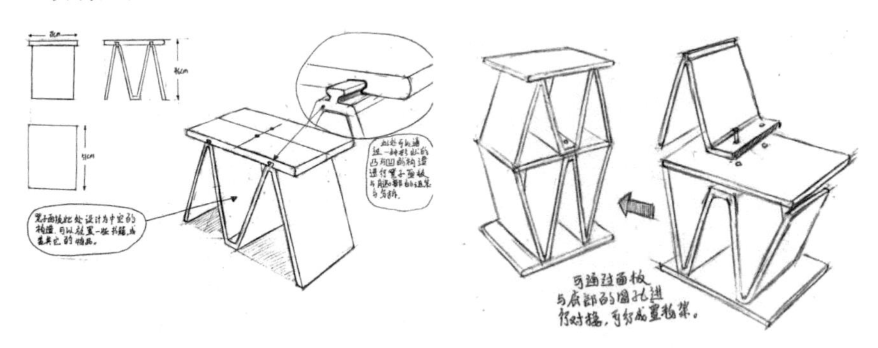

方案2：

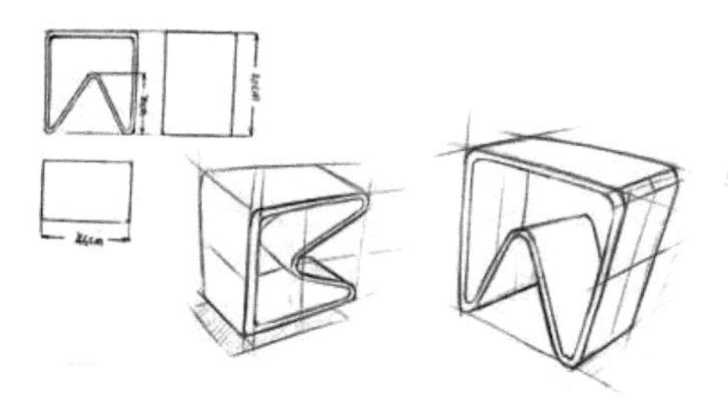

方案3：

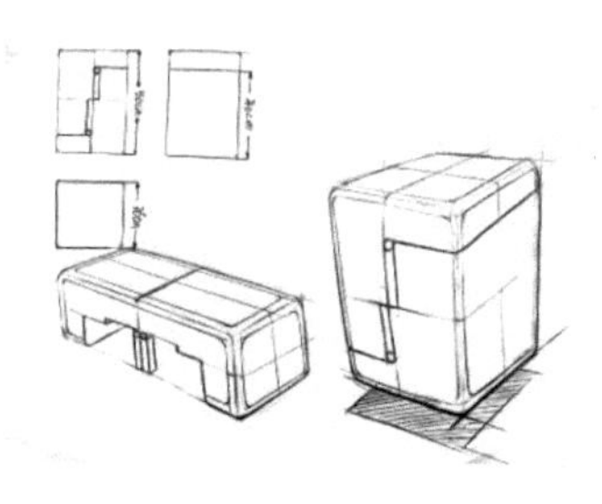

以上三个方案均在一定程度上实现了置物凳的多功能性，但综合考虑，方案1从外形和结构两方面对传统榫卯进行了改进，在拆装性和堆叠性方面更好地达到预期指标。具体来说，凳腿与面板的结构连接使用了改进的螳螂头，采用半闭口插入式接合，使凳子分成了两组模块，有效实现整体结构的灵活拆装，凳腿呈Λ字形，受到榫卯中楔钉榫形态的启发，所

不同的是，楔钉榫在传统木作中的用途一般是结构连接的补强，而在本设计中，设计者用它上小下大的形态实现物品的堆叠。（见图5-47）

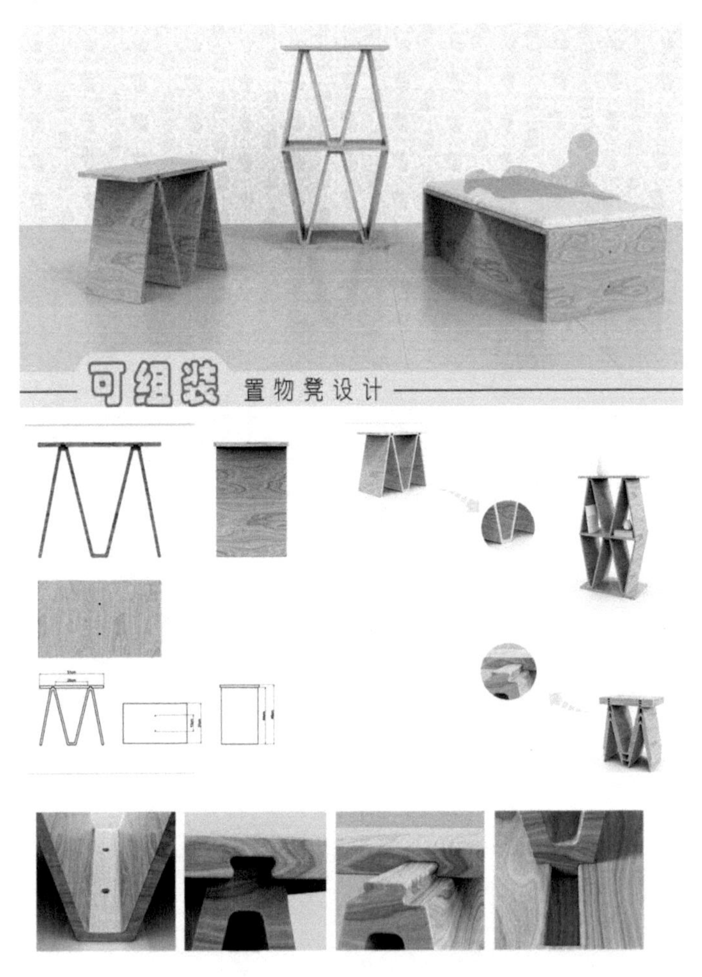

图5-47 可组装置物凳（本设计由蚌埠学院产品设计专业学员袁志浩提供）

榫卯结构是榫和卯的结合，是木件间多与少、高与低、长与短的巧妙组合，可以有效地限制木件向各个方向的扭动，是我国传承了千年的家具造型主要结构方式。图5-48所示儿童桌的设计就采用了榫卯结构的设计，其中桌腿处的置物架使用了圆方结合裹腿的榫卯结构，而桌面与桌腿的交接处采用挂肩四面平榫的结构，在桌上的置物架与桌子的交接处使用明榫角结构的设计。普通儿童书桌的置物架在使用时较为死板，不能灵活收纳，该儿童桌将普通置物架改为置物架与洞洞板相结合的方式，即可收纳普通的书本等物品，也可根据用户自身的需求进行灵活收纳。

图5-48　多功能儿童桌（本设计由蚌埠学院产品设计专业学员赵梦伟提供）

图5-49为木质材料的无叶风扇，设计者的目的在于将传统材质与现代技术同时体现于产品之中，展现有传统文化内涵的现代家电。木质的底座给人以庄重、大气之感，无叶风扇技术又体现现代科技的新奇与简洁。同时，设计者在木制机身的结构中使用燕尾榫连接，使得产品在不用时可以方便地拆装，这与传统燕尾榫的使用如出一辙。因此，该产品的最终方案为集简洁、庄重、大气、富有传统文化底蕴的风扇，具有很强的拆装性，可在不用时拆为很小的构件收纳于盒内。为此，设计者以传统器物造型为元素，提出了四个备选方案：

方案1：

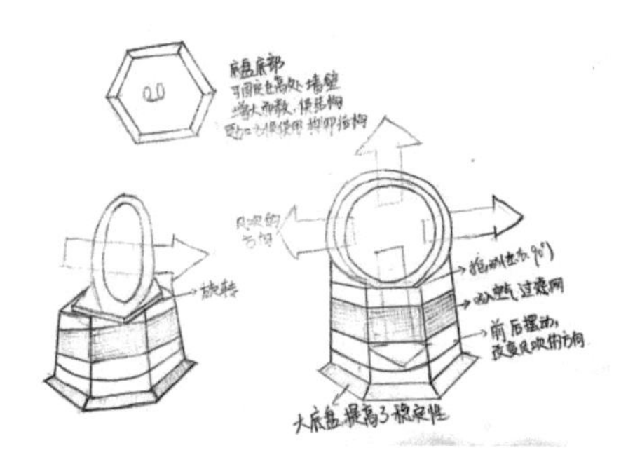

方案2：

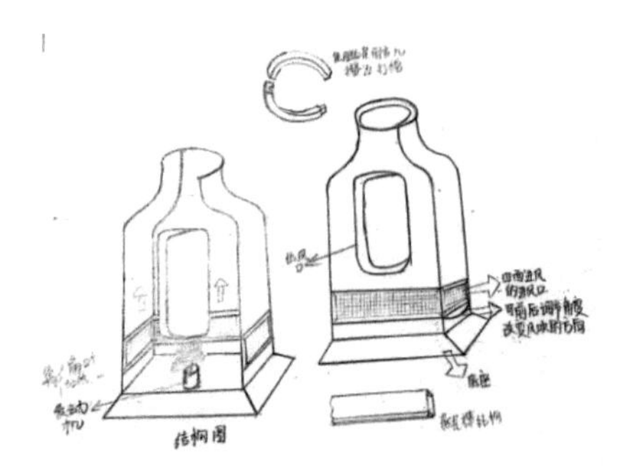

方案3：

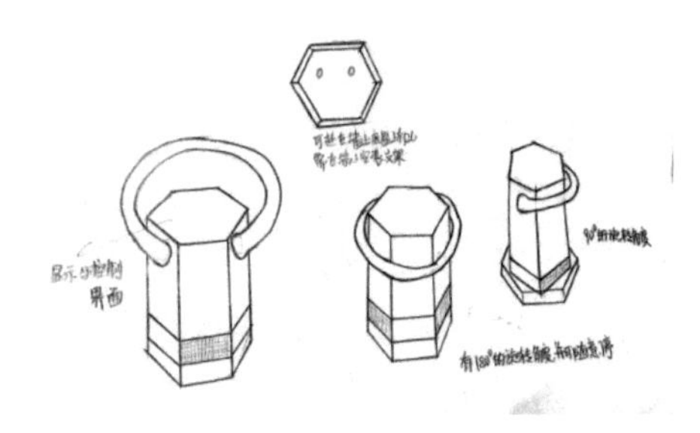

方案4：

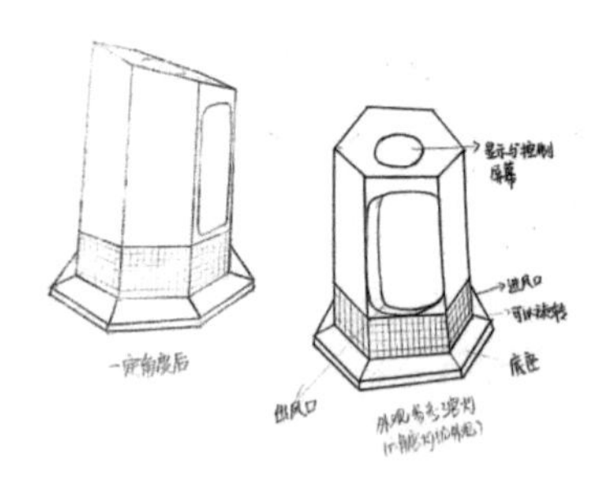

以上方案都具有规则的几何外形，这种外形可以很好地使用燕尾榫进行连接，且拆开之后，几乎不需要图纸，凭借产品底板的形状即可方便地快速安装。在产品外形上，主要受到宫灯的启发，并在产品内设计了香几，增加了空气净化的功能，且提供了摆放与壁挂两种使用方式。最终，综合考察各方案的优缺点，设计者选择了1号方案进行深入设计。

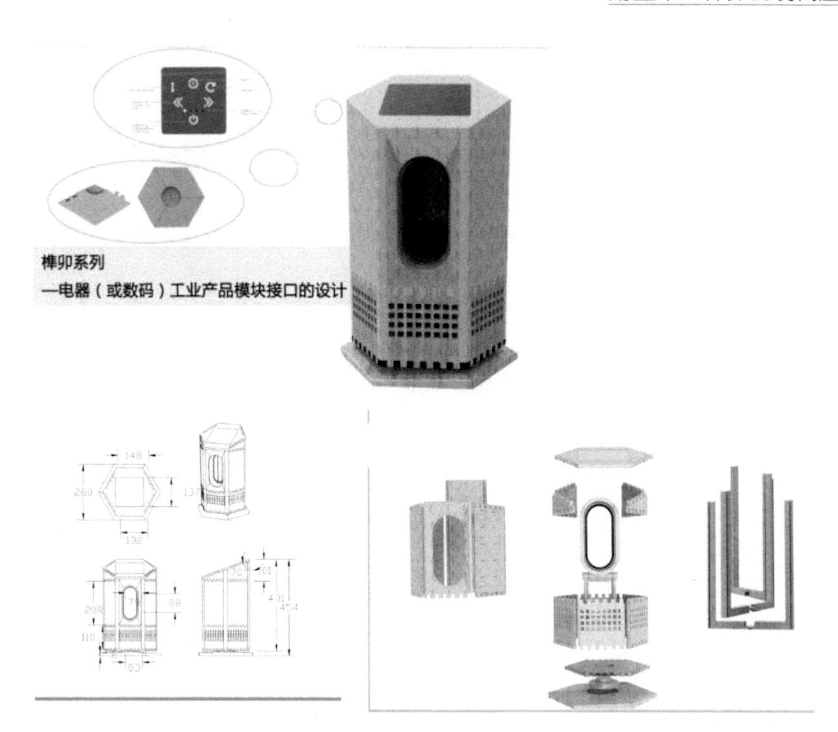

图5-49　榫卯无叶风扇（本设计由蚌埠学院产品设计专业学员张曼曼提供）